SALVADORI/HELLER **TRAGWERK UND ARCHITEKTUR**

MARIO SALVADORI
UNTER MITARBEIT VON
ROBERT HELLER

TRAGWERK UND ARCHITEKTUR

» vieweg

Das vorliegende Buch stützt sich auf die 2. Auflage 1975 des bei Prentice-Hall/Inc., Englewood Cliffs, New Jersey (USA) erschienenen Werkes. Titel der Originalausgabe: Structure in Architecture – The Buildung of Buildings. Der Autor hat gegenüber der 2. amerikanischen Ausgabe geringfügige Änderungen vorgenommen. Der geänderte Abschnitt 13.2 sowie der in der Originalausgabe fehlende Abschnitt 13.3 stützen sich auf Texte, die der Autor für die französische Ausgabe des Bandes verfaßte.

Die Übertragung aus dem Amerikanischen besorgte
Wolf Meyer-Christian

CIP-Kurztitelaufnahme der Deutschen Bibliothek

Salvadori, Mario
Tragwerk und Architektur / unter Mitarb. von Robert Heller. – 1. Aufl. – Braunschweig: Vieweg, 1977.
Einheitssacht.: Structure in architecture ⟨dt.⟩

ISBN 978-3-528-08658-9 ISBN 978-3-663-13900-3 (eBook)
DOI 10.1007/978-3-663-13900-3

Ursprünglich erschienen bei Friedr. Vieweg & Sohn Verlagsgesellschaft mbH, Braunschweig 1977
Softcover reprint of the hardcover 1st edition 1977

Satz: H. Erhart Henniger, Wiesbaden

ISBN 978-3-528-08658-9

Inhalt

Einführung

Mit diesem gedankenreichen Buch will Professor Salvadori eine der größten Lücken zwischen Theorie und Praxis auf dem Gebiet der Tragkonstruktionen im Hochbau schließen. Sein Ziel ist, eine Brücke zu bauen zwischen der mehr oder weniger bewußten Intuition jedes Menschen und der wissenschaftlichen Kenntnis der Tragwerke, in der sich die physikalische Realität über mathematische Postulate widerspiegelt.

Niemand bezweifelt, daß hier eine Überbrückung möglich ist und daß sie, einmal erreicht, außerordentlich nützlich wäre.

Soll ein Tragwerk erdacht und exakt dimensioniert werden, so braucht man dazu sowohl Intuition als auch Mathematik.

Die großen Werke der Vergangenheit, die gebaut wurden, als wissenschaftliche Theorien noch nicht existierten, bezeugen die Wirksamkeit und die Kraft der Intuition.

Moderne Theorien werden ohne Unterbrechung weiterentwickelt, ihre Verfeinerung zeigt sich in der Errichtung immer größerer und gewagterer Tragwerke.

Wenn eine Tragwerkserfindung neue Probleme, wie sie täglich in dem immer größeren Bereich der Konstruktion auftreten, wirksam lösen soll, dann muß sie das Ergebnis der harmonischen Vereinigung von persönlicher Intuition und objektiver, realer und rigoroser Konstruktionskenntnis sein.

Mit anderen Worten, die Theorie muß in der Intuition eine Kraft finden, die fähig ist, Formeln zum Leben zu erwecken, menschlich und verständlich zu machen, ihre unpersönliche, technische Sprödheit zu mildern. Auf der anderen Seite müssen uns Formeln die genauen Resultate geben, die nötig sind »the most with the least« zu erreichen, ist dies doch das letzte Ziel aller menschlichen Anstrengung.

Mit seinen stets klaren und manchmal elementaren Beispielen bemüht sich Salvadori, diese beiden Standpunkte — fast hätte ich gesagt, Mentalitäten — zu vereinen. Beide müssen zum Zusammenwirken gebracht werden, wenn jene Einheit entstehen soll, die alle großen Bauwerke auszeichnet.

Für zukünftige Architekten empfiehlt es sich, dieses Buch gründlich zu lesen. Wenn sie auch die eigentliche Berechnung der Tragkonstruktion einem Fachmann übertragen, so müssen sie doch vorher in der Lage sein, diese zu erdenken und zu formen. Nur so kann eine durchgehend gute und — vielleicht — schöne Struktur entstehen.

Wir sollten Salvadori dafür dankbar sein, daß er diese Mühe auf sich genommen hat.

Pier Luigi Nervi

Vorwort zur ersten deutschen Ausgabe

Zu meiner großen Freude erscheint mein Buch über Tragwerke in der Architektur nun auch in deutscher Sprache. Die Reihe der Übersetzungen in die wichtigsten Sprache der Welt ist damit abgeschlossen.

In vielen Jahren meiner Lehrtätigkeit habe ich erkannt, daß der mathematische Zugang zu Tragwerken für Architekten nicht annehmbar ist und deren Zwecken auch nicht entspricht. Große Konstruktionen werden heute von Gruppen aus bis zu zwanzig und dreißig Fachleuten bearbeitet; dabei bringt jeder sein Fachwissen ein. Der Architekt als Leiter dieser Gruppe muß in der Lage sein, die technische Sprache der verschiedenen Beteiligten zu verstehen. Er muß insbesondere die Sprache der Tragwerke verstehen. Hierbei ist kein detailliertes und quantitatives, sondern ein allgemeines und qualitatives Verständnis erforderlich. Aus der Sicht des Architekten ist das Tragwerk ein notwendiges Übel, das in bezug auf Kosten und Störung des architektonischen Designs klein gehalten werden muß.

Die Aufnahme meines Buches in der ganzen Welt zeigt, daß es möglich ist, elementare und komplizierte Konstruktionen in ihren Grundprinzipien darzustellen, ohne auf die Mathematik zurückzugreifen.

Indem ich diese Ausgabe deutschen Architekten, Architekturstudenten und Professoren vorlege, bin ich mir bewußt, daß Deutschland eine hohe technische und damit mathematische Tradition auf dem Gebiet des Konstruierens besitzt. Und doch hoffe ich, daß dieses Buch eine Lücke füllt, die, wie auf der ganzen Welt, auch von deutschen Architekten empfunden wird.

Herrn Wolf Meyer-Christian möchte ich für die fachkundige Übersetzung, dem Verlag für die sorgfältige Herausgabe des Buches danken.

Wenn es diesem Buch gelingt, eine weitere Brücke zwischen dem Land meiner Herkunft, meiner heutigen Heimat und Deutschland zu schlagen, dann sind alle Mühen mehr als belohnt.

New York

Mario G. Salvadori

Vorwort zur zweiten (amerikanischen) Auflage

Die Weiterentwicklungen auf dem Gebiet architektonischer Strukturen, die unsere dynamische Zeit kennzeichnen, haben eine Neuausgabe dieses Buches nahegelegt. Die Aufnahme, die die erste englische Ausgabe gefunden hat, und die vielen Übersetzungen haben mich ermutigt.

Als ich die Überarbeitung begann, wußte ich nicht, daß keine Seite ohne Änderungen bleiben würde. Hierfür danke ich meinen Studenten und meinen Bauherren. Die Arbeit an einer Herzenssache macht in der Tat bescheiden.

Meinen beiden Sekretärinnen, Monique Blanchet, die mir half, das Buch wieder zusammenzustellen, und Gladys Corneille, die den überarbeiteten Index aufgestellt hat, schulde ich Dank.

New York — Mario Salvadori

Vorwort zur ersten (amerikanischen) Auflage

Dieses Buch wurde geschrieben für diejenigen, die schöne Gebäude lieben und wissen möchten, warum sie aufrecht stehen,
die davon träumen, schöne Gebäude zu errichten und sie erstehen sehen möchten,
die schöne Gebäude entworfen haben und wissen möchten, wie sie zum Stehen gebracht worden sind.
Die Strukturkonzepte, die in diesem Buch vorgelegt werden, sind mathematisch formuliert, im Unterricht fortgeschrittener Studenten an den Architektur-Abteilungen der Princeton University (1955–1960) und der Columbia University (seit 1960) behandelt worden. Seit 1961 sind dieselben Konzepte ***ohne Mathematik*** und mit Modellen und Unterrichtsfilmen von Robert Heller vor Anfängern des Architekturstudiums an der Columbia University vorgetragen worden.
Tiefen Dank schulde ich
meinem Freund, Kollegen und Mitarbeiter, Dr. Robert Heller, für seine Hilfe bei der Entwicklung der Illustrationen und seine konstruktiven Vorschläge;
meinen Studenten dafür, daß sie diesen Struktur-‚Wind' lächelnd hingenommen haben;
meinem Freund und Sozius Paul Weidlingern, meinem Konstruktionsgewissen, der das Manuskript gelesen hat;
meinen Lehrern an der Fakultät für Reine Mathematik der Universität Rom, die Mathematik zu einem Teil meines geistigen Daseins gemacht und mir einige Schritte über sie hinaus erlaubt haben;
meinem Freund Charles R. Colbert, Dekan der Architektur-Abteilung der Columbia University, für die Ermutigung, den Zugang zu Tragwerken von der Intuition aus zu wagen;
Frau Merle Guenther für das sorgfältige Schreiben des Manuskripts;
den Herren Nicholas C. Romanelli und Robert Carola des Verlags Prentice-Hall, Inc. für Teilnahme und Hilfe bei Design und Herausgabe des Buches;
Herrn Felix Cooper für die Anfertigung der Abbildungen;
allen meinen Freunden, deren Namen hier nicht erwähnt werden konnten, für ihr Interesse und ihr Unterstützung in der kurzen, aber intensiven Zeit, als aus den in Jahren des Studiums gesammelten Erkenntnissen dieses Buch entstand.

New York — Mario Salvadori

1 Architektur und Tragwerk

1.1 Geschichtliche Entwicklung

Das Tragwerk ist immer ein wesentlicher Teil des Bauwerks, der Architektur gewesen. Gleichgültig, ob der Mensch nur einen einfachen Schutz für sich und seine Familie errichtete, oder ob er große Räume umfing, in denen hunderte von Menschen beten, handeln, diskutieren oder sich unterhalten lassen konnten, immer hatte er bestimmte Baustoffe in bestimmten Mengen so zu gestalten, daß sein Bauwerk der Erdanziehung und anderen gefährlichen Kräften widerstand. Gegen Wind, Blitz, Erdbeben und Feuer mußten Baustoffe und Arbeit möglichst in dem Maße aufgewendet werden, das zu ihrer Verfügbarkeit in einem vernünftigen Verhältnis stand. Und weil dem Menschen seit frühester Zeit ein Sinn für Schönheit zu eigen ist, mußten Konstruktionen sich auch nach bestimmten ästhetischen Prinzipien richten, und dies oft mehr als bloß nach Tragfähigkeit und Wirtschaftlichkeit. Man könnte deshalb denken, das Tragwerk sei immer für wichtig angesehen worden und habe, in bestimmtem Sinne, die Architektur festgelegt. Dies ist nicht der Fall. Großartige Bauten sind in der Vergangenheit errichtet worden und werden immer noch geschaffen, bei denen auf die Korrektheit des Tragwerks keine Rücksicht genommen ist. Der Parthenon, ein Bau von göttlicher Schönheit, übersetzt die Formen einer Holzbau-Struktur in Marmor und ist deshalb, strukturell gesehen, ›falsch‹. Holz kann in Wirklichkeit Zugspannungen aufnehmen, und waagerechte Bauglieder, mit ihrem Anspruch an Zug- und Druckfestigkeit, werden sehr wohl aus Holz gebaut. Stein aber nimmt nur Druckspannungen auf, und waagerechte Bauglieder können aus Stein nur hergestellt werden, wenn ihre Spannweite verkleinert wird und sie von schweren senkrechten Baugliedern wie Säulen oder Pfeilern, unterstützt werden. Waagerecht Bauglieder aus Stein sind deshalb nicht ›korrekt‹. Gotische Kathedralen andererseits können dreißig Meter und hunderte von Quadratmetern über dichtgedrängten Gläubigen mit Hilfe des Bogens überspannen, bei dem keine Zugspannung auftritt. Deshalb ist Stein das richtige Material für eine Gewölbestruktur, und die Schönheit gothischer Kathedralen befriedigt sowohl unser ästhetisches Empfinden als auch das Gefühl für die Tragfähigkeit.

Einige Architekturhistoriker, aber auch Ingenieure sind der Meinung, die wirkliche Suche nach dem Tragwerk müsse schon zur Schönheit führen. Es ist unbestreitbar, daß ein korrektes Tragwerk das Auge selbst eines sachfernen Laien befriedigt, während ein schlechtes oft beleidigend häßlich ist. Und doch wäre es kaum zu beweisen, daß die Ästhetik wesentlich auf dem Tragwerk beruht. Vielmehr kann

leicht gezeigt werden, daß einige ›nicht- korrekte‹ Tragwerke schön sind, andere ›korrekte‹ aber ästhetisch unbefriedigend. Klüger wäre deshalb zu sagen, daß die Richtigkeit eines Tragwerks meist eine notwendige Vorbedingung für Schönheit ist, diese aber nicht in jedem Fall garantiert. Einige zeitgenössische Architekten und Ingenieure, etwa Felix Candela und Pier Luigi Nervi, sind künstlerisch derart inspiriert, daß ihre Strukturen schön sind. Aber einigen grandiosen Neubauten, die mit kühner Ingenieurtechnik konstruiert wurden, fehlt unbezweifelbar die Schönheit.
Wir schließen mit der Feststellung, daß die Kenntnis der Tragwerke seitens der Architekten sehr erwünscht ist, um das mindeste zu sagen, und daß die Korrektheit des Tragwerks unmittelbar zur Schönheit der Architektur beiträgt.

1.2 Architektur — das Interesse der Gegenwart

In der jüngeren wie der älteren Vergangenheit war die Stellung des Architekten einzigartig: Er war Künstler und Technologe, Designer und Baumeister. Michelangelo war Maler, Bildhauer, Architekt und Baumeister: Der Vatikan in Rom trägt seine Handschrift auf allen vier Gebieten. Im letzten halben Jahrhundert aber hat Wissensspezialisierung von der Architektur Besitz ergriffen, und die verschiedenen Aufgaben, einst in der Hand eines einzigen, sind nun auf mehrere Fachleute verteilt. Wenigstens zwei Leute sind wichtig im Entwurfsteam eines großen Gebäudes, der Architekt und der Ingenieur. Kein Architekt würde es heute wagen, auch nur ein bescheidenes Haus ohne den Statiker zu planen. Die Wurzeln dieser Abhängigkeit liegen in der wachsenden Bedeutung wirtschaftlicher Faktoren, in der Ausrichtung unserer Kultur auf Technologie, und vor allem aber im Bedarf unserer Massenzivilisation an einer wachsenden Zahl verschiedener Bauwerke.
Obwohl die Bevölkerung in den letzten Jahrhunderten beschleunigt gewachsen ist, eine ›Bevölkerungsexplosion‹ stattgefunden hat, konnte die entwickelte Gesellschaft jedem Menschen noch mehr Dienstleistungen anbieten. Damit wurde die ›psychologische Dichte‹ der Bevölkerung stark erhöht. Jeder von uns braucht und erhält mehr Ausbildung, mehr Reisen, mehr medizinische Versorgung und mehr Unterhaltung. Die Massenmedien erlauben und zwingen dazu, daß große Menschenmengen sich unter einem Dach versammeln für alle die Massenaktivitäten, die für unsere Zeit so typisch sind. Die Zahl der riesigen Bahnhöfe, Stadien, Theater, Kirchen und Arenen nimmt zu. Die Stadtagglomerationen lassen immer höhere Gebäude emporschießen. Die Großstruktur ist ein Symbol unserer Kultur und ein Monument ihrer Gruppen, seien es Regierungen, Kirchen oder Körperschaften. Auf der anderen Seite gehört die Schaffung von Wohnungen für Millionen, ihre Versorgung mit Schulen und Krankenhäusern, zu den elementarsten Aufgaben Zivilisierter Gesellschaften.

Der Architekt wird von diesen gewaltigen Aufgaben herausgefordert, der Laie wird sich der Bedeutung von Architektur für sein eigenes Leben bewußt. In diesem Klima öffentlichen Interesses treten die Spezialisten zur Lösung neuer, schwieriger Probleme an. Sie dürfen die Wirkung ihrer Arbeit auf die Gesellschaft nicht außer acht lassen. Die Gesellschaft aber, deren Gelder oft für diese großen Projekte gebraucht werden, hat durchaus ein Interesse an deren Errichtung. Diese Interaktion zwischen Spezialist und Öffentlichkeit kann zu besserer und richtigerer Architektur führen. Voraussetzung ist, daß der Laie die grundlegenden Probleme des Fachmanns kennt, und daß die Fachleute untereinander ein gewisses gegenseitiges Verständnis füreinander aufbringen. Dies ist das zentrale Thema der gegenwärtigen Architektenausbildung und des Verständlichmachens von Architektur.

1.3 Architekt und Ingenieur

Heute ist jeder Architekt und jeder Architekturstudent mehr oder weniger davon überzeugt, daß die Kenntnis von Konstruktionen wichtig ist. Aber es ist für ihn schwerer als erwartet, diese Kenntnisse auch zu erwerben. Die schnelle Weiterentwicklung von Konstruktionstechniken auf der Grundlage neuer Materialien, wie vorgespannter Beton oder Kunststoffe, aber auch die mathematischen Schwierigkeiten beim Entwurf neuer Strukturformen, wie lange Dächer jeder Art machen es jemandem mit im wesentlichen kreativem Hintergrund so gut wie unmöglich, auch nur andeutungsweise neue Design- und Konstruktionsmethoden zu erfassen. Der Architekt unserer Zeit, vielleicht der letzte Humanist, müßte sich in Ingenieurwesen, Ästhetik, Soziologie, Wirtschaft, Ökologie und ganz allgemein mit dem Planen auskennen. Statt dessen ist er aber, unter dem Einfluß der Tradition, häufig zuerst als Künstler ausgebildet. Seine Vertrautheit mit den einfachsten Werkzeugen, die er zum Verständnis moderner Technologie braucht, ist eng begrenzt: Mathematik, Physik, Chemie sind nur Nebenfächer in seinem Studienplan.
Andererseits sind die Kenntnisse des Ingenieurs auf den Gebieten Soziologie, Ästhetik und im Planen so begrenzt wie die des Architekten in technischen Fächern. Ein Dialog zwischen Architekt und Ingenieur ist praktisch unmöglich: Ihnen fehlt das gemeinsame Vokabular.
Weil dieser Dialog aber notwendig ist, könnte man zunächst fragen, ob der Ingenieur nun mehr Architekt oder der Architekt mehr Ingenieur werden soll. Und doch läßt sich schnell erkennen, daß hauptsächlich der Architekt diesen Abstand zu überbrücken hat. Der Architekt ist der Leiter des Konstruktionsteams, der Ingenieur nur eines seiner Mitglieder. Dem Architekten fällt die Verantwortung und der ›Glanz‹ zu, der Ingenieur erfüllt allein seine Pflicht, wie kreativ diese auch immer sei.
Ist es angesichts des wachsenden Interesses der Gesellschaft an der Architektur im ganzen möglich, beiden, den Architekten und der Öffentlichkeit, ein Verständnis

für die Strukturdetails im architektonischen Problem zu vermitteln? Ist dies möglich ohne gründliche Ausbildung in höherer Mathematik, Physik und Ökonomie? Mit anderen Worten: Kann das Wesentliche am Verhalten eines Tragwerks verstanden werden von jemandem, der zwar intelligent ist, aber keine Ausbildung in den Naturwissenschaften erhielt?
Die Antwort auf diese Frage ist sicher positiv, wenn man klar zwischen einem Verständnis für das Grundkonzept und der vollständigen Kenntnis des Berechnungsganges unterscheidet.

1.4 Tragwerkslehre und Intuition

Offensichtlich gestattet nur ein ernsthaftes mathematisch-physikalisches Studium einem Ingenieur, ein schwieriges Tragwerk bis zu dem Feinheitsgrad zu berechnen, der bei der heutigen Technologie erforderlich ist. Der Statiker ist heute ein Spezialist sogar unter Spezialisten, Mitglied einer Untergruppe innerhalb der Ingenieure. Mit der technologischen Weiterentwicklung spezialisieren sich die Konstrukteure weiter: Einige Ingenieure haben sich auf Stahlbeton spezialisiert, einige nur auf Stahlbetondächer, und davon wieder einige nur auf Dächer bestimmter Form. Man schaltet diese Spezialisten bei besonderen Tragwerksarten ein, ähnlich wie man einen Spezialarzt bei einer seltenen Krankheit konsultiert.
Ebenso offensichtlich ist es aber, daß es keines Spezialisten bedarf, um das technische Prinzip zu verstehen, wenn die Berechnung des Tragwerks in ihren Grundzügen aufgestellt ist. Wir alle sind mit Konstruktionsfragen des täglichen Lebens auf irgendeine Weise vertraut: etwa in welchem Winkel eine Leiter angestellt werden muß, damit sie uns trägt ohne wegzurutschen, oder ob die Bohle über den Graben uns trägt. Wir wissen, ob das Seil fest genug ist, einen Eimer Wasser aus dem Brunnen zu heben, und ob der Wind das Zelt wegblasen wird oder nicht. Aber es ist alles andere als leicht, diese Erfahrungen auch auszuwerten, das Wissen zu systematisieren, zu verstehen, wie und warum eine moderne Konstruktion steht.
Der Laie wird diese Frage faszinierend finden, für den Architekten sollte sie ein Muß sein: Stellt er sich diese Frage nicht, so dürfte er bald außerhalb des heutigen Bauens stehen. Was für den Einzelnen in der Gesellschaft nur ein Hobby ist, das ist für den Architekturstudenten und den praktizierenden Architekten ein Grunderfordernis seines Berufes.

Hat der Architekt die Grundlagen verstanden, dann muß er sich mit den Einzelheiten der Tragwerkstheorie vertraut machen. Nur so kann er die Fülle neuer Ideen und Methoden, die bis vor wenigen Jahren auch für die größten Architekten unerreichbar waren, intelligent einsetzen.
Aber dieser neuartige Zugang, diese Freiheit birgt auch Gefahren. Meisterschaft wird von Beschränkungen stimuliert, die Freiheit aber könnte zur Auflösung führen. Weil heute nahezu jedes Tragwerk auch gebaut werden kann, heißt die wichtige

Frage statt ›kann es gebaut werden?‹ vielmehr ›soll es gebaut werden?‹ Wenn es keine technischen Schwierigkeiten mehr gibt, könnte der Architekt sich geradewegs in die Welt ganz unberechtigter Bausysteme tragen lassen. Sicherlich kann der Durchschnittsarchitekt von heute auf dem Gebiet der Tragwerke auf Leistungen zurückgreifen, die auch dem großen Könner vor hundert Jahren nicht offenstanden. Aber solche Leistungen sind die Frucht nicht nur der Technologie, sondern auch von ›Blut, Schweiß und Tränen‹.

Im folgenden wird der Versuch unternommen, den Leser in das Gebiet der Tragwerkslehre einzuführen, ohne Mathematik und Physik vorauszusetzen. Die Tragwerke werden aber deshalb keineswegs nur elementar, unvollständig oder vereinfacht behandelt. Im Gegenteil, einige der in den letzten Kapiteln dieses Buches behandelten Tragwerke sind sehr komplex; trotzdem kann der Leser sie begreifen und in der Praxis rein intuitiv wiedererkennen. Möge diese vertiefte Kenntnis über das Verhalten von Tragwerken den interessierten Leser dahin bringen, auch die Feinheiten des konstruktiven Entwurfs zu verstehen.

2 Lastarten

2.1 Der Zweck des Tragwerks

Tragwerke werden immer für bestimmte Zwecke errichtet. In diesem Nützlichkeitsaspekt liegt einer der wesentlichen Unterschiede zwischen Tragwerk und Skulptur: Es gibt kein Tragwerk um des Tragwerks willen.
Der Hauptzweck eines Tragwerks bzw. eines Gebäudes besteht darin, einen Raum zu bilden und einzuschließen. Manchmal haben Tragwerke nur die Aufgabe, zwei Punkte miteinander zu verbinden, wie bei Brücken und Aufzügen, oder Naturkräften zu widerstehen, wie bei Dämmen oder Staumauern.
Der Hochbau bildet und definiert Räume, die besonderen Aufgaben dienen. Der Zweck des Gebäudes besteht darin, diese Räume ganz oder teilweise vom Außenklima abzuschließen. Nicht immer ist ein vollständiger Abschluß notwendig: Das freikragende Dach über einem Stadion schützt die Zuschauer vor Regen, ohne sie in einen Raum einzuschließen (Abb. 2.1).

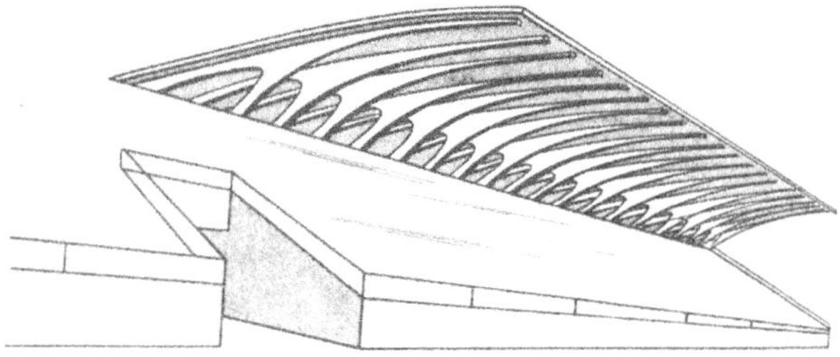

2.1 Begrenzter Wetterschutz

Der abgeschlossene Raum kann verschiedenen Zwecken dienen: Schutz der Familie, Herstellung von Industrieprodukten, Glaubensausübung, Unterhaltungsveranstaltung, gesetzgebende Versammlung. Aus der Verschiedenheit der Zwecke folgt eine Verschiedenheit der Räume, daraus wiederum eine Verschiedenheit der Tragwerke. Aber alle diese Tragwerke sind, einfach indem sie bestehen, verschiedenartigen Belastungen ausgesetzt und müssen diese aufnehmen. Selten ist die Aufnahme von Belastungen der direkte Zweck eines Tragwerks, normalerweise ist sie ein notwendiges Übel.

2.2. Lasten

Die Bestimmung der auf ein Tragwerk einwirkenden Lasten ist kompliziert. Die Art der Belastung ändert sich wesentlich mit dem Entwurf, den Materialien und dem Standort des Bauwerks. Die Lastbedingungen eines Bauwerks können sich allmählich oder auch plötzlich ändern.
Die wichtigste Art der Belastung eines Tragwerks ändert sich nicht plötzlich; hier handelt es sich um die statischen Lasten, die Grundlage für den Entwurf des Tragwerks.

Um die Prüfung der Tragfähigkeit zu erleichtern, werden die meisten Lasten in der Praxis nicht fallweise ermittelt, sie werden dem Entwerfer vielmehr als Nennlasten empfohlen oder vorgeschrieben. Die Belastung einer Geschoßdecke variiert so stark nach Benutzer, Möbelanordnung, Gewicht von Maschinen oder gelagerten Gütern, daß nach den Vorschriften dafür eine ***Äquivalenzlast*** anzusetzen ist. Diese Äquivalenzlast ist für den jeweiligen Gebäudetyp statistisch ermittelt; sie wird von Zeit zu Zeit geändert, wenn neue Bedingungen auftreten.
Die Äquivalenzlast muß so hoch sein, daß die Decke auch im ***schlimmsten*** Fall nicht bricht oder sich bis zur Unbrauchbarkeit verformt. Die Nennlast muß deshalb ein ***mehrfaches*** derjenigen Last sein, die Bruch oder unannehmbare Verformung erzeugen würde: Je größer die Ungewißheit über die wirklich anfallende Last, desto höher das mehrfache der vorgeschriebenen Nennlast, der ***Sicherheitsfaktor***.
Die Nennlasten sind ***übliche Belastungen***: Bei einer Geschoßdecke etwa werden sie als gleichbleibende Zahl von kN / m^2 (kp / m^2)* angesetzt, obwohl in der Praxis keine Geschoßdecke jemals gleichförmig belastet wird. Ebenso wird der Druck, den der Wind auf ein Gebäude ausübt, als zeitlich konstant und über die ganze Fläche verteilt angenommen. In Wirklichkeit aber bläst der Wind in Stößen, und der Winddruck variiert an einzelnen Stellen des Gebäudes. Hier also wird die Entwurfsarbeit ebenfalls vereinfacht, indem man die Windkräfte statistisch erfaßt und sichere übliche Lasten vorschreibt.
Falls die Belastungen eines Gebäudes keinen Vorschriften zu entnehmen sind, das Tragwerk aber gefährden könnten, müssen sie experimentell oder mathematisch genauer erfaßt werden. Die Einwirkung von Stürmen auf überhohe Gebäude etwa könnte mit aerodynamischen Modellversuchen im Windkanal ermittelt werden.
Der Entwerfer kann sich nicht immer damit begnügen, nur Nennlasten zu berücksichtigen. Denn die Verantwortung für die Standfestigkeit des Gebäudes liegt bei ihm und nicht bei den Urhebern der Vorschriften. Dies gilt insbesondere dort, wo Vorschriften nicht angewendet werden können. Der Architekt muß sich deshalb über die Lastannahmen Klarheit verschaffen.

* In runden Klammern im folgenden die bis zum 31.12.1977 zulässigen bisherigen Einheiten (Anm. d. Ü.)

2.3 Eigengewicht und ständige Last

Das unvermeidbare Gewicht des Tragwerks selbst und aller festen Einbauten bildet das ***Eigengewicht*** (Abb. 2.2). Es ist eine der Paradoxien beim Entwerfen von Konstruktionen, daß man das Eigengewicht kennen muß, um das Tragwerk zu entwerfen, es aber umgekehrt erst aus der fertigen Konstruktion ermitteln kann. Die Abmessungen eines Konstruktionselementes hängen wesentlich von seiner Belastung ab; eine dieser Lasten ist das Eigengewicht, das wiederum von den Abmessungen des Elementes abhängt. Der Entwerfer ist gezwungen, die Berechnung einer Konstruktion mit der ***Schätzung*** ihrer Abmessungen, und damit ihres Eigengewichtes zu beginnen. Er addiert hierzu alle anderen Lasten, ermittelt die Festigkeit und stellt erst am Ende seiner Berechnungen fest, ob seine Schätzung richtig war. Nur bei langer Praxis werden hier zahllose Fehlschätzungen vermieden. Die Ermittlung der Festigkeit eines gegebenen Konstruktionselementes für gegebene Lasten, der ***Spannungsnachweis***, ist dagegen eine Routineberechnung. ***Entwurf*** und ***Bemessung*** davor aber verlangen Erfahrung und entspringen oft eher künstlerischer Eingebung als wissenschaftlicher Berechnung.
Das Eigengewicht ist in vielen Fällen die wichtigste Lastart. Es kann besonders bei großen Tragwerken und schwerem Material die anderen Lasten erheblich übersteigen. Bei Brücken, weitgespannten Dächern (Hallen, Kirchen, Theater), bei massiven Stein- und Mauerwerksbauten (Säulen, Widerlager) bestimmt das Eigengewicht häufig die Abmessungen der Auflager. Manchmal aber ist das Eigengewicht nicht nur wichtig, sondern sogar notwendig, wie zum Beispiel bei einer Schwerkraft-Staumauer, deren Eigengewicht den Wasserdruck aufnimmt.
Mit modernen Konstruktionsmaterialien, wie hochfestem Stahl, vorgespanntem Beton oder Aluminium kann die Bedeutung des Eigengewichts im Verhältnis zu anderen Lasten manchmal herabgesetzt werden; in keinem Fall aber darf es ausgelassen werden. Das Hauptkennzeichen ist sein ständiges Vorhandensein: Eigengewicht ist eine ***ständige Last.***

Das Eigengewicht ist leicht zu ermittelt. Sind die Abmessungen des Bauglieds aufgrund vorhandener Erfahrung festgelegt, so kann sein Gewicht über die Einheitsgewichte der Baustoffe ermittelt werden. Diese betragen (vgl. DIN 1055 Bl. 1)* 1000–2300 kp/m^3 für Beton, 7850 kp/m^3 für Stahl, etwa ein Drittel hiervon für Aluminium, 600 kp/m^3 für Nadelholz und 800–2000 kp/m^3 für Mauerwerk.
Die Unterschiede im Einheitsgewicht der verschiedenen Baustoffe beeinflussen die Abmessungen der Konstruktionselemente; später ist zu zeigen, daß der für die Effizienz des Baustoffes wesentliche Faktor das Verhältnis von Gewicht zu Festigkeit ist. So sind im konkreten Fall Bauglieder aus Stahl nicht schwerer als solche aus Stahlbeton, obgleich man dies aus den Einheitsgewichten schließen könnte.

* Hinweise auf DIN und andere Vorschriften durch d. Ü.

Obwohl das Eigengewicht ohne Schwierigkeit genau ermittelt werden kann, ist diese Berechnung aufwendig und mühsam. Und doch ist sie unerläßlich, schon weil der Materialverbrauch, zusammen mit dem Arbeitsaufwand, den Hauptteil der Bau kosten bildet.

2.4 Verkehrs- und andere Lasten

Alle Nicht-Eigengewichtslasten sind Verkehrs- und andere Lasten (Abb. 2.2). Die Verkehrslasten teilen sich in vorwiegend ruhende und nicht vorwiegend ruhende (vgl. DIN 1055 Bl. 3).

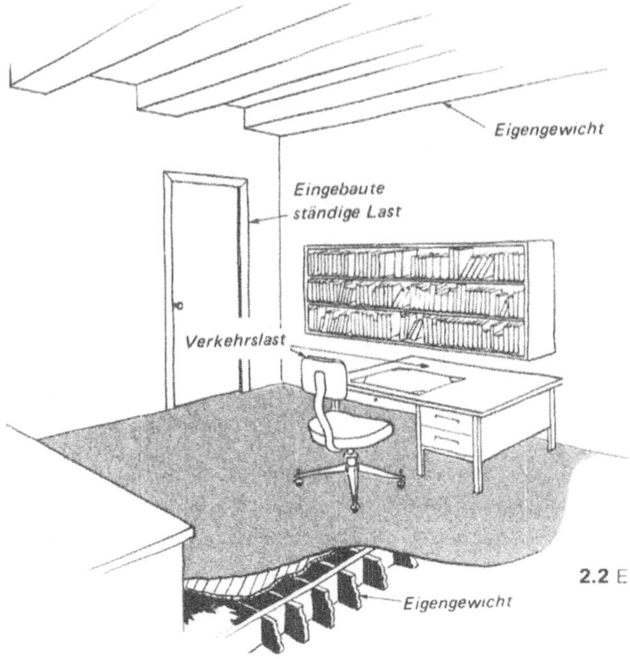

2.2 Eigengewicht und Verkehrslast

Weitere Belastungen entstammen Lagerstoffen sowie Schnee- und Windlasten. Die Sogkraft des Windes sowie Wasser- und Erddruck sind ebenfalls zu berücksichtigen. Es ist schon erwähnt worden, daß viele dieser Lasten ihrer Natur nach so schwierig festzulegen sind, daß man an ihrer Stelle sichere Durchschnittswerte einsetzt. Nach den in New York gültigen Vorschriften für die Lastannahme, dem Building Code, ist die Verkehrslast der Geschoßdecke eines Wohnhauses als ***gleichförmige*** Last von 40 pounds per square foot (lb./sq. ft) (entspr. ca. 195 kp/m²)*, die eines Lagerhause mit 120 lb. /sq. ft. (ca. 586 kp / m²) anzunehmen. Nach diesem Code sind Trennwände auch auf nur kleinen Flächen als über die ganze Deckenfläche verteilt anzunehmen, es sei denn, ihr Standort sei bekannt und festliegend. Bei unbestimmter Verteilung ist je nach Art und Zahl der Trennwände die Verkehrslast um 10–50 lb. / sq. ft. (ca. 49–244 kp / m²) zu erhöhen.

Die anzusetzende Schneelast hängt vom Klima der Region ab, in der das Bauwerk errichtet werden soll: Sie beträgt nach den Codes 60 lb. / sq. ft. (ca. 293 kp / m²) in Nord-Kanada, 40 lb. / sq. ft. (ca. 195 kp / m²) in New York City.

Die Windbelastung eines Gebäudes genauer zu bestimmen ist schwierig, weil sie von der Windgeschwindigkeit *und* der Gebäudegestalt und -oberfläche abhängt (Abb. 2.3). Durchschnittliche Windgeschwindigkeiten sind einigermaßen bekannt, aber es ist nicht leicht, die höchste Momentangeschwindigkeit eines Sturms zu messen oder für einen bestimmten Ort vorauszusagen. Noch schwerer zu bestimmen ist jedoch der Einfluß des Gebäudes selbst: Seine Form kann Druck- und / oder Sogkräfte hervorrufen, und seine Oberflächenausbildung kann die örtlichen Druckwerte verändern. Die Codes schreiben deshalb sichere statische Druck- oder Sogkraftwerte für die Windbelastung in Abhängigkeit von der Höhe vor. Diese Annahmen werden von Zeit zu Zeit überprüft, um neuere Erkenntnisse auf dem Gebiet der Aerodynamik zu berücksichtigen. Die dynamische Windbelastung wird in Abschnitt 2.6 behandelt.

Das Eigengewicht und die anderen senkrecht wirkenden Lasten werden vom Tragwerk selbst in geeigneter Form aufgenommen. Wind und andere waagerecht wir-

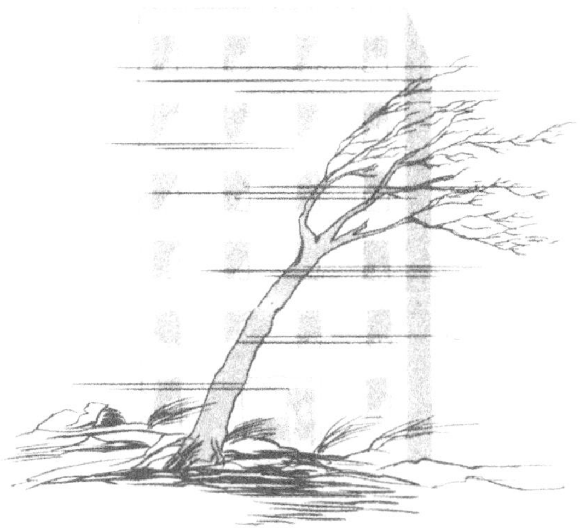

2.3 Windbelastung

* Alle Umrechnungen durch d. Ü.

kende Kräfte aber erfordern zu ihrer Aufnahme gelegentlich weitere konstruktive Maßnahmen. Waagerechte Windaussteifungen finden sich auf der Unterseite von Brücken (Abb. 2.4), senkrechte Windaussteifungen von Gebäuden werden meist von den Außenwänden verdeckte (Abb. 2.5).

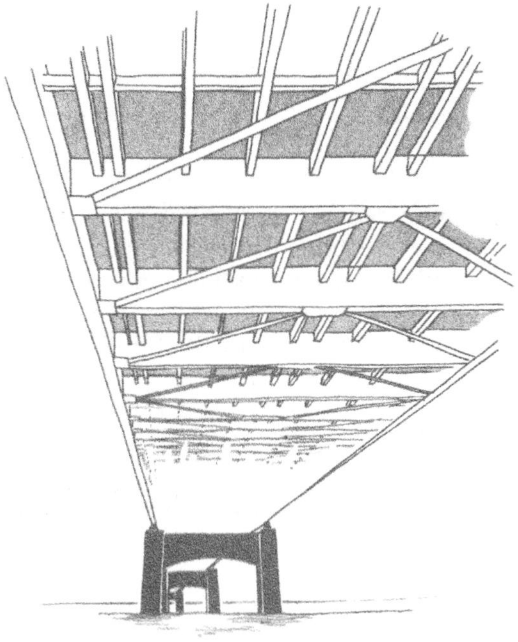

2.4 Waagerechte Windaussteifung

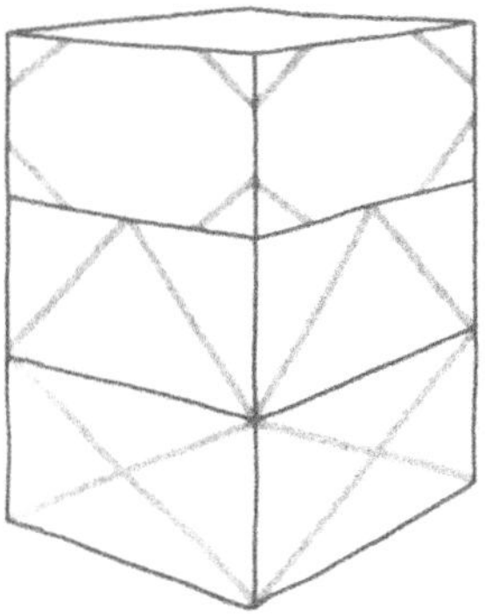

2.5 Senkrechte Windaussteifung

2.5 Thermische Beanspruchung und Setzung

Alle Gebäude sind dem Temperaturwechsel ausgesetzt. Sie verändern Gestalt und Abmessungen während des Tag- und Nachtzyklus' und im Laufe des längeren Sommer- und Winterzyklus'. Die Veränderung der Abmessungen bei thermischer Ausdehnung oder Zusammenziehung kann mit der Einwirkung erheblicher Lasten gleichgesetzt werden; sie ist deshalb so gefährlich, weil die Kräfte selbst unsichtbar bleiben. Ein einfaches Beispiel für diese Art von Lastfall soll auf seine Bedeutung hinweisen.

Eine Stahlbrücke über einen Fluß hat eine Spannweite von 90 m (Abb. 2.6). Sie ist im Winter bei einer Durchschnittstemperatur von ± 0°C gebaut worden. Im Sommer erwärmt sich die Brücke auf 35°C und dehnt sich dabei aus. Die Längenaus-

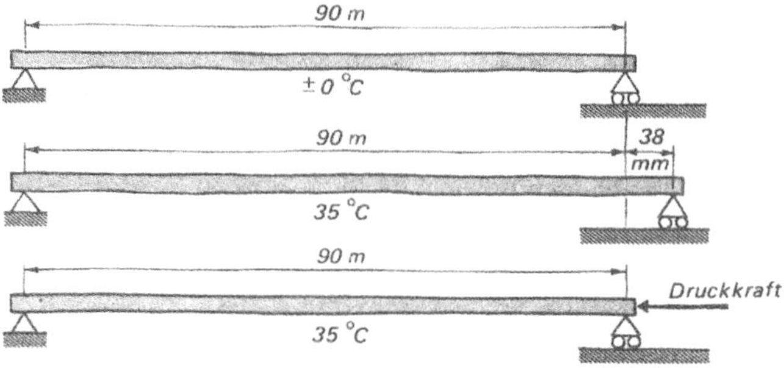

2.6 Thermische Belastung

dehnung läßt sich errechnen, sie beträgt in diesem Fall 38 mm, ein im Verhältnis zur Brückenlänge kleiner Wert. Falls aber die beiden Auflager der Brücke diese Wärmedehnung verhindern, müßten sie dabei eine waagerechte Druckkraft aufnehmen, die rückwirkend, die Brücke auf ihre Winterlänge verkürzt. Da Stahl eine hohe Festigkeit besitzt, muß diese Druckkraft zur Reduzierung der Brückenlänge um 38 mm sehr hoch sein: Sie ist so hoch, daß sie die ***Hälfte der Gesamtfestigkeit*** beansprucht. Damit sind nur noch 50 % der Festigkeit für die eigentliche Aufgabe der Brücke, die Aufnahme einer Verkehrslast, verfügbar. Die naheliegende Lösung des Problems ist, die temperaturabhängige Wärmedehnung der Brücke zuzulassen. Zu diesem Zweck wird das eine Brückenauflager gewöhnlich als Rollenlager ausgebildet (Abb. 2.7).

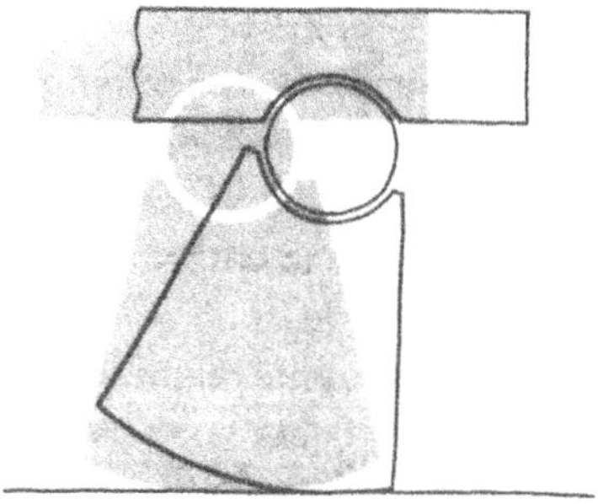

2.7 Rollenkipplager

Ein vergleichbarer Fall von Wärmedehnung mit anderen, aber genauso gefährlichen Folgen findet sich bei großen Kuppelkonstruktionen. Wenn die äußeren Temperaturen steigen oder fallen, möchte die Kuppel sich ausdehnen oder zusammenziehen. Dies aber wird in den meisten Fällen durch die tieferliegenden Auflager verhindert, die in konstanter Temperatur verbleiben. Die Kuppel wird sich deshalb hauptsächlich nach oben und unten bewegen, sie ›atmet‹ (Abb. 2.8). Der höchste Punkt einer Kuppel von 60 m Spannweite über einer verglasten Halle kann sich senkrecht um bis

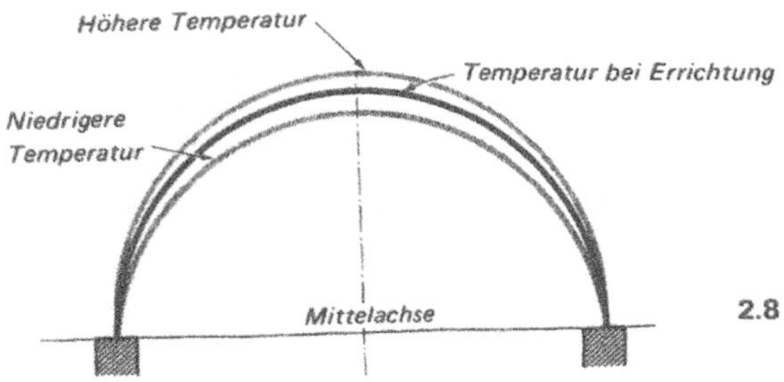

2.8 Thermische Bewegung einer Kuppel

zu 8 cm bewegen. Wenn die Wände dieser Bewegung folgten, würde die Verglasung zerstört werden. Ein besonderes Gleitauflager beseitigt diese Gefahr.
Die thermische Belastung einer Kuppel durch den täglichen Temperaturzyklus ist komplizierter, wenn die Erwärmung einseitig erfolgt. Die Kuppel verändert ihre Gestalt unsymmetrisch und verzieht sich (Abb. 2.9). Die Spannungen aus dieser Verformung können hoch sein und sind schwierig zu berechnen.

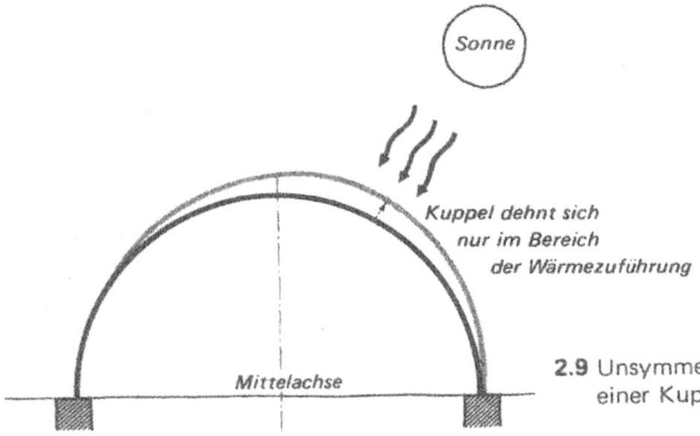

2.9 Unsymmetrisches thermisches Verziehen einer Kuppel

Diese einfachen Beispiele zeigen, daß Tragwerke empfindlich gegenüber Temperaturänderungen sind, wenn über ihre Gestalt oder die Auflagerbedingungen eine Änderung der Abmessungen ***verhindert*** wird. Auf der anderen Seite muß das Tragwerk genügend steif sein, damit Deformationen aus anderen Belastungen begrenzt bleiben. Diese Steifheit steht im Widerspruch zu dem, was zur Aufnahme thermischer Belastung nötig ist. Soll ein Tragwerk also schwere Lasten bei geringen Temperaturänderungen aufnehmen, so kann es ziemlich steif gemacht werden. Soll aber bei geringeren sonstigen Lasten eine größere Temperaturspanne aufgenommen werden, so muß es zur Anpassung weicher gemacht werden: Das Tragwerk nimmt eine thermische Belastung eher durch Nachgeben als durch Widerstand auf.

Vergleichbar mit der Einwirkung hoher Lasten ist auch die ungleiche Setzung der Fundamente eines Gebäudes. Die unterschiedliche Widerstandskraft des Bodens, der mit dem Gewicht eines Gebäudes belastet wird, kann zu einer ungleichen Stützung der Fundamente führen. Ein Ausweichen des Bodens in bestimmten Abschnitten der Gründung verringert die Lastaufnahme, woraufhin der entsprechende Teil des darüberstehenden Gebäudes entweder abschert (Abb. 210a) oder durchhängt (Abb. 210b). Durch die ungleiche Setzung ist keine zusätzliche äußere Last in das Gebäude eingetragen worden, und doch ist der stehende Teil stärker und in anderer Art belastet als vorgesehen. Aber der sich setzende Teil ist ebenfalls beansprucht, wie aus der Verformung seiner Balken ersichtlich (Abb. 210b).

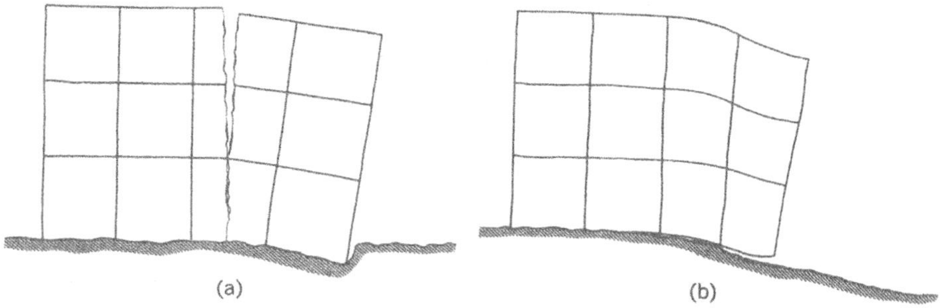

2.10 Ungleiche Setzung

Spannungen aus Temperaturänderungen und aus Setzung stammen eher aus Verbiegungen als aus Belastungen. Als Beispiel für ein unter Spannung, nicht aber Belastung stehendes Element nehme man einen Ring an, aus dem ein Stück herausgeschnitten wird und der dann zusammengedrückt und so verschweißt wird, als sei nichts geschehen. Trennt man den Ring auf, so springt er wieder auseinander und verrät somit die eingeschlossene Spannung. Ähnliches kann bei gewalzten Stahlprofilen geschehen. Trennt man entsprechende Träger mit einer Säge entlang der Mittellinie auf, so spreizen die beiden Flanschteile auseinander, womit sich die beim Walzen eingeschlossene Spannung löst (Abb. 2.11). Es könnte sein, daß ein solcher

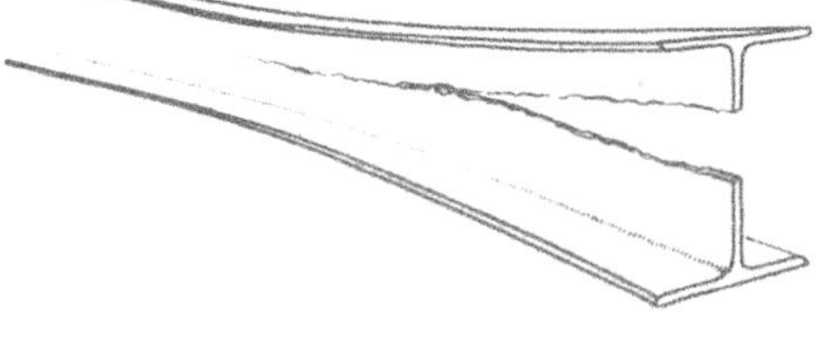

2.11 Lösung einer eingeschlossenen Spannung

Träger unter Last zusammenbricht, weil die Überlagerung von Lastspannung und eingeschlossener Spannung die Bruchspannung überschritten hat. Man benutzt eingeschlossene Spannungen bei ***vorgespannten*** oder ***nachträglich gespannten*** Stahlbetonkonstruktionen (vgl. Abschnitt 3.3) und anderen vorgespannten Konstruktionen (vgl. Abschnitt 11.3 und 12.14).

2.6 Dynamische Lasten

Die in den bisherigen Abschnitten behandelten Lasten waren unveränderlich oder veränderten sich nur in größeren Zeitabständen, sie heißen deshalb ***statische Lasten***. In den Lastannahmevorschriften wird selbst der Wind als statisch angenommen, obwohl er dies offensichtlich nicht ist.

Lasten, die ihren Wert oder ihren Angriffspunkt schnell ändern oder plötzlich aufgebracht werden, heißen ***dynamische*** Lasten. Sie können sehr gefährlich werden, wenn man ihren dynamischen Charakter übersieht; ihr Verhalten muß deshalb klar verstanden werden.

Daß ein Nagel durch Hammerschläge eingetrieben wird, zeigt, daß der plötzliche Schlag mit dem Hammer unvergleichlich mehr erreicht als das bloße Auflegen seines Gewichtes.

Um eine schwere Kirchenglocke zum Läuten zu bringen, muß der Glöckner beginnen, das Seil rhythmisch anzuziehen; die Glocke schwingt weiter und weiter aus, bis sie schließlich läutet. Der Glöckner hätte dies mit einem einzigen harten Zug nicht erreichen können: Er muß sich statt dessen schrittweise mit der Glocke einschwingen (Abb. 2.12).

Die Kraft, die ein Hammerschlag ausübt, heißt ***Aufschlagslast***; das rhythmische Anziehen durch den Glöckner ist der Sonderfall wiederholten Aufbringens einer Last, die sogenannte ***Resonanzlast***. Je größer im ersten Fall die Geschwindigkeit des Hammers ist, oder je kürzer die Zeit, in der die Last ihren Spitzenwert erreicht, desto größer ist die Wirkung: Ein plötzlicher Schlag kann eine sehr große Kraft mit zerstörerischem Resultat erzeugen. Im zweiten Fall aber kann eine kleine Kraft, die sich über einige Zeit ›einschwingt‹, zunehmende Wirkung zeitigen: Eine kleine Schwingkraft von wenigen Pfund kann schließlich eine Glocke von mehreren Tonnen bewegen.

Bauwerke sind auf verschiedene Weise von dynamischen Lasten betroffen. Ein schneller Windstoß ist einem Hammerschlag ähnlich. Eine im Gleichschritt marschierende Kompanie von Soldaten bildet eine Resonanzlast für eine Brücke, wenn ihr Schrittrhythmus im Resonanzverhältnis zur Brücke steht. Kleinere Brücken sollen unter solchen Resonanzlasten schon zusammengebrochen sein.

Aufschlagslasten sind durch das Anwachsen der Last in kürzester Zeit gekennzeichnet, Resonanzlasten durch ihre rhythmische Wiederholung. Aber wann ist eine Aufbringungszeit ›kurz‹ und wann wird aus einer Wiederholung eine ›Resonanz‹?

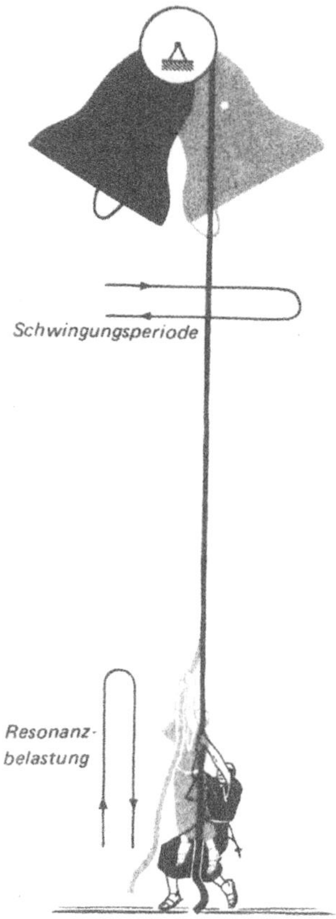

2.12 Resonanzlast

Alle Tragwerke, Gebäude, sind in gewissem Ausmaß elastisch. Sie verformen sich unter Last und federn nach Wegnahme der Last wieder in die Ausgangsposition zurück. Als Konsequenz dieser ›Elastizität‹ haben Gebäude die Tendenz, zu oszillieren: Ein hohes Gebäude schwingt nach dem Einfall eines Windstoßes, und eine Eisenbahnbrücke oszilliert nach der Durchfahrt eines Zuges.

Die Zeit, die ein Tragwerk braucht, um eine volle Auf- und Niederbewegung auszuführen, ist von seiner Steifheit und seinem Gewicht abhängig und heißt Periode der ***Grundschwingung***. Für eine vollständige Schwingbewegung braucht ein modernes Gebäude eine Zeit von einer Zehntelsekunde bis zu acht und mehr Sekunden. Eine steife Struktur oszilliert schnell: Ein niedriges, starres Gebäude hat eine kurze Schwingungsperiode. Eine nachgiebige Struktur dagegen oszilliert langsam: Ein Hochhaus aus Stahl kann mehr als acht Sekunden für eine vollständige Schwingung benötigen. Die Periode der Grundschwingung ist tatsächlich ein guter Maßstab für die Steifigkeit eines Tragwerks.

Die Dauer der Zeit, in der die Belastung sich aufbaut, wird bezogen auf die Periode der Grundschwingung des Tragwerks: Ist diese Zeit im Vergleich mit der Grundschwingung ***kurz***, so hat die Belastung eine ***dynamische*** Wirkung; ist sie ***lang***, so ist die Belastung nur ***statischer*** Art. Somit ist dieselbe Wechsellast für die eine Struktur statisch, für die andere aber dynamisch. Ein Windstoß geringer Geschwindigkeit auf ein steifes Gebäude hat dieselbe Wirkung wie ein konstanter statischer Druck. Ein plötzlicher, schneller Windstoß auf ein nachgiebiges Gebäude aber kann dessen Tragwerk viel stärker beanspruchen, als unter statischer Belastung anzunehmen wäre. Der nukleare Explosionsdruck erreicht seinen Spitzenwert so schnell, daß seine Wirkung immer im dynamischen Bereich liegt. Die Zerstörungskraft dieser Bombe aus ihrem hohen Spitzendruck und dessen schneller Aufbringung ist ein dramatisches Beispiel für die Wirkung dynamischer Belastung von Tragwerken.
In der Praxis ist die Wirkung dynamischer Belastung in verschiedenen Fällen hundert Prozent größer als die statischer Belastung. Legt man ein Gewicht von einem kg langsam auf den Teller einer Federwaage, dann wird der Zeiger an der 1-kg-Marke stehenbleiben. Läßt man dieselbe Last aber das letzte Stück auf den Teller fallen, so schlägt der Zeiger vielleicht bis zur 2-kg-Marke aus, oszilliert dann, und bleibt schließlich bei der 1-kg-Marke stehen (Abb. 2.13).

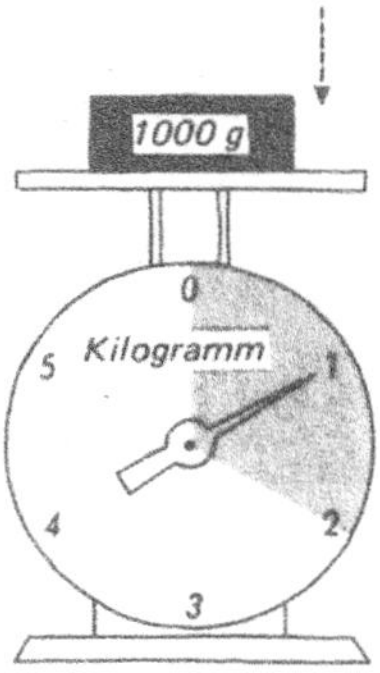

2.13 Dynamische Belastung

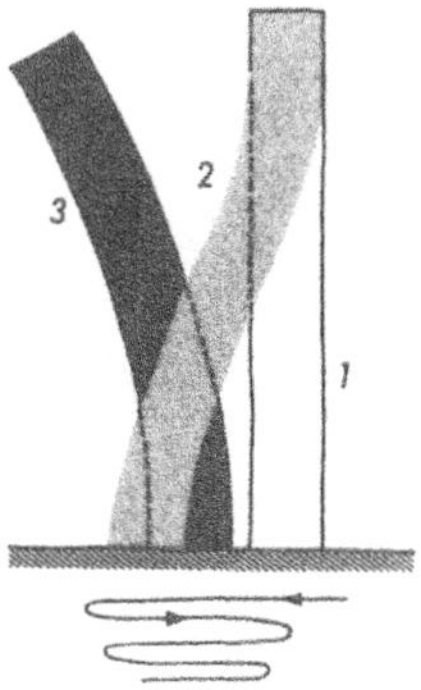

2.14 Wirkung von Erdbebenstößen

Die meisten Belastungen von Gebäudetragwerken haben keine Aufschlagscharakteristik, ausgenommen das Erdbeben. Ein Erdbeben ist eine stoßartige Bewegung des Baugrunds. Diese Reihe von frei variierenden Stößen wird über die Fundamente in den Bau eingetragen und erzeugt viel höhere Ausschläge der Geschoßdecken im oberen Teil des Gebäudes (Abb. 2.14). Da die Voraussage von Erdbeben noch in den Kinderschuhen steckt und die Wirkung von Erdbeben auf Gebäude sowohl vom Boden als auch vom Tragwerk abhängt, ist dessen Auslegung auf Erdbeben noch ein schwieriges Kapitel der Theorie. Erst seit den letzten Jahren verfügt man über genügend Informationen über den Bewegungsablauf bei Erdbeben und über die dynamische Charakteristik eines Gebäudes, um Erdbebensicherheit einzuplanen. Es haben schon hohe, richtig geplante Gebäude Erdbeben überstanden, die kleinere, nicht entsprechend ausgelegte Gebäude zerstörten.

Zuweilen wirken auch Resonanzlasten auf Bauwerke ein. Eine schwere Maschine kann aufgrund der Bewegung ihrer Teile vibrieren. Wenn die Vibrationen der Maschine und der Bauteil, auf dem sie steht, dieselbe Periode haben, werden die Schwingungen des Bauteils sich aufschaukeln. Decken, Gründungen, ganze Gebäude können durch eine kleine, aber in Resonanz befindliche Last gefährdet werden.

Komplizierte dynamische Erscheinungen beruhen auf Windeinfall. Hält man einen Schal aus dem Fenster eines fahrenden Wagens, so schlägt dieser schnell auf und nieder. Dieses ›Flattern‹ des Schals, verursacht durch konstantes Anströmen des Windes, heißt ***aerodynamische Schwingung***. Man kann eine solche Schwingung durch Anblasen der Kante eines Papierblattes erzeugen. Aerodynamische Schwingungen hat ein konstanter Wind von ziemlich niedriger Geschwindigkeit, der sechs Stunden ununterbrochen blies, an der Hängebrücke von Tacoma, Washington, hervorgerufen; die Schwingungen nahmen ständig an Größe zu, führten zu Verdrehungen und Biegungen und schließlich zum Zusammenbruch der Brücke (Abb. 2.15).

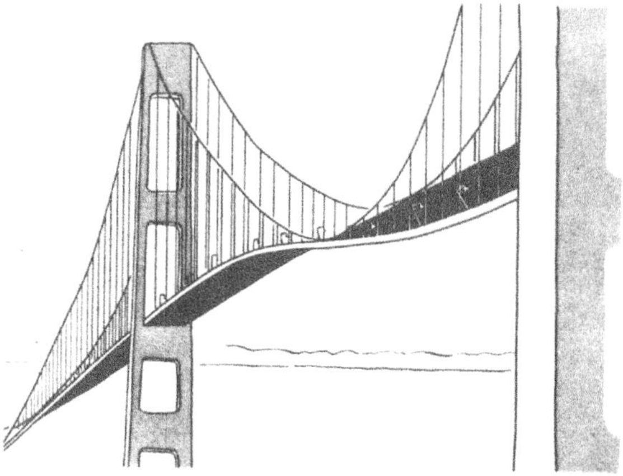

2.15 Aerodynamische Schwingung

Dynamische Belastungen eines Tragwerks entstehen auch bei der Umlenkung eines Windstroms. Dies erklärt beispielsweise den dynamischen Überdruck, der auf der Luvseite von Gebäuden gemessen wird und der Fensterscheiben *ein*drücken kann. Unterdrücke oder Saugkräfte dagegen auf der Leeseite des Gebäudes können Scheiben ***heraus***brechen.

Alle dynamischen Erscheinungen sind komplex. Der Entwerfer muß ihre Wirkung überschauen und darf auch die äquivalenten statischen Lasten der Vorschriften nur mit gewisser Vorsicht einsetzen.

3 Konstruktionsmaterialien

3.1 Wesentliche Eigenschaften der Baustoffe

Gebäude werden aus sehr verschiedenen Baustoffen errichtet: Naturstein- und Ziegelmauerwerk, Holz, Stahl, Aluminium, Stahl- und Spannbeton, Kunststoffe. Alle diese Baustoffe haben bestimmte wesentliche Eigenschaften gemein, die sie geeignet zur Lastaufnahme machen.

Ob die Lasten immer, zeitweilig oder nur kurze Zeit aufgebracht sind, die Verformungen des Tragwerks dürfen zum einen nicht endlos zunehmen, zum anderen müssen sie nach Wegnahme der Last wieder zurückgehen.

Ein Material, dessen Verformung nach Wegnahme der Last wieder zurückgeht, wird als ***elastisch*** bezeichnet (Abb. 3.1). Alle Konstruktionsmaterialien sind in bestimmtem Ausmaß elastisch. Wenn sie es nicht wären und wenn nach Entlastung eine Verformung zurückbliebe, würden neuerliche Belastungen diese Dauerverformung verstärken; die Konstruktion würde schließlich unbrauchbar werden. Andererseits ist kein Konstruktionsmaterial vollkommen elastisch: Je nach Art der Konstruktion und der Belastung sind ***bleibende*** Verformungen unvermeidbar, wenn die letztere bestimmte Werte überschreitet. Die Belastungen müssen deshalb auf Werte beschränkt werden, die nicht zur Überschreitung annehmbarer Dauerverformungen führen: Man beansprucht Konstruktionsmaterialien deshalb nur innerhalb des sogenannten ***elastischen Bereiches***.

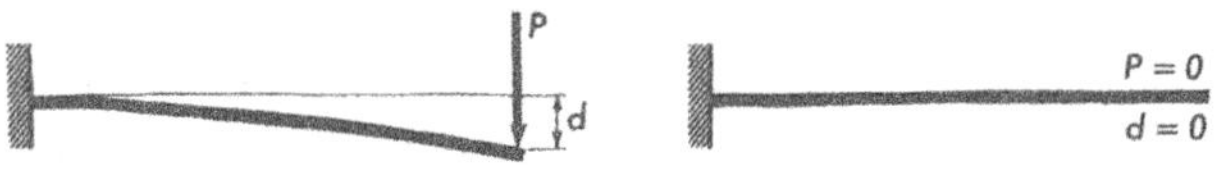

3.1 Elastisches Verhalten

Die meisten Baustoffe sind nicht nur elastisch, sondern, innerhalb bestimmter Grenzen, sogar ***linear elastisch***: Ihre Verformung wächst proportional zur Belastung. Wenn ein linear elastischer Balken also 2 mm unter vertikaler Belastung mit 100 kN (10 Mp) durchbiegt, so vergrößert sich diese Durchbiegung auf 4 mm unter Belastung mit 200 kN (20 Mp) (Abb. 3.2). Die meisten Konstruktionsmaterialien werden nur im linear elastischen Bereich genutzt.

Ein Material mit bleibender Verformung nach Entlastung wird als ***plastisch*** bezeichnet (Abb. 3.3). Jenseits des elastischen Bereiches verhalten sich alle Konstruktionsmaterialien plastisch: Die Belastung, bei der das Material in den plastischen Bereich übertritt, heißt Grenzbelastung (yield load).

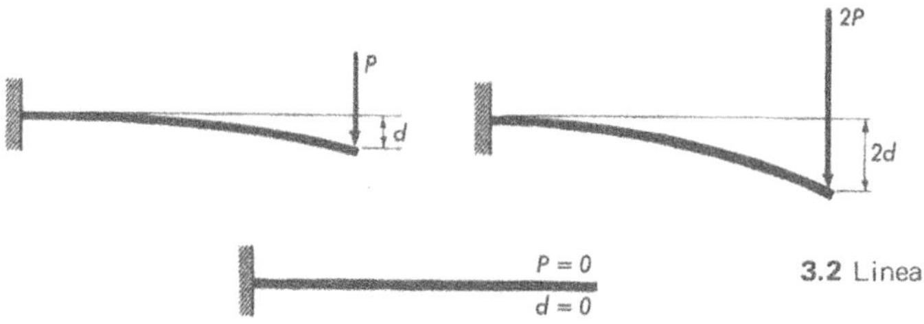

3.2 Lineares elastisches Verhalten

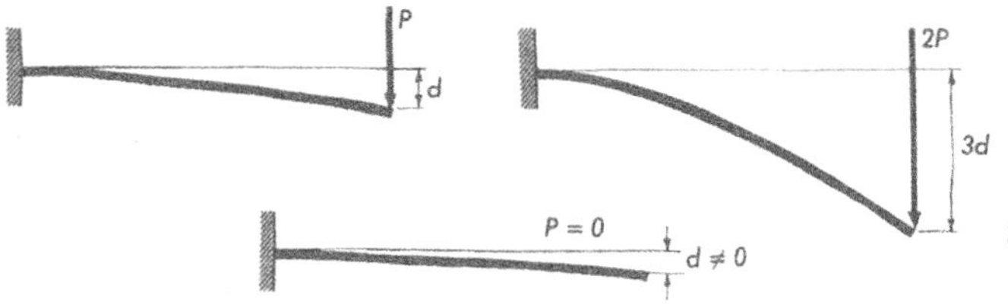

3.3 Plastisches Verhalten

Obwohl bleibende Verformungen größeren Ausmaßes vermieden werden müssen, darf nicht angenommen werden, daß das plastische Verhalten oberhalb des elastischen Bereiches ein Material für Konstruktionszwecke unbrauchbar macht: Das Gegenteil ist der Fall. Im linear elastischen Bereich wachsen die Verformungen im gleichen Maß wie die Lasten. Oberhalb der Elastizitätsgrenze nehmen die Verformungen schneller zu als die Lasten, und sie wachsen schließlich weiter ***ohne*** Steigerung der Last. Diese ***Streckung*** unter konstant bleibender Last ist ein Zeichen, eine klare Warnung vor drohender Gefahr. Andere Vorzüge des plastischen Verhaltens einer Konstruktion werden in Abschnitt 9.3 behandelt.

Für Tragwerke werden die Baustoffe so ausgesucht, daß sie sich unter den Bedingungen ihres Standortes und der vorgesehenen Lasten über die Dauer ihrer Standzeit elastisch verhalten. Wie wichtig dieser Ansatz ist, soll an einem einfachen Beispiel erläutert werden. Ist eine Wachskerze nicht gerade in den Kerzenhalter gesteckt worden, so wird die zunächst steif erscheinende Kerze unter der Raumtemperatur allmählich zur Seite ausbiegen und nach einigen Wochen ganz verbogen sein (Abb. 3.4). Diese Verformung würde in einem Ofen rapide vor sich gehen, könnte aber in einem Kühlschrank unendlich verzögert sein. Unter ›arktischen‹ Bedingungen ist Wachs in stärkerem Maße ›strukturell‹ als in den Tropen.

Bei ausreichend langem Zeitraum verformt sich eine Kerze unter ihrem eigenen Gewicht. Versucht man aber, sie schnell zu biegen, so bricht sie, zeigt ***Sprödigkeit***. Alle Konstruktionsmaterialien verhalten sich ähnlich: Bei niedriger Temperatur sind sie elastisch, bei schneller Belastung spröde; bei höherer Temperatur und längerer Lasteinwirkung ›fließen‹ sie. Die für dieses Fließen erforderlichen Temperaturen und Zeiten sind für alle Materialien verschieden.

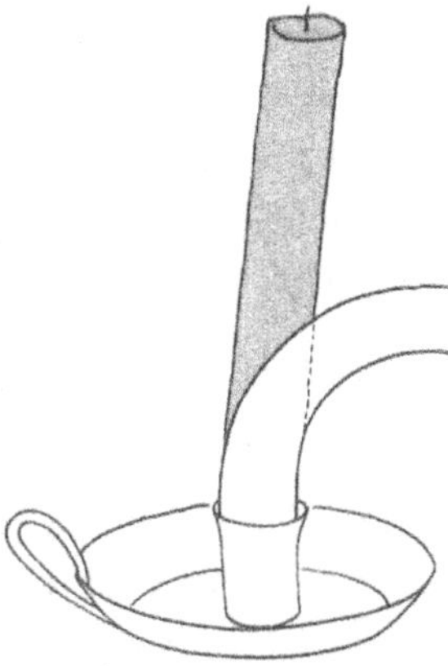

3.4 Fließen des Materials

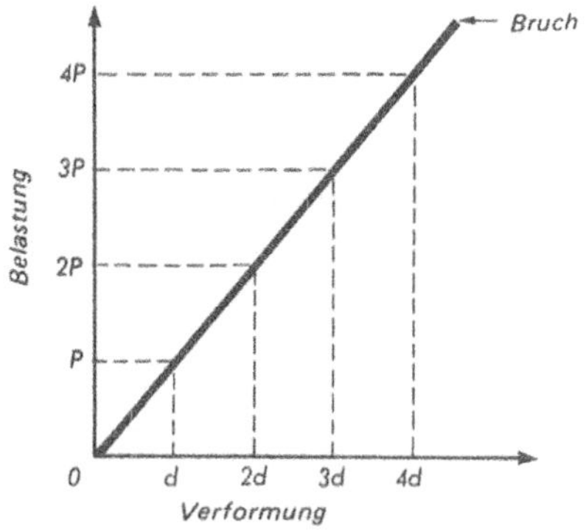

3.5 Spannungs-Dehnungs-Diagramm eines spröden Materials

Baustoffe, die bis hinauf zur Bruchgrenze linear elastisch sind (Abb. 3.5), wie Glas, oder einige Kunststoffe, sind so gut wie unbrauchbar für Konstruktionszwecke. Sie können ihren bevorstehenden Bruch nicht ankündigen; mehr noch, sie neigen oft zu Sprödigkeit und brechen bei plötzlicher Belastung (Abb. 3.6).

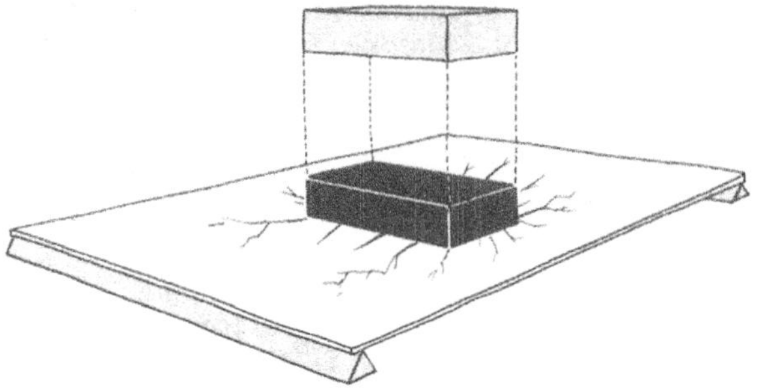

3.6 Sprödbruch

Stahl hat bei normalen Temperaturen einen gut brauchbaren linear elastischen Bereich, gefolgt von einem plastischen Bereich; er wird aber plötzlich spröde bei einer Temperatur von –35°C. Einige unerwartete Zusammenbrüche von Stahlbrücken in Kanada sind auf diesen plötzlichen Übergang von elastisch-plastischem zu sprödem Verhalten bei niedriger Temperatur zurückgeführt worden. Bei hoher Temperatur verliert auch Stahl, einer der härtesten Baustoffe, seine Festigkeit: Er verformt sich mehr und mehr, auch unter konstant bleibender Last, und beginnt bei 370°C zu ›fließen‹. Soll Stahl in einem Gebäude gefahrlos verwendet werden, dann muß er so geschützt eingebaut werden, daß er wenigstens für die zur Evakuierung des Gebäudes benötigte Zeit keine höheren Temperaturen erreicht ***(feuerbeständig)***. Ist ein

Baustoff für unbegrenzte Zeit feuerbeständig, so heißt er feuerfest; Stahlbeton ist feuerfest, vorausgesetzt, daß die Bewehrung durch den Beton ausreichend geschützt wird (vgl. DIN 4102, Bl. 2, Brandverhalten von Baustoffen und Bauteilen, Begriffe).
Einige Materialien haben einen verhältnismäßig begrenzten elastischen Bereich und entwickeln ein plastisches Verhalten schon unter geringer Belastung. Einige Kunststoffe fließen praktisch bei *jeder* Art von Belastung. Die Nachgiebigkeit der einen, die Sprödigkeit der anderen machen Kunststoffe für strukturelle Zwecke unbrauchbar. Verstärkte Kunststoffe, etwa glasfaserverstärkte, haben annehmbare Kennwerte, und ihre zunehmende Verwendung ist leicht vorauszusehen.
Moderne Konstruktionsmaterialien, wie etwa Stahl, sind *isotrop*: Ihre Widerstandskraft hängt nicht von der Belastungsrichtung ab. Holz dagegen ist ***anisotrop***, längs und quer zur Faser besitzt es unterschiedliche Festigkeiten. Dieser Nachteil wird jedoch aufgehoben, wenn man aufgeschnittenes Holz schichtweise mit verschwenkter Faserrichtung mit Kunstkleber verleimt. Das so entstandene Sperrholz besitzt homogenere Festigkeitseigenschaften und kann außerdem noch wetterfest gemacht werden.
Konstruktionsmaterialien können auch noch nach der Art aufnehmbarer Spannungen unterschieden werden: Zug-, Druck- und Scherspannungen (vgl. Kapitel 5). Eine Zugspannung ist bestrebt, die Materialteilchen auseinander zu ziehen (Abb. 3.7a). Druckspannung preßt die Teilchen zusammen (Abb. 3.7b). Scherspannung läßt die Teilchen sich gleitend verschieben, wie zwischen den Schneiden einer Zange (Abb. 3.7c).

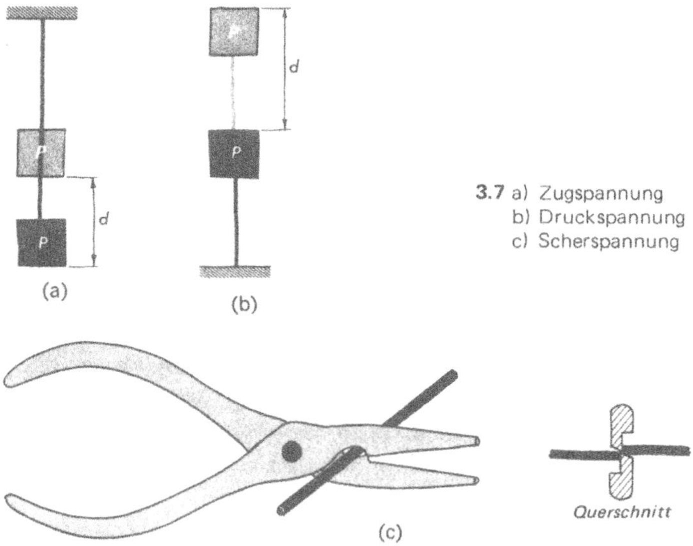

3.7 a) Zugspannung
b) Druckspannung
c) Scherspannung

Alle Baustoffe nehmen Druckspannungen auf. Einige, wie Stahl, nehmen Zugspannungen gleicher Höhe auf, andere, wie Stein oder unbewehrter Beton, nicht: Sie werden deshalb in der Form und für die Lasten eingesetzt, bei denen keine Zugspannungen auftreten. Zugfeste Materialien nehmen gewöhnlich auch Scherspannungen auf, nur druckfeste aber haben meist keine hohe Scherfestigkeit (vgl. Abschnitt 5.3).

3.2 Materialkonstanten und Sicherheitsfaktoren

Für konstruktive Aufgaben werden die Baumaterialien weitgehend innerhalb des linear elastischen Bereiches eingesetzt; damit bleiben ihre Verformungen proportional zu ihren Belastungen. Belastet man einen Stahldraht von 1,5 m Länge und 1,6 mm Dicke mit einem Gewicht von 5 kN (o,5 Mp), so dehnt er sich um ca. 17 mm. Ein Aluminiumdraht aber würde sich unter den gleichen Bedingungen dreimal so stark dehnen, nämlich um 50 mm (Abb. 3.8).

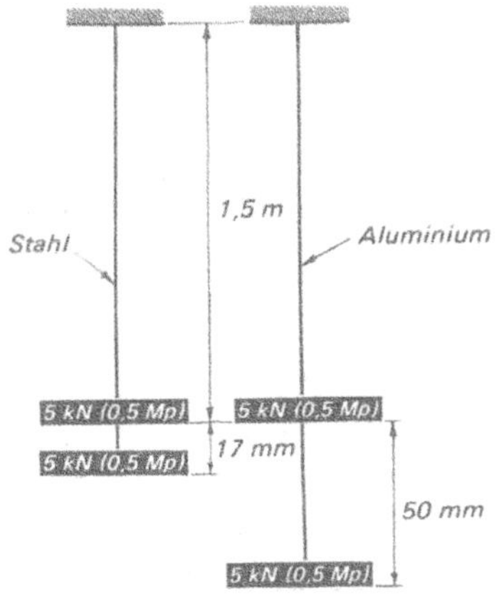

3.8 Längenänderung aus Zugbeanspruchung

Stahl ist zugfester als Aluminium. Das Maß dieser Zugfestigkeit ist eine Materialeigenschaft, sie bemißt sich als Elastizitätsmodul. Das Elastizitätsmodul ist diejenige Spannung, d. h. Kraft pro Querschnittsfläche, bei der sich das Material theoretisch auf die doppelte Ausgangslänge dehnen würde – theoretisch, weil der Baustoff in Wirklichkeit lange vorher reißt. Das Elastizitätsmodul von Stahl beträgt $2{,}1 \cdot 10^2$ kN/mm^2 (2 100 000 kp/cm^2), das von Aluminium etwa ein Drittel.

Das Elastizitätsmodul für Druck, das Druck-E-Modul, besitzt im allgemeinen einen anderen Wert als das Zug-E-Modul. Für Beton liegt das Druck-E-Modul je nach Betongüte zwischen 26 kN/mm^2 (260 000 kp/cm^2) (Bn 150) und 39 kN/mm^2 (390 000 kp/cm^2) (Bn 550). Der Zug-E-Modul für Beton hat wenig Bedeutung, da die Zugaufnahme des Betons gering ist. Als Druck-E-Modul wird für Nadelholz in der Faserrichtung 10 kN/mm² (100 000 kp/cm²) angesetzt, quer zur Faser aber 0,3 kN/mm² (3 000 kp/cm²). Stahl und Aluminium haben die gleichen Elastizitätsmoduln jeweils für Druck und Zug.

Aus Sicherheitsgründen muß die Streckgrenze des Materials bekannt sein. Bei Baustählen und bei Aluminium liegt die Streckgrenze zwischen 0,25 und 0,35 kN/mm² (2 500 und 3 500 kp/cm²). Da Tragwerke sich unter Last, abgesehen von der Zeit, nicht verformen sollen, werden die zulässigen Spannungen gewöhnlich als Bruchteil der jeweiligen Streckspannungen festgelegt. Für Stahl und Aluminium sind deshalb Spannungen bis 0,14 bzw. 0,21 kN/mm² (1 400 bzw. 2 100 kp/cm²) zulässig, für Beton Spannungen von 0,7 bis 1,4 kN/cm² (70 bis 140 kp/cm²). Die ***Sicherheitsfaktoren***, die damit eingeführt sind, hängen von verschiedenen Bedingungen ab: Homogenität des jeweiligen Baustoffs, Art der auftretenden Spannungen, E-Modul und Streckgrenze, Dauer der Belastung und Kenntnis ihrer Größe und der Zweck des Gebäudes. Der letzte Faktor ist wichtig in gesellschaftlicher Hinsicht: Die Sicherheit einer großen Halle ist kritischer als die eines Einfamilienhauses und muß deshalb enger gefaßt werden. Die Sicherheitsfaktoren für große Gebäude, in denen sich gleichzeitig viele Menschen aufhalten, werden heute so hoch angesetzt, daß es ***sehr unwahrscheinlich*** ist, daß auch nur eine kleine Zahl von Personen durch bauliches Versagen umkäme. Die Festsetzung der Sicherheitsfaktoren erfolgt mit Hilfe der Wahrscheinlichkeitstheorie, ihre Ergebnisse können als Zahl von Menschenleben ausgedrückt werden.

Wenn der Baustoff keine klar erkennbare oder überhaupt keine Streckgrenze besitzt, muß der Sicherheitsfaktor auf eine andere Eigenschaft bezogen werden. Beton zum Beispiel hat keinen klaren Übergang vom elastischen zum plastischen Verhalten. Spröde Baustoffe dagegen besitzen ein linear elastisches Verhalten bis unmittelbar zum Bruch. In solchen Fällen muß die Sicherheit auf die Bruchspannung bezogen werden. Wichtig ist also die Kenntnis, daß Stahl eine Bruchfestigkeit von 0,28 bis 1,4 kN/mm² (2 800 bis 14 000 kp/cm²) besitzt, Beton aber eine Bruchfestigkeit von 2 bis 6 kN/cm² (200 bis 600 kp/cm²). Diese Spannungen heißen ***Bruchspannung*** (ultimate strength) des Materials.

Es ist aber vorteilhaft, Sicherheitsfaktoren auch dann auf die Bruchspannung zu beziehen, wenn die Streckgrenze bekannt ist. Diese Sicherheitsfaktoren nämlich würden die Belastung definieren, die das Tragwerk ***bis zum Zusammenbruch*** aufnehmen kann gegenüber jenen, die das Tragwerk wegen übergroßer Verformung nur unbrauchbar machen. Die Kenntnis beider Lastgrenzen kann dazu benutzt werden, höhere Sicherheitsfaktoren auf der Basis der Streckgrenze für ständige oder längerdauernde Belastungen anzusetzen, niedrigere aber für Ausnahmebelastungen (Stürme, Erdbeben), bezogen auf die Bruchgrenze. Dieses Verfahren wird in den meisten Vorschriften angewendet: Die Kombination von senkrechten Dauerlasten und waagerechten Ausnahmelasten darf das Tragwerk gewöhnlich um 33 Prozent mehr beanspruchen als die senkrechte Dauerlast allein.

3.3 Moderne Baustoffe

Eisen ist schon lange im Bauen verwendet worden, meist in Verbindung mit anderen Materialien. Die Eigenschaft des Eisens, Zugkräfte aufzunehmen, war ebenso bekannt wie die des Holzes, Druckkräfte aufzunehmen. Deshalb hat man mit einer Verbindung von hölzernen Druckgurten und eisernen Zuggurten die Schiffe mittelalterlicher Kirchen überspannt (Abb. 3.9).

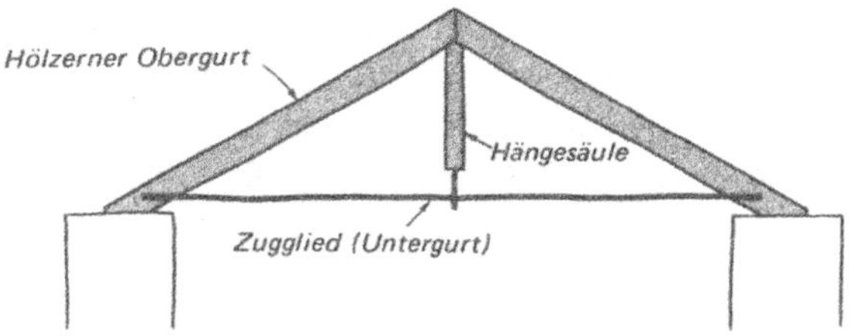

3.9 Holzbinder mit eisernem Zugglied

Zunehmende Kenntnisse in Metallurgie, Chemie und Physik haben zu erheblicher Verbesserung der Eigenschaften aller Konstruktionsmaterialien während der letzten hundert Jahre geführt. Die Rostgefahr wurde durch rostfreien Stahl gebannt. Stahllegierungen erreichen Bruchfestigkeiten von 1,4 kN/mm^2 (14 000 kp/cm^2), die winzigen Stahl-»whiskers« aber erreichen schon einige zig kN/mm^2 (mehrere hunderttausend kp/cm^2) – revolutionäre Entwicklungen für den Stahlbau. Einige neue Aluminium-Legierungen haben bereits die Festigkeit von Stahl, sind aber nur ein Drittel so schwer. Kunstkleber haben Holz zu einem dauerhafteren und fast isotropen Material gemacht. Glasfaserverstärkte Kunststoffe verbinden die Festigkeit von Glas mit dem nicht-spröden Charakter von Kunststoff.

Der vielleicht interessanteste neue Baustoff ist der Stahlbeton, er vereinigt die Druckfestigkeit von Beton mit der Zugfestigkeit von Stahl (vgl. Abschnitt 5.4). Beton kann in sehr verschiedene Formen gebracht werden, je nach Tragwerk und auftretenden Lasten. Eine neue Freiheit ist damit in den Entwurf eingezogen; die gestalterischen Möglichkeiten haben sich über Balken und Stützen aus Walzprofilen hinaus erheblich erweitert. Die Bewehrung durchdringt wie ein Netz gespannter Sehnen die Masse aus Zement, Sand, Kies, Wasser, die durch Abbinden die Struktur monolithisch macht, und hält sie zusammen. Als jüngste Entwicklung sind Bewehrungsstränge durch kurze Stahlfasern ersetzt worden, magnetisch in Zugrichtung ausgerichtet, wodurch sich ein homogener Spannungswiderstand der Bauteile ergab.

Die Eigenschaften des Stahls hängen von sorgfältiger Kontrolle der Erzmischungen, der Ofen- und der Walztemperaturen sowie der Legierungszugaben ab. Die Eigenschaften des Betons hängen von Qualitäten und Mengen der Bestandteile der Mischung ab. Beton ist empfindlich gegenüber Mischungsveränderungen. Bei großen Bauwerken wird die Mischung deshalb in besonderen Beton-Labors aufgestellt; jeder

Partie auf dem Bau wird dann eine Probemenge zur Überprüfung entnommen. Die Verteilung der Korngrößen von Sand und Kies, die Qualität des Zements und die Wassermenge können die Betonfestigkeit und Aushärtungszeit wesentlich beeinflussen. Während des Abbindens entsteht Wärme; das bedeutet, daß Beton nicht nur vor Auskühlung, sondern auch vor Überwärmung geschützt werden muß. Geschieht dies nicht, können Risse entstehen, oder die vorgesehene Festigkeit wird nicht erreicht. Schwindrisse können zum Eindringen von Wasser führen, das die Stahleinlagen rosten läßt und den Beton absprengt.

Beton muß mit Sorgfalt hergestellt werden, fast wie in einem Laboratorium. Bei wichtigen Konstruktionen wird der Beton selten direkt auf der Baustelle gemischt; er wird vielmehr in Spezialbetrieben aufbereitet und zur Baustelle transportiert. Auf der anderen Seite erlaubt die Vielfalt von Möglichkeiten ein breites Angebot spezieller Sorten für jeden Zweck. Beton mit einer Bruchfestigkeit von 6 kN/cm^2 (600 kp/cm^2), schnellbindender Beton, Leichtbeton können nacheinander hergestellt werden. Man wird einen Eindruck von den Möglichkeiten dieses Baustoffes bekommen, wenn man die Anwendungen in der Konstruktion kennt.

Vorspannung erweitert das Grundkonzept der Zugbewehrung für einen nicht-zugfesten Baustoff. Sehnen aus hochfesten Stahldrähten werden im Beton eingebettet und gespannt, wodurch der Beton zusammengedrückt wird. Experimentell sind auch schon Zugseile aus Glasfasern eingesetzt worden. Ein unbelasteter vorgespannter Balken erscheint unbeansprucht, aber die eingeschlossenen Spannungen bedeuten Druck für den Beton und Zug für den Stahl. Die Zugspannungen, die bei der Belastung des Balkens auf seiner Unterseite entstehen (vgl. Kapitel 7) verringern die dort aus der Vorspannung anfänglich vorhandene Druckspannung, oder heben sie sogar auf. Der Beton der Unterseite hat als Ergebnis keine Zugspannung und reißt nicht auf (Abb. 3.10). Die Vorspannung des Betons ist schon von den ersten For-

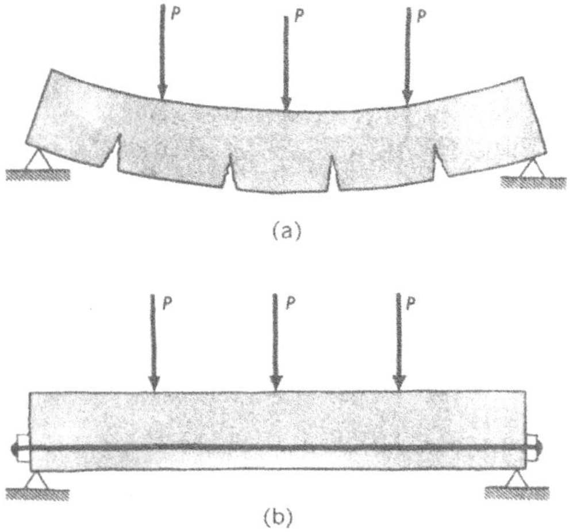

3.10 a) schlaff bewehrter Betonbalken
b) vorgespannter Betonbalken

schern auf diesem Gebiet vorgeschlagen worden. Leider aber gab es damals, gegen Ende des neunzehnten Jahrhunderts, noch keinen Stahl mit einer Streckgrenze, die hoch genug war, eine ausreichende Zugspannung auch noch nach dem aus der Vorspannung resultierenden plastischen Zusammendrücken des Betons, dem Kriechen aufrechtzuerhalten. Erst als hochfeste Stähle zu tragbaren Preisen verfügbar waren, wurde die Vorspannung Wirklichkeit.

›Ferrocement‹ ist ein Baustoff, der zuerst von Nervi mit Erfolg eingesetzt wurde, eine Kombination aus Stahlmatten und Zementmörtel. Drahtgitter mit nur zentimetergroßen Maschen werden mehrfach aufeinandergelegt und in Zementmörtel eingebettet (Abb. 3.11). Mit diesem Verfahren ergibt sich infolge der engen Durchdringung von Stahl und Beton ein Baustoff von hervorragender Druck- und Zugfestigkeit. Zum erstenmal und sehr erfolgreich wurde Ferrocement angewendet, als Nervi in den zwanziger Jahren kleine Bootskörper damit baute.

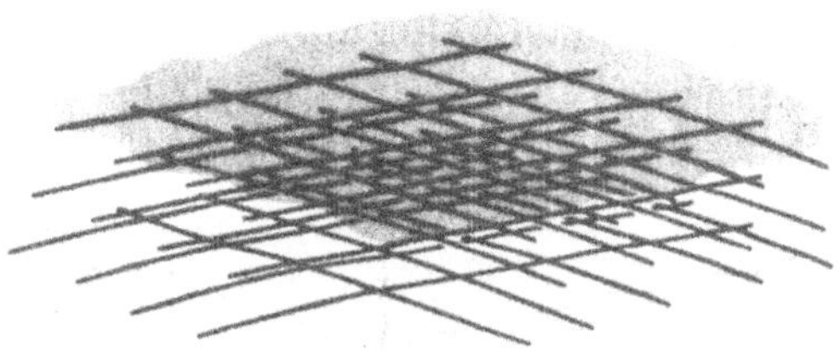

3.11 'Ferrocement'

Die hohe Druckfestigkeit keramischer Fliesen kann ebenfalls mit der Zugfestigkeit von Stahl und der Bindekraft von Mörtel kombiniert werden; man erhält ein ähnliches Material wie Stahlbeton. Unter anderen hat Torroja gezeigt, wie phantasievoll dieser Baustoff in Ländern eingesetzt werden kann, in denen Stahl sehr teuer, die Löhne aber niedrig sind.

Kunststoffe, synthetische Materialien mit organischen Bindern, finden ihrer verschiedenen günstigen Eigenschaften wegen wachsende Anwendung im Bauen. In Tragwerken aber werden sie noch nicht eingesetzt.

Die meisten Kunststoffe im Bauen sind glasfaserverstärkt. Glasfasern, mit einer Zugfestigkeit bis hinauf zu 4 kN/mm^2 (40 000 kp/cm^2), werden zur Verstärkung von Epoxyharz-Bauteilen im Flugzeugbau und anderswo eingesetzt. Glasfasern geben Paneelen aus Epoxy- und Polyesterharzen Zugfestigkeit, auch Polyvinyl und andere Kunststoffe für Membranen und Luftkissen (vgl. Abschnitt 11.3) werden damit verstärkt. Urethan- und Polystyrolschäume, mit geringer Zug- und Druck-, aber ausreichender Scherfestigkeit, werden als Kerne von Sandwichpaneelen aus Sperrholz, Gips, Aluminium oder Kunststoffen verwendet. Sie besitzen ein ausgezeichnetes Gewichts-Festigkeits-Verhältnis und eine hohe Wärmedämmung (vgl. Abschnitt 10.6).

Es ist leicht vorauszusehen, daß die ständige Weiterentwicklung auf dem Gebiet der Kunststoffe diese zu ernsten Konkurrenten der klassischen Baustoffe macht.
Der richtige Einsatz der Konstruktionsmaterialien ist eine wichtige Voraussetzung für den Entwurf. Die Verfügbarkeit der Baustoffe begrenzt die Wahl der möglichen Systeme im Bauen.

4 Einige Grundregeln

4.1 Einleitung

Die Weiterentwicklung von Baustoffproduktion, Konstruktionstechniken und Berechnungsmethoden in unserer Zeit haben dem Entwurf neue Freiheiten gegeben, seinen Spielraum erheblich erweitert. Die hier erreichten Ergebnisse sollen in den folgenden Kapiteln erläutert werden. Dabei werden die gegenwärtig häufigsten Tragwerkssysteme vorgestellt.
Die neue Freiheit aber erlaubt dem modernen Bauen nicht, auf gewisse Grundregeln zu verzichten, die schon immer Bestandteil guten Bauens waren. Diese sind: Gleichgewicht, Stabilität, Festigkeit, Funktionalität, Wirtschaftlichkeit und Ästhetik.

4.2 Gleichgewicht

Eine der Grundregeln betrifft das Gleichgewicht. Weder das Gebäude noch eines seiner Teile dürfen sich bewegen. Natürlich darf diese Regel nicht ganz wörtlich genommen werden, denn eine gewisse Bewegung ist sowohl unvermeidbar als auch notwendig. Aber die zulässigen Versetzungen eines Gebäudes sind normalerweise so gering, daß sie mit bloßem Auge nicht zu erkennen sind.
Einige Gleichgewichtsfälle einfachster Art kann man sich leicht vorstellen. Der Fahrkorb in einem Aufzugsschacht hängt an einem Seil, das Seil aber ist an der Seiltrommel befestigt. Wenn der Fahrkorb im Stillstand 5 kN wiegt, übt das Seil auf die Seiltrommel einen Zug von 5 kN aus. Gewicht und Kraft befinden sich im Gleichgewicht, der Fahrkorb ›steht‹ (Abb. 4.1). Ziehen zwei Männer in entgegengesetzter Richtung mit der gleichen Kraft an einem Seil, so bewegt sich dieses nicht, es ist im Gleichgewicht (Abb. 4.2). Zieht einer der beiden aber stärker, so verliert der andere seinen Halt, beide bewegen sich mit dem Seil, das Gleichgewicht ist verloren. Ähnlich verhält es sich mit einer Skulptur auf einem Sockel; wiegt sie 5 kN, so übt der Sockel eine Aufwärtskraft von ebenfalls 5 kN aus. Wäre es weniger, so würde die Skulptur absinken, das Gleichgewicht wäre verloren (Abb. 4.3).

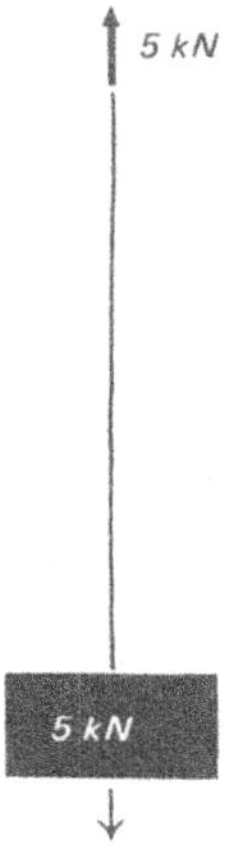

4.1 Gleichgewicht senkrechter Kräfte

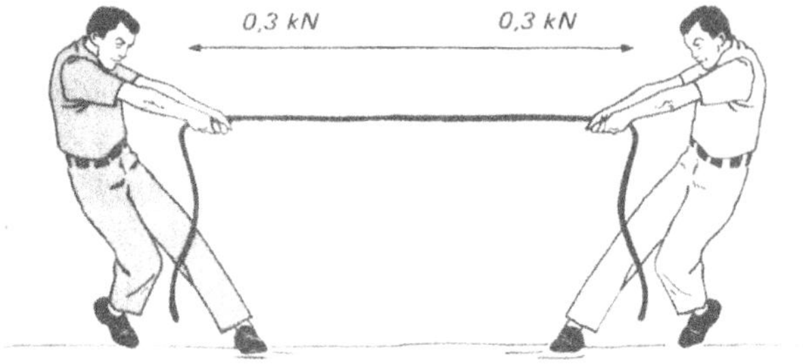

4.2 Gleichgewicht waagerechter Kräfte

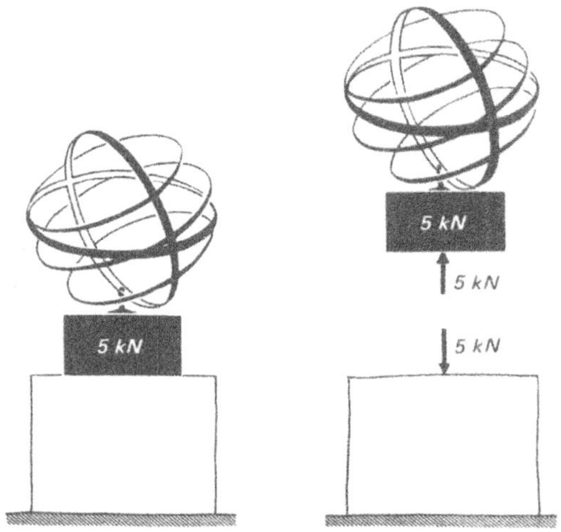

4.3 Gleichgewicht senkrechter Kräfte

Diese einfachen Beispiele zeigen, daß ein Körper sich ***nicht*** in irgendeiner Richtung bewegt, wenn die in dieser Richtung auf ihn wirkenden Kräfte sich gegenseitig aufheben. Dies geschieht, wenn zu einer Kraft eine gleich große Kraft in entgegengesetzter Richtung vorhanden ist. In diesem Fall spricht man von ***axialem Gleichgewicht.***

Etwas schwieriger ist der Gleichgewichtsfall in senkrechter Richtung bei einer Brücke, die von einer Lokomotive befahren wird. Die Brücke ist an beiden Enden aufgelagert, ihr Eigengewicht sei hier vernachlässigt. Befindet sich die Lokomotive genau in der Mitte, so erhält jedes der Auflager die Hälfte ihres Gewichts: Ihr Gewicht wird von zwei gleich großen Auflagerkräften ›im Gleichgewicht‹ gehalten (Abb. 4.4a). Als die Lokomotive gerade von links auf die Brücke fuhr, hat das linke Auflager fast ihr ganzes Gewicht aufgenommen. Wenn sie nun weiter über die Brücke fährt, nimmt die Auflagerreaktion links ab und rechts zu (Abb. 4.4b), bis die Lokomotive in der Mitte der Brücke steht und beide Auflagerkräfte gleichgroß sind. Fährt sie weiter auf die rechte Brückenhälfte, so nimmt die Auflagerbelastung links weiter ab, rechts weiter zu, bis die Lok am Brückenausgang ihr ganzes Gewicht in das rechte Auflager abgibt (Abb. 4.4c). Wo immer sie sich auf der Brücke befindet, die Brücke überträgt das Gewicht immer auf beide Auflager zusammen. Für das senkrechte Gleichgewicht müssen beide Auflagerreaktionen ***zusammen*** immer so groß sein wie die Last selbst, der Anteil jedes Auflagers aber kann unterschiedlich groß sein und hängt von der Stellung der Last ab.

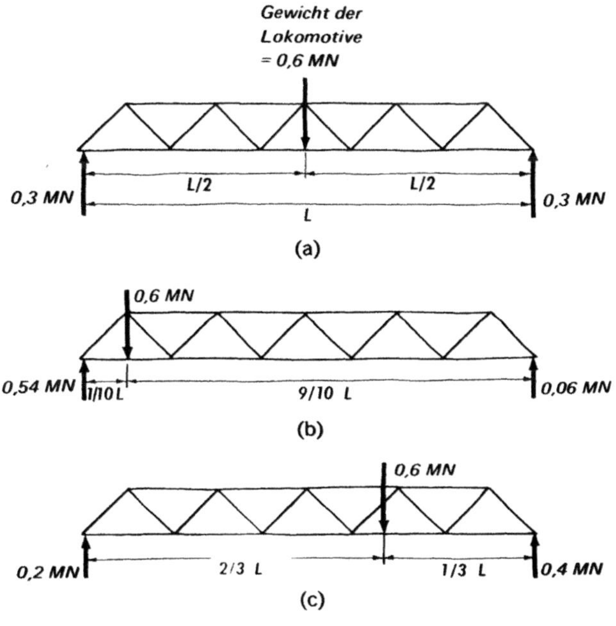

4.4 Auflagerreaktionen bei verschieblicher Last

Ein anderer bekannter Gleichgewichtsfall ist der von zwei Kindern auf der Wippe. Sind die Hebel gleich lang und die Kinder gleich schwer, so befindet die Wippe sich im Gleichgewicht. Am Kippunkt in der Mitte entsteht eine Auflagerreaktion, sie ist aufwärts gerichtet und so groß wie das Gesamtgewicht beider (Abb. 4.5a). Das Gleichgewicht wird dagegen aufgehoben, wenn die gleich schweren Kinder auf verschieden langen Hebeln sitzen: Die Wippe neigt sich zu dem, der weiter vom Drehpunkt entfernt ist (Abb. 4.5b). Denn für ein Gleichgewicht müssen, bei gleichen Gewichten, die Hebellängen gleich sein. Sitzen aber etwa ein Kind und ein Erwachsener auf der Wippe, so kann das Gleichgewicht dadurch wiederhergestellt werden, daß das Kind sich auf den langen Hebelarm, der Erwachsene aber auf den kurzen setzt. In diesem Fall des ***Dreh-Gleichgewichts*** muß das ***Produkt*** aus Gewicht und Hebellänge auf beiden Seiten des Drehpunkts gleich groß sein.

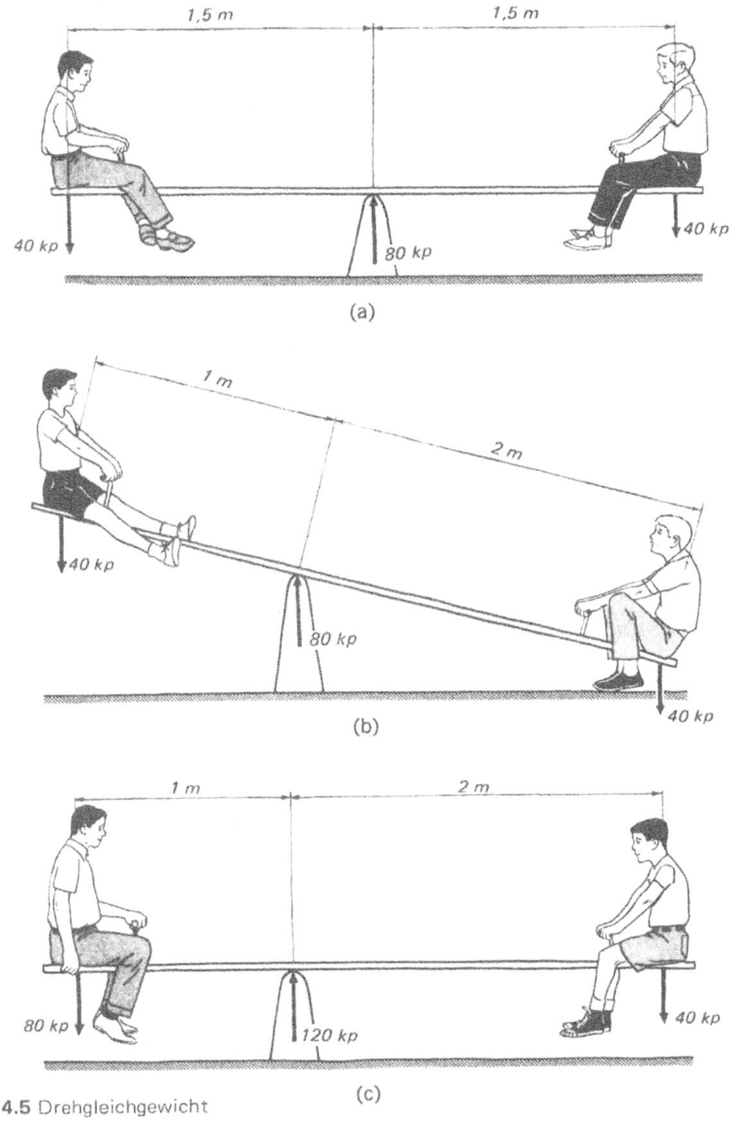

4.5 Drehgleichgewicht

Diese einfachen Grundsätze des Gleichgewichts gelten für alle Tragwerke. Gleich große, aber entgegengesetzte Kräfte stellen das Gleichgewicht in ihrer Achse her; gleich große und entgegengesetzte Produkte aus Kraft und Hebelarm stellen das Gleichgewicht in bezug auf einen Drehpunkt her. Das Produkt von Kraft und Hebellänge heißt ***Kraftmoment***; gleich große und entgegengesetzte Kraftmomente also stellen das Gleichgewicht an einem Drehpunkt her. Die Wippe in Abb. 4.5c ist deshalb im Gleichgewicht, weil das Moment um den Kippunkt rechts, im Uhrzeigersinn, 0,4 kN (40 kp) X 2 m = 0,8 kN · m groß ist, und das linke, im Gegensinn, ebenfalls 0,8 kN · m beträgt.
Erste Anwendungen dieser Gleichgewichtsregeln finden sich im nächsten Abschnitt.

4.3 Stabilität

Die Grundregel der ***Gesamtstabilität*** eines Körpers betrifft die Gefahr unzulässiger Bewegungen eines Gebäudes als ganzem. Trifft eine Sturmböe auf ein Hochhaus, das nicht genügend verankert ist oder nicht aus eigenem Gewicht steht, so kann es umgeworfen werden ohne selbst beschädigt zu werden (Abb. 4.6). Das Gebäude ist in diesem Fall nicht drehstabil. Dies gilt insbesondere von schmalen hohen Gebäuden; man kann sich davon überzeugen, indem man eine hochkant gestellte Pappschachtel (auf rauhem Untergrund, zur Vermeidung des Gleitens) anbläst.

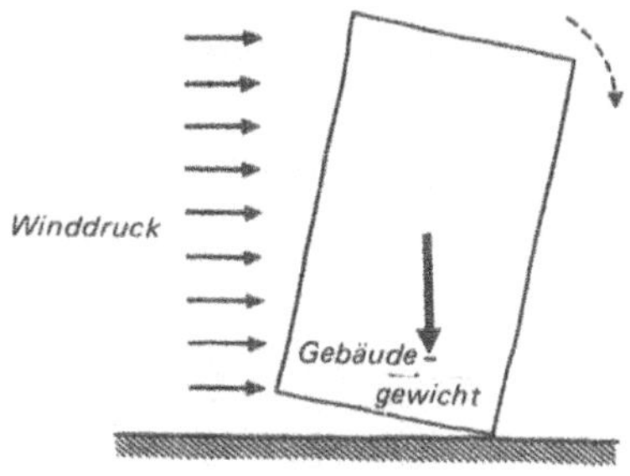

4.6 Instabilität aus Windbelastung

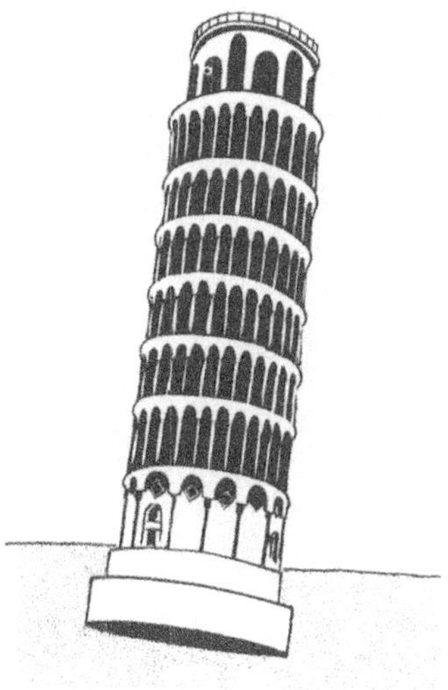

4.7 Instabilität aus ungleicher Setzung

Die Gefahr mangelnder Drehstabilität besteht auch, wenn ein Gebäude auf Boden ungleicher Festigkeit steht. Wenn es dann zu unterschiedlichen Setzungen kommt, kann das Gebäude sich wie der Schiefe Turm von Pisa verdrehen und schließlich umkippen (Abb. 4.7).

Ein Gebäude an einem Hang kann, durch sein eigenes Gewicht, eine Tendenz haben, den Hang hinabzugleiten. Dies kann dadurch eintreten, daß das Gebäude selbst gleitet, oder aber dadurch, daß zwei tieferliegende Bodenschichten aufeinander gleiten (Abb. 4.8). Letzteres passiert häufiger bei bindigen Böden, wenn unterirdisches Hangwasser die Lehmschichten aufweicht.

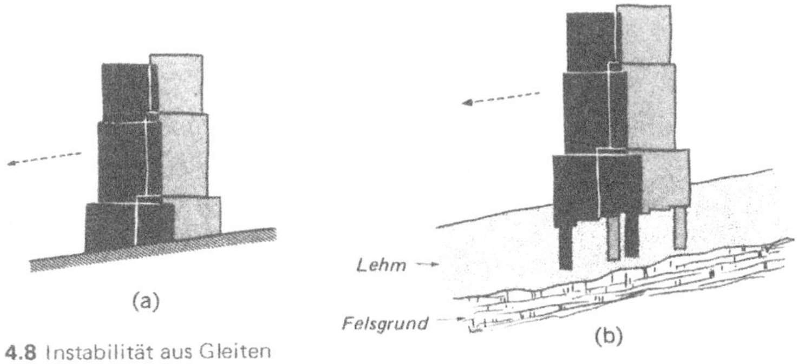

4.8 Instabilität aus Gleiten

Alle diese Fälle von Instabilität betreffen den Boden und die Gründung. Von der Wirtschaftlichkeit und der Funktion des Gebäudes aus gesehen sind Gründungen nur ein ›notwendiges Übel‹; außerdem sieht man sie nicht, weshalb der Laie ihre Bedeutung, aber auch ihre Kosten selten richtig einschätzt. Die Gründung eines schweren Gebäudes zum Beispiel auf leichtem Boden mit Wasseranfall muß dem Gebäude die Möglichkeit geben, sich in gewissen Grenzen zu bewegen; die Gründung wird deshalb als Hohlkasten ausgebildet, ähnlich wie ein Schiff (Abb. 4.9). Eine ***Flächengründung*** macht es möglich, das Gewicht eines Gebäudes über eine größere Gründungsfläche zu verteilen. Damit wird die Pressung an der Bodenfuge entsprechend herabgesetzt. Bei Böden normaler Tragkraft wird die Last der Stützen gewöhnlich über ***verbreiterte Einzelfundamente*** eingeleitet.

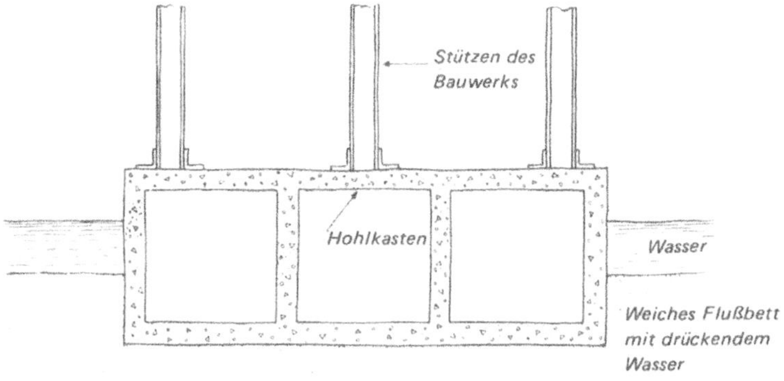

4.9 Hohlkastengründung

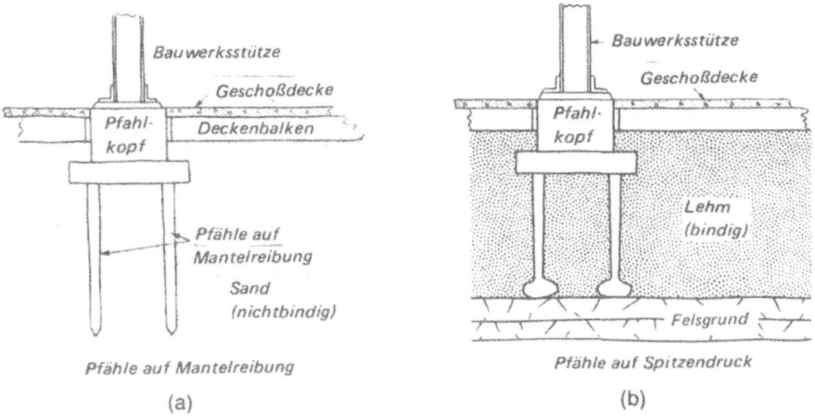

4.10 Pfahlgründungen

Bei unzureichenden Böden müssen häufig aufwendige Vorsichtsmaßnahmen getroffen werden. Pfähle aus Holz, Beton oder Stahl werden bis zur erforderlichen Tiefe in den Baugrund getrieben. Sie übertragen die Gebäudelasten entweder durch Mantelreibung oder über die auf festeren Schichten (Fels) aufstehenden Pfahlspitzen (Abb. 4.10). Die Pfähle können in den Boden gegraben, gerammt, oder durch schnelle Vibrationen eingetrieben werden. Böden können auch chemisch verfestigt werden. Entwurf und Berechnung der richtigen Gründung setzt eingehende Bodenuntersuchungen voraus; die Wissenschaft der Bodenmechanik ist komplex. Bis heute gehen die meisten Schäden an Gebäuden von unzureichenden Gründungen aus, auch wenn deren Kosten schon 10 % und mehr der Gebäudekosten erreicht haben.

4.4 Festigkeit

Die Grundregel der Festigkeit betrifft den Bestand des Tragwerks und aller Teile des Gebäudes bei allen vorauszusehenden Lastfällen. Bei der Festigkeitsermittlung ist zunächst das Tragsystem aufzustellen, danach werden die zu erwartenden Lasten angesetzt. An bestimmten Punkten werden die Spannungen ermittelt und mit den zulässigen Spannungen verglichen. Sicherheitsfaktoren verschiedener Größe können eingesetzt werden um Unsicherheiten der Lastannahme und der Materialeigenschaften zu kompensieren (vgl. Abschnitt 3.2).
Festigkeit sollte nicht mit Steifheit verwechselt werden: Zwei Tragwerke können in gleicher Weise sicher sein, auch wenn, unter gleichen Lasten, das eine sich mehr verformt als das andere (Abb. 3.8). Obwohl häufig als Maßstab für die Festigkeit unter Last angesehen, kann Steifigkeit eine Schwächung für ein Tragwerk bedeuten,

das Temperaturwechsel, ungleichen Setzungen oder dynamischer Belastung ausgesetzt ist (vgl. Abschnitte 2.5 und 2.6).
Einige Schwächen des Tragwerks führen zu unbedeutenden Schäden, andere aber können den Zusammenbruch bewirken. Der Statiker muß deshalb die Festigkeit für ***verschiedene*** Lastfälle ermitteln, um die Höchstspannungen der ***ungünstigsten*** Lastfallkombinationen zu erhalten. Der Optimist glaubt vielleicht, ein Tragwerk breche nur dann zusammen, wenn zum Planungsfehler der Ausführungsfehler, und darüber hinaus noch widriges Wirken höherer Mächte tritt. Der Pessimist dagegen glaubt, daß schon kleinste Fehler zum Zusammenbruch führen. Es gibt tatsächlich Fälle, das Gebäude zusammenbrechen. Diese Baukatastrophen aber ereignen sich wegen des plastischen Verhaltens der Baustoffe (vgl. Abschnitt 3.1) nicht plötzlich und fordern selten Menschenleben.
Die Festigkeit von Tragwerken wird meist nach den Vorschriften der Normen ermittelt. Diese Verfahren ergeben sichere, wenn auch nicht immer wirtschaftliche Lösungen, sofern neuere Systeme und Materialien noch nicht berücksichtigt sind. Trotzdem sollten die Normen nicht blind, d. h. ohne Beachtung ihres ursprünglichen Zweckes angewendet werden. Kommentare zu den Vorschriften geben hierüber Auskunft.
Die Verantwortung für die ausreichende Festigkeit des Tragwerks trägt der Statiker. Mit jedem Tag wird seine Arbeit vielschichtiger, aber auch sicherer durch den Zuwachs an theoretischem Wissen und Verbesserung der Verfahren. Hier nimmt der Computer, die Elektronische Datenverarbeitung einen besonderen Platz ein. Die EDV erlaubt, Berechnungen, die sonst wegen ihres Aufwandes gar nicht angestellt würden, in kürzester Zeit durchzuführen. Die neue Rechentechnik ist aber gerade auch für die Routinearbeit des Statikers sehr geeignet. Und gerade hier ist die Technik dabei, den Ingenieur zu verdrängen.
Die Möglichkeit, lange Berechnungen in kürzester Zeit zu wiederholen, gestattet die Untersuchung jeweils verschiedenartiger Kombinationen von Gestalt, Größe und Material für den Entwurf, um die optimale Variante zu finden. Bisher waren Optimierungen reine Theorie; der Computer aber beginnt, sie zu verwirklichen.
Mit Datenverarbeitungsanlagen können nun auch Probleme großer Komplexität, zum Beispiel Erdbebeneinwirkung auf Tragwerke, durch ›mathematische Modelle‹ bearbeitet werden. Früher war die exakte Untersuchung solcher Probleme zeitlich und finanziell derart aufwendig, daß nur angenäherte, aber immer noch zu teure Lösungen gesucht werden konnten. Heute werden große Ersparnisse bei vergrößerter Sicherheit erreicht: durch genaue und wirklichkeitsgetreue Untersuchungen, die mit den Rechenanlagen möglich geworden sind.
Wenn aber die Berechnung eines sehr schwierigen Problems trotz mathematischer Modelle nicht wirklichkeitsgetreu durchgeführt werden kann, dann besteht die Möglichkeit eines Modellversuchs. Ein Versuchsmodell in verkleinertem Maßstab erfordert allerdings genaue Kenntnisse der Materialeigenschaften, der andersartigen Verhältnisse von Längen und Dicken der Bauglieder, und des richtigen Maßstabs für

statische und dynamische Lasten. Es gibt heute überall schon gut eingerichtete Institute für Modellstatik: Dämme, Brücken, hohe Gebäude und andere Sondertragwerke werden schon nach Versuchsergebnissen geplant.
In den seltenen Fällen, wenn auch Modellversuche keinen genauen Aufschluß geben, bleibt noch die Möglichkeit, Bauteile im Originalmaßstab zu testen. Dieses Verfahren wird gewählt, wenn ein wichtiges Bauteil häufiger Verwendung anders nicht genau zu bemessen ist. Obwohl die Ergebnisse dann eindeutig sind, wird aber aus Zeit- und Kostengründen selten so verfahren.

4.5 Funktionalität

Die Funktionalität eines Tragwerks betrifft dessen Einfluß auf den eigentlichen Zweck des Bauwerks. Weitgespannte Decken, zum Beispiel, könnten eine Wölbung erhalten, wodurch Gewicht und Kosten erheblich herabgesetzt werden könnten. Da die Erdanziehung aber senkrecht auf die Benutzer wirkt, müssen Geschoßdecken waagerecht sein.
Hängebrücken sind als Tragwerk nachgiebig. Die Golden Gate Bridge bei San Francisco schwingt bei starken Wind seitlich bis zu 4 m aus. Solche Bewegungen müssen natürlich begrenzt werden, nicht nur, damit schnellfahrende Wagen nicht gefährdet werden, sondern auch, weil stetiger Wind aerodynamische Schwingungen erzeugt, die eine zu weiche Brücke zerstören können (vgl. Abschnitt 2.6).
Die zu große Weichheit eines Tragwerks kann sich auf seine Funktion hinderlich auswirken. Die zulässigen Balkendurchbiegungen sind deshalb in den meisten Vorschriften auf 1/360 (1/300 bzw. 1/200) der Spannweite begrenzt worden, um Risse in den Unterdecken auszuschließen. Konstruktionen aus Aluminium, dessen E-Modul nur 1/3 des E-Moduls von Stahl beträgt, müssen häufig nicht nach der zulässigen Spannung, sondern nach ihrer Durchbiegung bemessen werden. Ungünstiger noch liegen die Verhältnisse bei dynamischen Lasten: Ein Verkehrsstrom kann andauernde und sehr unangenehme Vibrationen von weicheren Bauwerken in der Nachbarschaft erzeugen und deren Benutzbarkeit ernsthaft gefährden. Gebäude über unterirdischen Eisenbahnstrecken werden häufig auf Bleiplatten aufgelagert, um solche Schwingungen zu verhindern.

4.6 Wirtschaftlichkeit

Wirtschaftlichkeit im weiteren Sinne ist nicht immer eine Grundregel des Bauens. Manche Bauten entstehen aus Prestigedenken oder für symbolische Aufgaben: Der Bauherr möchte sich gegenüber der Öffentlichkeit präsentieren oder auf besondere kultische Werte hinweisen. Staats- und Geschäftsbauten fallen in die erste Kategorie, Kirchen gehören zur zweiten. In beiden Fällen haben die Kosten wenig mit dem ökonomischen Wert zu tun.

Der zweckbestimmte Charakter von Tragwerken indessen ist so grundsätzlich, daß auch Nicht-Profanbauten davon beeinflußt werden. Das bedeutet, daß das Tragwerk immer knapp zu kalkulieren ist, es sei denn, es hätte die Aufgabe, ***sich selbst*** darzustellen: ein Aluminium-Tragwerk etwa kann ohne Rücksicht auf die Kosten nötig sein, um den Bauherrn als Hersteller von Aluminium auszuweisen.
In den meisten Fällen aber wird der Ingenieur vergleichende Kostenstudien anstellen, um, bei gleichen Voraussetzungen, die wirtschaftlich günstigste Variante zu finden. Im modernen Bauen sind die Kosten für weitere ingenieurmäßige Ausstattung wie Heizung, Lüftung, Klimatisierung, Elektroversorgung, Sanitärausstattung gewöhnlich höher als die der eigentlichen Konstruktion, die oft nur 20–30 % der gesamten Gebäudekosten erreichen. Selbst bei erheblichen Einsparungen am Tragwerk können damit nur Bruchteile an den Gesamtkosten gespart werden. Auch sollte man immer daran denken, daß das Tragwerk nicht für sich genommen billig sein soll, sondern in bezug auf die ***gesamten*** Gebäudekosten. Eine größere Trägerhöhe kann das Tragwerk verbilligen, zugleich aber die Kosten für die Außenwand, die Trennwände, die mechanischen Systeme, also die Gesamtkosten in die Höhe treiben.

Die Kosten für die ***Planung*** des Tragwerks betragen meist weniger als 1 % der gesamten Gebäudekosten. Es entstehen dabei Kosten für den Entwurf und für die Ausführungsplanung einschließlich Leistungsverzeichnis und Prüfung der Werkpläne, manchmal auch der Ausführung. Ausführungspläne sind manchmal kleine Meisterwerke, ihre Kosten können in die tausende gehen.

Bei Tragwerken bilden Material und Arbeit die beiden größten Kostenanteile. Hier lassen sich in der Welt von heute zwei Wirtschaftsklassen feststellen. In der einen, meist in den entwickelten Ländern, sind im Prinzip die Materialkosten niedrig, und die Löhne hoch. In den Entwicklungsländern dagegen ist das Verhältnis umgekehrt. Tatsächlich hängt die Lösung der Konstruktionsaufgabe grundsätzlich von diesem Verhältnis von Lohn- und Materialkosten ab. In einer entwickelten Wirtschaft werden alle Arten baulicher Mechanisierung, Werkzeuge und Fördervorrichtungen eingesetzt, um den Lohnkostenanteil zu senken und die Bauausführung zu beschleunigen; leicht montierbare vorgefertigte Teile sind die Regel, Stahl ist häufig. In einer unterentwickelten Wirtschaft dagegen wird beim Transport und beim Bauen in großem Maßstab bloße Arbeitskraft eingesetzt; man arbeitet kleinteilig, um schwere Ausrüstungen zu vermeiden; Beton, Stein und Ziegel sind hier typische Baustoffe. Fortwährende Verschiebungen in Produktivität und wirtschaftlichem Gleichgewicht führen je nach Ort und Zeit zu beständigem Wechsel. Beton wird konkurrenzfähig, wo bis vor kurzem allein der Stahl herrschte; Länder, in denen bisher Beton das wirtschaftlichste Baumaterial war, gehen zum Metallbau über.

Die Grenze für die Verwendung großer vorgefertigter Elemente im Bauen liegt in dem verfügbaren schweren Hebezeug. Einige der interessantesten Bauwerke in Europa in den letzten Jahren waren nur für normalgroße Kräne ausgelegt. Teile von -zig Tonnen Gewicht dagegen werden in den USA schon von kleinen Firmen versetzt.
Die Wahl der Konstruktion wird aber auch von der Verfügbarkeit ausgebildeter Arbeitskräfte mitbestimmt. Ferrocement, wie Nervi ihn eingesetzt hat, ist in den USA nicht wirtschaftlich, weil der Mörtel in die engen Maschen der aufeinanderliegenden Drahtgitter von Hand eingebracht werden muß (vgl. Abschnitt 3.3). Das Torkretverfahren des Aufsprühens von Beton kann in diesem Fall nicht angewendet werden, weil die Mörtelteile an den Drähten abprallen. Vielleicht könnte eine Spezialausführung das Problem lösen. Sauberes Steinmauerwerk wie an Bauten des Mittelalters gibt es praktisch nicht mehr, wie es auch die Steinmetze und die Tradition der Handwerkslehre nicht mehr gibt. Da qualifizierte Schmiede fehlen, können sonst wirtschaftliche gebolzte und genietete Stahlkonstruktionen nicht mehr eingesetzt werden: es fehlte aber auch die apparative Ausrüstung, solche Verbindungen zu prüfen.
Es gibt aber auch andere, subtilere Einflüsse auf die Kosten. Manchmal verschaffen bestimmte Vorschriften dem einen Material einen Anwendungsvorteil, indem anderen bestimmte Auflagen erteilt werden. So wird zum Beispiel für tragende Betonplatten eine Mindestdicke festgelegt. Wird diese Vorschrift auch für gekrümmte Platten, die konstruktiv viel dünner sein könnten, angewendet, so sind kleinere bewehrte Kuppeln unwirtschaftlich. Auch das (in den USA geltende) Verbot, Aluminium für tragende Teile einzusetzen, war in der Vergangenheit eine typische Einschränkung.
Brandschutzvorschriften bevorzugen den Beton wegen seines Feuerwiderstandes, die Tarife der Feuerversicherungen weisen in die gleiche Richtung.
Die einmaligen Baukosten sind nur ein Teil in der Berechnung der Gesamtwirtschaftlichkeit; es kommt noch Wartung und Instandhaltung hinzu. In Bezug auf diesen Kostenteil sind Beton und Aluminium wieder günstiger als Stahl.

Schließlich beeinflußt auch noch die Dauer der Bauausführung die Wirtschaftlichkeit und damit die Wahl des Tragsystems. Der Hypothekenzins muß auch für die unproduktive Bauzeit, während der das Gebäude noch nicht benutzt werden kann, gezahlt werden. Vorgefertigte Elemente aus verschiedenartigen Baustoffen erlauben gleichzeitiges Arbeiten an Gründung und aufgehendem Bauwerk, und verkürzen so die Bauzeit. Daher finden sie immer stärkere Verwendung. Staatliche Stellen oder Gewerkschaften haben gelegentlich versucht, die Einführung neuer Methoden zu beschleunigen oder zu verhindern. Politische Einflüsse haben ähnlichen Effekt.

Wirtschaftlichkeit im Bauen ergibt sich im Zusammenspiel zahlreicher Faktoren. Sie alle müssen erfaßt und gewichtet werden, um das in jedem Einzelfall günstigste System zu ermitteln. Diese Untersuchung ist bei großen Objekten derart umfangreich, daß besondere Fachleute, die ***Construction Managers*** damit beauftragt werden. Sie beraten den Architekten und die Ingenieure während der Planung und die Firmen während der Ausführung.

4.7 Ästhetik

Einflüsse ästhetischer Art im Tragwerk können nicht in Abrede gestellt werden: Indem er dem Ingenieur seine ästhetischen Prinzipien aufzwingt, trifft der Architekt oft bereits weitgehende Festlegungen des Systems. In der Praxis schlägt der Architekt häufig selbst das System vor, das ihm für seine Zwecke als am geeignetsten erscheint, und der Ingenieur ist selten in der Position, solche Vorschläge grundsätzlich abzuändern.

Manchmal allerdings schaltet der Architekt den Ingenieur schon in der Konzeptphase ein, und in dieser Zusammenarbeit wird das Tragwerk zu einem Teil der Gesamtarchitektur. Tragwerk und Architektur können bei diesem Gleichklang von Ziel und Mitteln nur gewinnen.

Dagegen könnte man durchaus über den Einfluß des Tragwerks auf den ästhetischen Ausdruck der Architektur diskutieren. In Abschnitt 1.1 ist schon ausgeführt worden, daß ein klares und sauberes Tragwerk eine ästhetische Wirkung mitverursacht, daß es aber Architekten gibt, die eine ästhetische Bedeutung des Tragwerks insgesamt ablehnen. Beide Schulen könnten im Recht sein, wenn sie sich jeweils auf bestimmte Felder der Anwendung beschränken. Niemand kann betreiten, daß bei kleineren Gebäuden die Bedeutung des Tragwerks begrenzt ist, daß ästhetische Wirkungen hier durch unwirtschaftliche, ja irrationale Behandlung der Struktur möglich sind. Bei diesem Extrem möchte der Architekt frei sein, architektonische ›Skulptur-Formen‹ zu schaffen, die, wenn auch realisierbar, ›strukturell‹ gesehen allerdings nicht gesund sind. Bei großen Gebäudeplastiken macht sich dieser Umstand noch stärker bemerkbar.

Sehr große Gebäude sind so weitgehend von ihrem Tragwerk abhängig, daß schon ihre Struktur allein die ganze Architektur darstellt. Dies ist das andere Ende Skala. Hier könnte ein unzureichender Zugang, ein Mangel an Ernst, ein Mißbrauch von Material oder Konstruktionsmethoden die Schönheit des fertigen Gebäudes beeinträchtigen.

Das Tragwerk nimmt in der modernen Architektur eine so wichtige Stelle ein, daß einige Architekten sich bereits fragen, ob ihre Arbeit nicht auch bald vom Ingenieur übernommen wird. Die zunehmende Bedeutung der technischen Ausstattung weist in die gleiche Richtung. Tatsächlich aber bedeutet dies eine Gefahr, weil der Ingenieur, ein Techniker, die alles umfassenden Probleme des gesamten Entwurfs nicht beherrscht. Alle Befürchtungen dürften deshalb unbegründet sein. Der kreativ am Entwicklungsprozeß beteiligte Ingenieur weiß, daß in einer Gruppengesellschaft wie der unseren seine Aufgabe in der Zusammenarbeit im Team und mit dem Leiter besteht. Dieser Leiter ist der Architekt, und wird es hoffentlich immer bleiben; er ist der Schöpfer, aber mehr und mehr auch der Koordinator.

4.8 Das optimale Tragwerk

Die Behandlung der Grundregeln des Bauens führt notwendigerweise zu der Frage, ob man, wenn man sie alle erfüllt, das jeweils bestmögliche Tragwerk für ein Gebäude erhält.
Wollte man hierauf antworten, so wäre zuerst zu klären, ›für wen ?‹ Für den Benutzer sollte der Bau möglichst praktisch sein, für den Bauherrn aber wahrscheinlich möglichst preiswert. Die Gewerkschaftsseite wäre an vielen Arbeitsstunden interessiert, die Baustoffirmen aber an einem hohen Materialverbrauch. Für den Statiker müßte es möglichst einfach, möglichst interessant oder möglichst kühn sein, je nachdem, ob ihn das Honorar, die theoretische Arbeit, oder der Erfolg am meisten befriedigen.
Nach den bisher behandelten Grundregeln wäre das Tragwerk das beste, das stabil, fest, funktional, wirtschaftlich und schön ist.
Auf die Frage nach dem ›besten‹ Tragwerk gibt es offenbar keine einfache Antwort. Auf der anderen Seite könnte man versuchen, den Bestwert bei einer Reihe von Beschränkungen zu ermitteln. Im Flugzeugbau zum Beispiel sind unter Annahme des Minimalgewichts als ***einzigem*** Kriterium Optimallösungen gefunden worden. In vergleichbarer Weise wurden Walzträger als Breitflansch- und als Doppel-T-Profile standardisiert. Diese beiden Grundtypen des Stahlbaus sind geometrisch nach maximaler Festigkeit pro Querschnittsgewicht ausgelegt worden, je nachdem ob sie als Balken oder als Stütze und entsprechend verschiedenem Profil verwendet werden sollen.
Es könnte nun ein allgemeineres Kriterium für die ›beste‹ Stütze aufgestellt werden, indem man die verschiedenen Formen und Materialgüten mit den Kosten vergleicht. Bald stellt sich aber heraus, daß die Vielzahl von Faktoren schon bei diesem einfachen Fall die Ermittlung einer optimalen Lösung praktisch unmöglich macht. Die Stütze – ein sehr einfaches Bauglied – kann verschiedene Formen haben, quadratisch, rund trägerartig und hohl. Seitenverhältnisse, Wanddicken, Längen, Schlankheiten können verschieden sein, die Stütze kann in einem Fundament eingespannt sein oder auf einer Decke stehen, die Materialgüten können variieren, die Last kann zentrisch oder exzentrisch eingeleitet werden. So ist es verständlich, daß die Spezialisten des Column Research Council in den USA schon seit Jahrzehnten daran arbeiten, einfache Kriterien für den Entwurf von Stützen aus Stahl und Aluminium zu entwickeln.
Allgemein ist man daran interessiert, das Tragwerk mit dem geringsten Gewicht über die größte Spannweite zu ermitteln. Selbst mit einem einzigen Material aber zeigen

verschiedenartige Tragsysteme weniger Unterschiede im Gewicht, als man zunächst erwartet. Was man bei einem Konstruktionsglied an Gewicht spart, muß man an dessen Verbindungen häufig zulegen. Manchmal ist ein Tragsystem zunächst leichter als andere, bis man durch Berechnung merkt, daß es seiner Weichheit wegen einer zusätzlichen Aussteifung bedarf.

Die Evolution der Bausysteme ist ein langsamer Prozeß mit einigen Feinheiten. Aber wer sich ernsthaft um neue Lösungen bemüht, sei er Student oder Ingenieur, braucht sich davon nicht entmutigen zu lassen. Ein seit so langer Zeit gepflügtes Feld wie das des Bauens bringt keine neuen Resultate, es sei denn, daß unvergleichlich mehr Anstrengung aufgewendet wird, als Routinearbeit nach bekannten Regeln erfordert.

5 Spannungsarten

5.1 Zug

Alle Teile verformen sich unter Belastung. Obwohl sich diese Verformungen selten mit bloßem Auge wahrnehmen lassen, sind die dabei entstehenden Spannungen meßbar. Spannungsbilder können kompliziert sein, jedes aber läßt sich auf die drei Grund-Spannungszustände zurückführen: Zug, Druck und Schub bzw. Scherung.
Zug als Spannungszustand versucht, die Teilchen des Materials auseinanderzureißen. Das Stahlseil, das den Fahrkorb eines Aufzugs hebt oder senkt (Abb. 4.1), wird auf Zerreißen beansprucht. Unter dem Zug des Gewichts wird das Seil länger: Dieses Sichverlängern ist für Zugbeanspruchung typisch. Die Verlängerung einer ***Einheitslänge*** eines Zugseils ist die ***Längendehnung*** (Abb. 5.1).

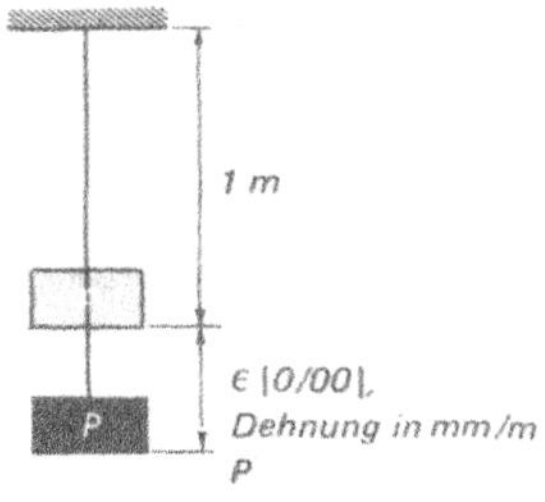

5.1 Dehnung aus Zug

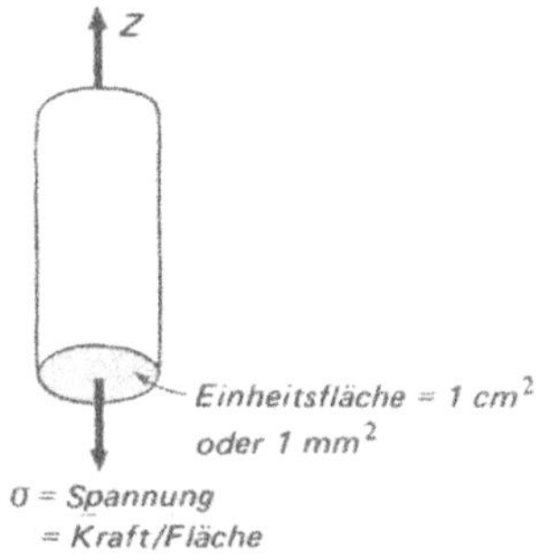

5.2 Spannung aus Zug

Solange die Zugspannung im elastischen Bereich des Materials verbleibt (vgl. Abschnitt 3.1), hängt der Längenzuwachs allein von Querschnitt, Belastung und Länge des Zugseils ab. Je größer der Querschnitt, desto kleiner der Längenzuwachs; dieser ist nämlich proportional zur Belastung jeder Flächeneinheit des Querschnitts, d.h. proportional zur ***Spannung*** im Zugseil (Abb. 5.2). Das Verhältnis von Spannung zu Dehnung aber ist für jedes Material durch das ***Elastizitätsmodul*** charakterisiert (vgl. Abschnitt 3.2).
Die Längenänderung eines Zugseils für eine bestimmte Materialdehnung hängt von seiner Länge ab. Das Seil am Aufzug eines 8-geschossigen Gebäudes habe einen

Längenzuwachs von 5 mm, wenn der Fahrkorb im obersten Geschoß steht; wird der Fahrkorb in das Erdgeschoß herabgelassen, so nimmt der Längenzuwachs auf das 8-fache zu und beträgt 40 mm (Abb. 5.3).

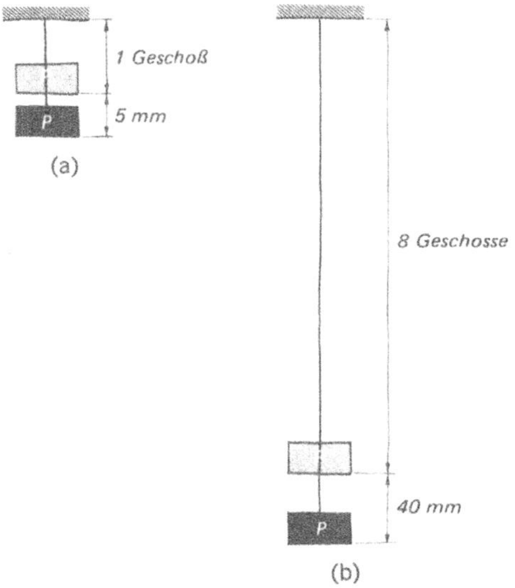

5.3 Längenänderung aus Zug, d.h. positiv

Einige Baustoffe, wie Beton, können bereits mit wenig Zugkraft und bei geringer Verlängerung auseinandergerissen werden; andere, wie Stahl, nehmen hohe Zugkräfte bei erheblicher Verlängerung auf. Ein Seil aus hochfestem Stahl, zum Beispiel, kann bei einer Querschnittsfläche von 1 cm^2, entsprechend einem Durchmesser von 11,3 mm, eine Kraft von 70 kN (7 Mp) sicher aufnehmen; die Bruchlast wäre doppelt so hoch. Da dieses Seil pro cm Länge 7,85 g schwer ist, könnte es somit auf eine Länge von ca. 9 km frei auf die Erde herabhängen, wobei die zulässige Spannung oben an der Aufhängestelle in Höhe von 70 kN/cm^2 (7000 kp/cm^2) nicht überschritten wäre. Wäre dieses Seil statt aus Stahl aus einer Aluminiumlegierung gleicher Zugfestigkeit, aber dreimal so leicht, so könnte es noch dreimal länger sein. Da die Dehnung des Aluminiums das Dreifache der Stahldehnung beträgt, betrüge die Verlängerung dieses Seils allerdings das 9-fache.

Verlängerung ist die wichtigste, aber nicht die einzige Verformung bei Zugbeanspruchung. Genaue Messungen an Kabeln vor und nach Aufbringen der Last haben gezeigt, daß mit der Vergrößerung der Länge eine Verkleinerung des Durchmessers einhergeht. Diese seitliche Dimensionsänderung ist zuerst von dem französischen Physiker Poisson zu Beginn des neunzehnten Jahrhunderts beobachtet worden. Das Verhältnis von Querkontraktion zu Längendehnung ist deshalb die ›Poissonsche Zahl‹, sie beträgt für Stahl 0,3.

5.2 Druck

Druck als Spannungszustand versucht, die Teilchen des Materials zusammenzupressen (Abb. 3.7b). Eine Stütze, die eine Last trägt, steht unter Druckspannung: Ihre Höhe unter Last verringert sich. Dieses Sichverkürzen ist für Druckbeanspruchung typisch. Die Verkürzung einer ***Einheitslänge*** eines Druckstabes ist die ***Stauchung***; sie ist proportional zur Belastung jeder Flächeneinheit des Querschnitts, d. h. proportional zur ***Druckspannung***. Das Verhältnis von Spannung zu Stauchung ist durch das ***Elastizitätsmodul*** für Druck charakterisiert (vgl. Abschnitt 3.2).

Verformungen aus Druck sind denen aus Zug entgegengesetzt: In der Achse der Belastung tritt eine Verkürzung ein, in der Ebene im rechten Winkel dazu aber entsprechend dem Poissonschen Gesetz eine Vergrößerung. Eine Stütze aus Baustahl mit einer zulässigen Druckspannung von 14 kN/cm^2 (1 400 kp/cm^2) könnte – ohne Berücksichtigung des Knickens (vgl. S. 58) – ihr eigenes Gewicht auf eine Höhe von 1,8 km tragen. Da das Elastizitätsmodul von Stahl für Druck und Zug gleich groß ist, würde diese Stütze um den gleichen Betrag kürzer werden wie ein gleich langes Zugseil länger.

Bauteile mit einfacher Druckbelastung treten häufig auf, weil alle Lasten in den Baugrund abgeleitet werden müssen. Druckbeanspruchte Bauteile finden sich im modernen Stahlbau genauso wie beim griechischen Tempel.

Baustoffe, die kaum Zugspannungen aufnehmen können, sind oft sehr druckfest: Naturstein, Mauerwerk, Mörtel und Beton können hohe Druckspannungen aufnehmen. Eine Marmorsäule könnte, allein der Druckspannung nach, eine Höhe von 3 km erreichen, eine Stütze aus unbewehrtem Beton eine Höhe von 1,2 km. Moderne Materialien wie Stahl mit einer hohen Druckfestigkeit erlauben viel dünnere Stützen zu bauen als mit Marmor oder Beton; aber mit dieser ***Schlankheit*** wird ein wichtiger anderer Begriff, eine Grenzbedingung bei druckbeanspruchten Bauteilen eingeführt.

Der Leser kennt sicher die frühen Filme von Charlie Chaplin. Chaplin stützt sich häufig auf ein Rohrstöckchen: Wann immer er sich seitlich auf das Stöckchen lehnt, biegt es sich (vgl. Abb. 5.4). Genauso verhalten sich alle langen, schlanken Bauglieder bei Druckbeanspruchung. Mit zunehmender Druckbeanspruchung ist irgendwann der Punkt erreicht, an dem das schlanke Element sich nicht mehr einfach verkürzt, sondern ›ausknickt‹ und ***normalerweise bricht***. Dieser gefährliche Grenzwert heißt Knicklast des Bauteils. Diese ***Knicklast*** ist bestimmend, wenn wegen hoher Druckfestigkeit des Materials Druckglieder nur einen geringen Querschnitt erhalten.

Man kann sich das Phänomen des Knickens auf folgende Art vorstellen: Eine schlanke Stütze verkürzt sich, wenn sie von oben belastet wird; dadurch senkt sich auch das aufgebrachte Gewicht etwas. Die Tendenz allen Gewichts, herabzusinken, ist ein Naturgesetz. Nach einem anderen Gesetz wählt die Natur immer den Weg des geringsten Widerstandes. Vor die Wahl gestellt, sich zu verkürzen oder zu knicken,

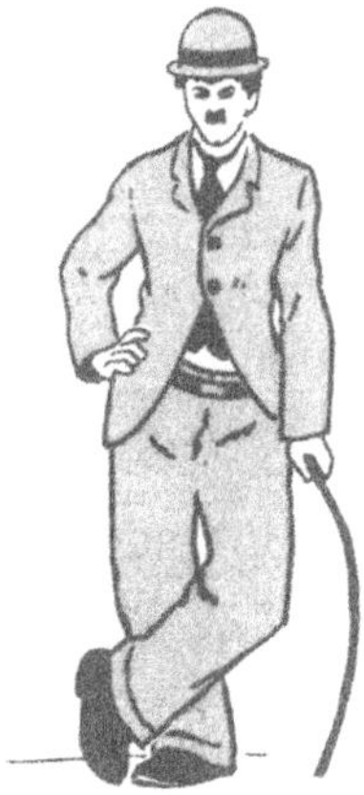

5.4 Ausknicken bei Druckbelastung

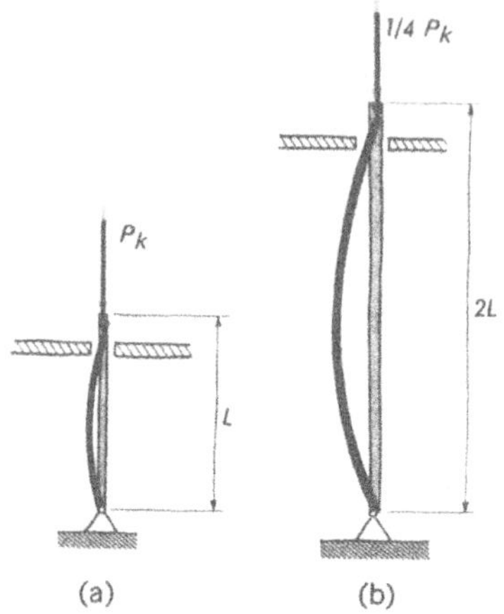

5.5 Knicklast und Knicklänge

wird eine Stütze bei geringer Belastung sich verkürzen, bei großer aber knicken. Die Last erreicht also ihren Grenzwert beim Übergang von der Verkürzung zur Knickung eines Druckgliedes.
Es ist noch festzuhalten, daß eine Stütze auch dann ausknickt, wenn die Last theoretisch genau zentriert und die Stütze homogen ist. In der Praxis wird das Knicken durch Ungenauigkeit der Lastzentrierung oder Ungleichheiten im Querschnitt noch begünstigt.
Die Knickgefahr ist unabhängig von der Höhe der vorhandenen Druckspannung, sie hat auch mit dem Fließen des Materials an der Quetschgrenze nichts zu tun. Die Knicklast eines Druckgliedes braucht keine größeren als zulässige Spannungen zu erzeugen. Knicken kann mit Resonanz verglichen werden: Wenn eine an sich unbedeutende Last im Zusammenschwingen mit einem Bauteil sich aufschaukelt, schlägt der Bauteil mehr und mehr aus, bis er bricht; wenn eine Drucklast sich dem Wert der Knicklast nähert, biegt die Stütze mehr und mehr aus, bis sie ***unstabil*** wird und knickt.
Die Knicklast einer Stütze ist abhängig vom Baustoff, von der Stützenlänge, von der Form ihres Querschnitts und von der Art der Auflagerung an Kopf- und Fußende. Die Knicklast ist bei sonst gleichen Bedingungen proportional zum Elastizitätsmodul: Sie ist für eine Stahlstütze dreimal höher als für eine Stütze aus Aluminium. Die Knicklast ist ferner umgekehrt proportional zum Quadrat der Stützenlänge; ist eine Stütze doppelt so hoch wie eine andere, so beträgt, bei gleichem Querschnitt, ihre Knicklast nur ein Viertel der Knicklast der kürzeren Stütze (Abb. 5.5).
Um knicksicher und doch wirtschaftlich zu sein, müssen Druckglieder einerseits nicht schlank, andererseits von geringer Querschnittsfläche sein. Nach diesem Prin-

zip ist das Material eines Querschnitts möglichst an seinen Außenseiten anzuordnen; deshalb stellen I-Querschnitte oder Kastenquerschnitte günstige Formen für Stützen dar.

Die Knicklast erhöht sich, wenn Kopf- und/oder Fußpunkt des Druckgliedes eingespannt sind. Eine unten eingespannte, oben freie Stütze verhält sich wie eine gelenkig aufgelagerte Stütze doppelter Höhe, ihre Knicklast ist deshalb nur ein Viertel so hoch (Abb. 5.6).

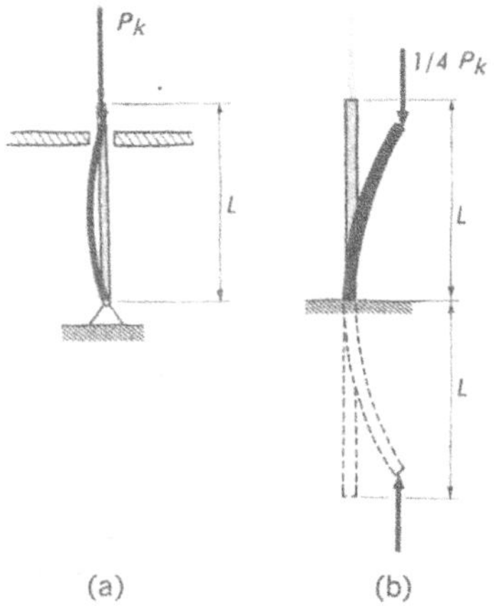

5.6 Einfluß der Stablagerung auf die Knicklast

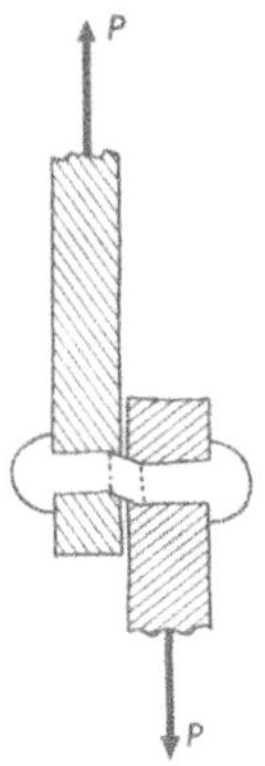

5.7 Scherbeanspruchung eines einschnittigen Niets

5.3 Schub bzw. Scherung

Schub als Spannungszustand versucht, die Teilchen des Materials aneinander vorbeigleiten zu lassen (Abb. 3.7c). Nieten in einer Nietverbindung werden auf Abscheren beansprucht (Abb. 5.7). Ein Locher benutzt die Scherung, um ein Papierblatt zu lochen (Abb. 5.8), indem der Hebelarm der Scherkraft äußerst kurz ist. Eine aus der Wand ragende Konsole kann durch die Last an der Wandfuge abgeschert werden (Abb. 5.9). Die Scherkraft führt zur Verformung eines Rechtecks in ein Parallelogramm (Abb. 5.7; 5.8; 5.9). Die Scherspannung läßt sich eher am Verformungswinkel (Abb. 5.9) messen als an der Längenänderung, wie bei Zug- oder Druckspannung.
Die Kräfte, die diese Verformung bewirken, greifen in der Ebene an, in der schließlich das Schergleiten stattfindet; sie heißen Scherspannungen (Abb. 5.10). Im elastischen Bereich ist die Verformung proportional zur Scherkraft, bezogen auf den

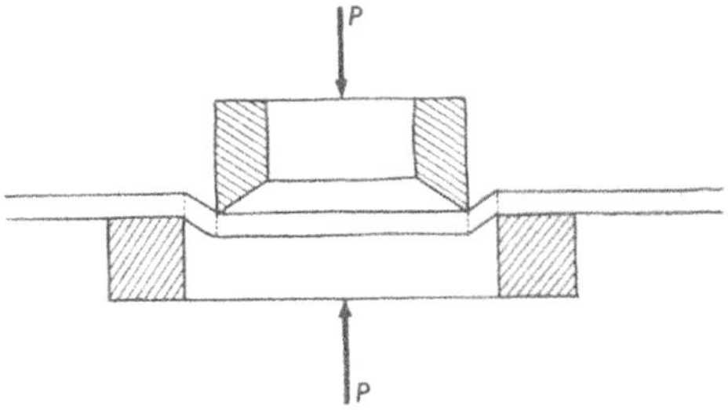

5.8 Scherbeanspruchung beim Stanzen

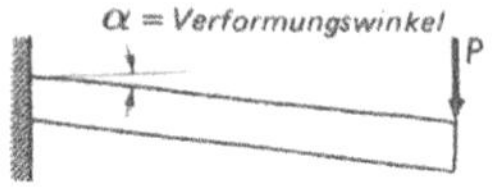

5.9 Verformung nur aus Scher- oder Querkraft

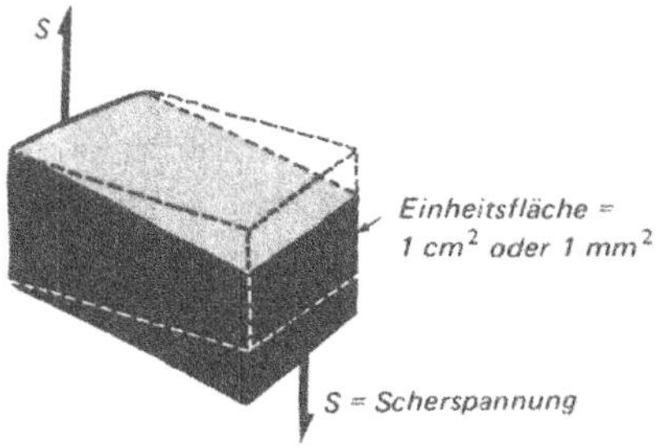

5.10 Scherspannung

Querschnitt also proportional zur Schub- oder Scherspannung. Das Verhältnis von Schubspannung zu Schubgleitung ist durch das Gleitmodul charakterisiert. Das Gleitmodul ist ein Materialkennwert; dieser ist etwa halb so groß wie das Elastizitätsmodul für Zug oder Druck. Stahl, zum Beispiel, hat einen Gleitmodul von $0{,}81 \cdot 10^2$ kN/mm² (810000 kp/cm²).

Charakteristisch für das Abscheren ist, daß Schub- und Scherspannugen nicht nur in einer Ebene auftreten, sondern vielmehr in ***zwei senkrecht zueinander*** stehenden Ebenen des Bauteils.* Nimmt man wieder das Bild der vorspringenden Konsole, so wird deutlich, daß die senkrechten Scherkräfte auf die senkrechten Flächen wirken (Abb. 5.11). Die gegenläufigen Scherkräfte auf beiden Seiten möchten die Konsole verdrehen, geradeso, wie das Lenkrad eines Wagens durch Zug und Druck der Arme des Fahrers gedreht wird. Soll die Konsole bei dieser Verdrehung im Gleichgewicht bleiben (vgl. Abschnitt 4.2), dann muß, wie das in Wirklichkeit auch geschieht, ein Kräftepaar waagerechter Schubkräfte im entgegengesetzten Drehsinn angreifen (Abb. 5.12. Auf diese Weise erzeugen Scherkräfte in senkrechten Ebenen ***notwendigerweise*** Schubkräfte in waagerechten Ebenen, ***und umgekehrt***. Waagerechte Schub- und senkrechte Scherkräfte besitzen aus Gründen des Dreh-Gleichgewichts die gleichen Größen.

* Die in Längsrichtung eines Bauteils wirkenden Kräfte werden im allgemeinen Schubkräfte, die quer dazu wirkenden Scherkräfte genannt. (Anm. d. Ü.)

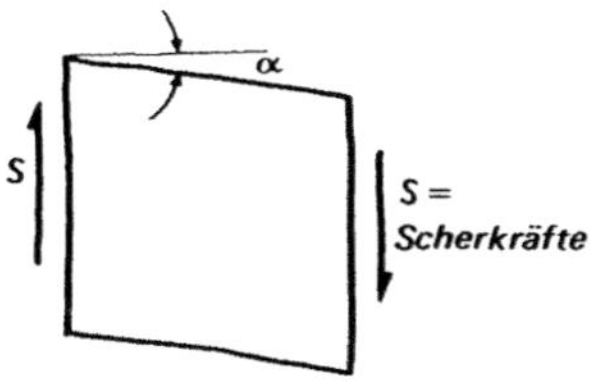

5.11 Senkrechte Scherkräfte

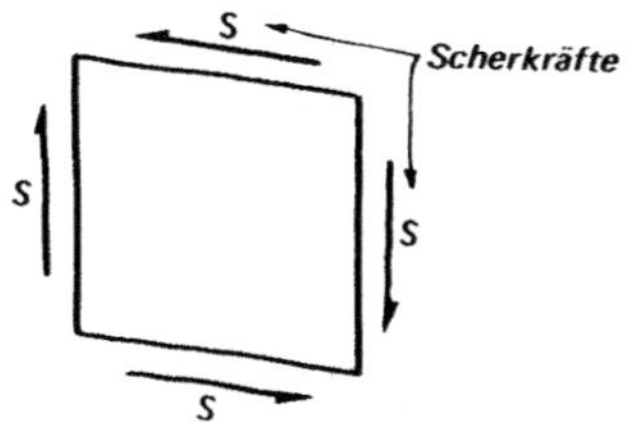

5.12 Für das Gleichgewicht erforderliche zusätzliche Scherkräfte

Die Existenz waagerechter Schubkräfte kann auch aus der Verformung des Konsolen-Rechtecks erschlossen werden. Bei dessen Verformung wird die eine Diagonale länger, die andere kürzer. Da Verlängerungen durch Zug, Verkürzungen aber durch Druck erzeugt werden, wird die Verformung des Rechtecks auch direkt durch diese Kräfte erreicht. Daraus folgt, daß Schub- und Scherkräfte als Kombination von Zug- und Druckkräften unter 45° zur jeweiligen Ebene angesehen werden können (Abb. 5.13).
Die Behandlung von Schub- und Scherspannungen als rechtwinklig zueinander wirkenden Zug- und Druckspannungen hat erhebliche praktische Bedeutung. Ein Material mit geringer Zugfestigkeit kann nicht schubfest sein, weil es in der 45°-Zugrichtung versagt (Vgl. Abschnitt 7.2). Aber auch ein ***dünnes*** Blatt kann nicht schubfest sein, weil es in der Druckrichtung ausbeult.
Die Tendenz der Verschiebung innerer Ebenen findet sich ähnlich auch bei der Verdrehung von Bauteilen. Wird ein Zylinder mit aufgetragenem Gitter (Abb. 5.14a) an dem einen Ende gegenüber dem anderen verdreht, so verformt sich das rechtwinklige Gitter auf seiner Oberfläche (Abb. 5.14b). Da gleiche Verformungen von gleichen Spannungen hervorgerufen werden, müssen in den Querschnitten und in den radialen Längsebenen senkrecht dazu Schub- und Scherspannungen entstehen. In diesem Fall werden diese Spannungen jedoch *Torsions*spannungen genannt.

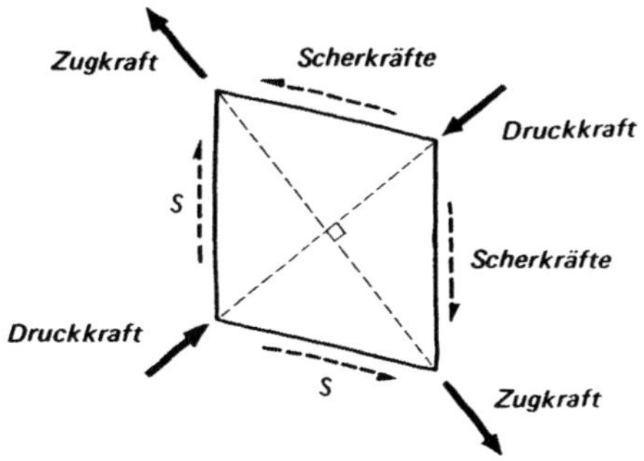

5.13 Den Scherkräften gleichwertige Zug- und Druckkräfte

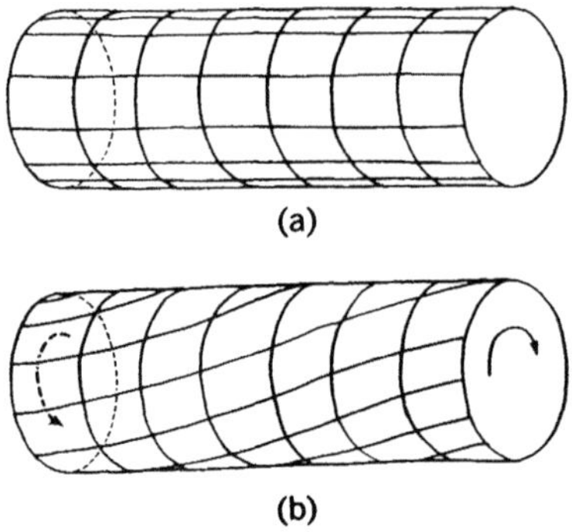

5.14 Scherbeanspruchung aus Verdrehung (Torsion)

Wenn bei der Torsion Schub- und Scherspannungen entstehen, müssen diese ebenfalls durch Zug und Druck in den Diagonalrichtungen ersetzbar sein. Den Beweis hierfür demonstriert das Auswringen eines Wischlappens: Die Zugkomponente wird vom Gewebe aufgenommen, die nichtaufnehmbare Druckkomponente preßt die Fasern zusammen und quetscht dabei das Wasser heraus.

Torsion tritt an einem Bauteil auf, wenn eine Last es verdrehen möchte. Die einseitige Einspannung eines Trägers in einen Wechsel, zum Beispiel, erzeugt in diesem eine Torsionsspannung (Abb. 5.15). Torsionssteifigkeit hängt mit dem Gleitmodul zusammen. Den günstigsten Querschnitt in bezug auf Torsion besitzen Rohre; bei ihnen ist das Material gleichmäßig und im größten Abstand von der Längsachse angeordnet, die Schubspannungen haben damit den größten Hebel gegen die Verdrehung.

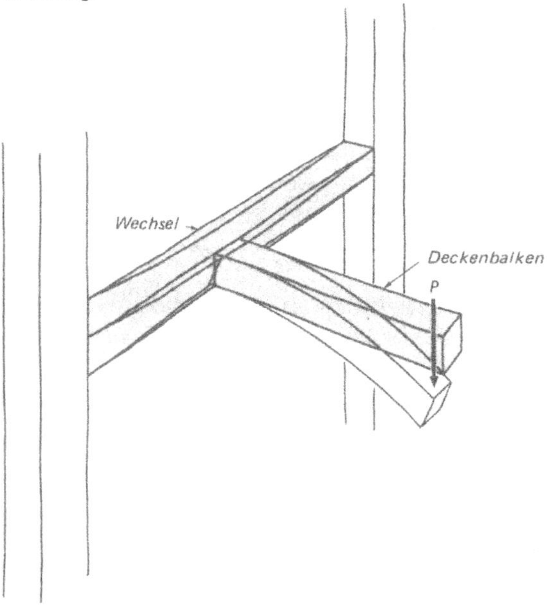

5.15 Auf Torsion beanspruchter Wechsel

5.4 Einfache Biegung

In Abschnitt 5.1 ist ausgeführt worden, daß alle komplizierten Spannungszustände aus nicht mehr als drei Spannungsarten zusammengesetzt sind, Zug, Druck und Schub. Zug und Druck in verschiedenen Ebenen ein und desselben Bauteils stellt die häufigste Kombination dieser Spannungsarten dar, sie heißt ***Biegung***. Biegung ist in vielen Bauteilen die wichtigste Art der Beanspruchung.
Wird eine Bohle auf zwei Auflagern, wie in Abb. 5.16 dargestellt, belastet, so biegen sich die Kragarme nach unten, das Mittelfeld der Bohle aber nach oben durch. Die Biegelinie zwischen den Auflagern ist ein Kreisbogen.

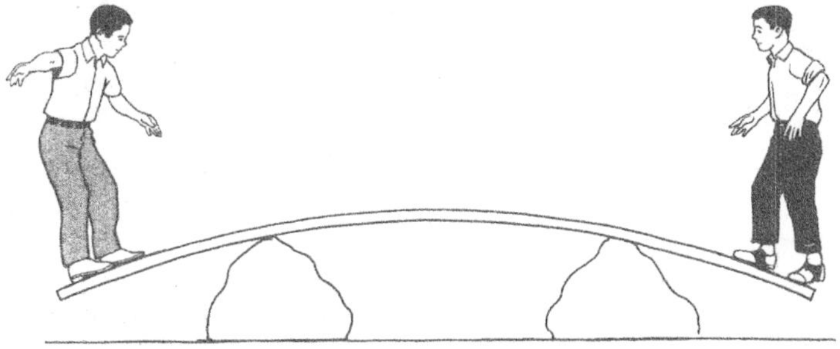

5.16 Einfache Biegung

Die Bohle hat eine bestimmte Dicke, und es müssen ***alle*** Faserebenen gekrümmt werden. Es läßt sich nun zeigen, daß in diesem Fall der Biegung die oberen Fasern verlängert, die unteren aber verkürzt werden (Abb. 5.17). Dies bedeutet Zugspannung auf der Oberseite und Druckspannung auf der Unterseite der Bohle. Die Mittelebene verändert sich nicht und erhält deshalb keine Zug- oder Druckspannungen.

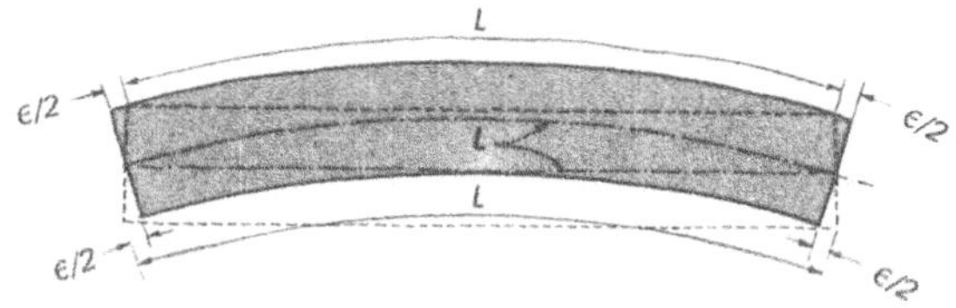

5.17 Längenänderungen (Dehnung und Stauchung) bei Biegung

Da die Verlängerung bzw. Verkürzung der Fasern von der Mitte aus nach den Außenseiten hin zunimmt, müssen auch Zug- und Druckspannung der Fasern pro-

portional mit dem Abstand von der mittleren oder *Neutral*faser zunehmen. (Diese Erkenntnis findet sich übrigens bereits bei Leonardo da Vinci, im 16. Jahrhundert – sie ist erst im 19. Jahrhundert von dem französischen Naturwissenschaftler Navier wiederenteckt worden.) Dieser Spannungszustand, bei dem die Spannung der einen Seite geradlinig in die der anderen Seite hinüberwechselt, heißt ***einfache Biegung***.
Die Biegespannungen in der Bohle nach Abb. 5.16 verlaufen etwas gekrümmt; aber im Verhältnis zur Länge der Bohle ist diese Krümmung so gering, daß man die von der Belastung hervorgerufenen Spannungen als praktisch horizontal annehmen kann. ***Biegung*** kann damit als Vorgang verstanden werden, bei dem ***senkrechte*** Lasten in eine ***waagerechte***, oder, allgemeiner formuliert, in eine rechtwinklig zur Belastungsachse verlaufende Beanspruchung umgelenkt werden. Das Gewicht der beiden Personen wird im Falle von Abb. 5.16 über Horizontalspannungen in die beiden Auflagersteine verlagert.
Da die meisten Baustoffe druckfest sind, bereitet es keine Schwierigkeiten, Lasten einfach ***senkrecht*** in den Baugrund zu übertragen. Die Aufgabe eines Tragwerks stellt sich grundsätzlich erst dann, wenn senkrechte Lasten waagerecht versetzt werden müssen, etwa um eine Öffnung zu überspannen. Der Mechanismus der Biegung ist deshalb von erstrangiger Bedeutung im Bauen.
Ein für Biegung geeigneter Baustoff muß praktisch gleichgroße Zug- und Druckfestigkeit aufweisen. Hieraus erklärt sich die lange geschichtliche Bedeutung des Baustoffs Holz, oder die im modernen Bauen längere Zeit konkurrenzlose Stellung des Stahls. Stahlbeton ist ein Kombinationsbaustoff, der dem Stahl vergleichbar ist: Der Stahl wird aber nur im Zugbereich verwendet, während der Beton den Druckbereich übernimmt. Wäre die Bohle nach Abb. 5.16 aus Stahlbeton, so müßte ihre Stahlbewehrung auf der zugbeanspruchten Oberseite eingelegt werden (Abb. 5.18).

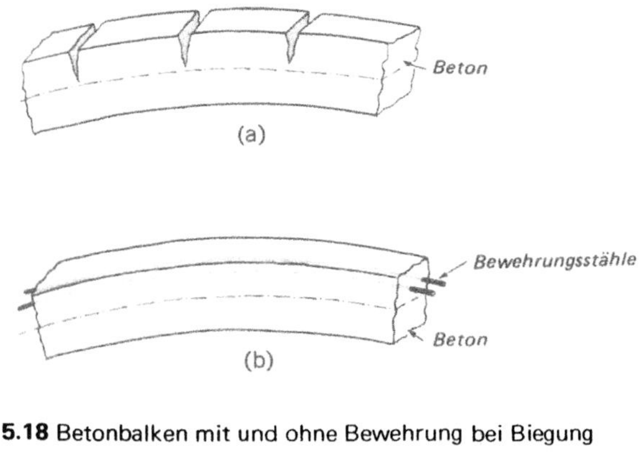

5.18 Betonbalken mit und ohne Bewehrung bei Biegung

6 Tragwerke für Zug oder Druck

6.1 Seile

Die hohe Zugfestigkeit von Stahl und die Wirksamkeit des einfachen Zugprinzips machen Stahlseile zum idealen Tragwerk für große Spannweiten.
Seile sind flexibel, weil sie im Verhältnis zu ihrer Länge sehr dünn sind. Diese Flexibilität bedeutet einen geringen Widerstand gegen Biegung. Deshalb kann im Querschnitt nicht die ungleiche Spannungsverteilung der Biegung auftreten. Vielmehr lassen sich alle Drähte des Stahlseils gleichmäßig mit der zulässigen Spannung belasten.
Ein zwischen zwei Punkten im Abstand L frei hängendes Seil nimmt eine senkrecht wirkende Last P auf folgende Weise auf: Bei mittigem Lastangriff spannt sich das Seil nach Art eines symmetrischen Dreiecks; dabei wird auf die beiden Auflagerpunkte je die Hälfte des Lastgewichts übertragen (Abb. 6.1).

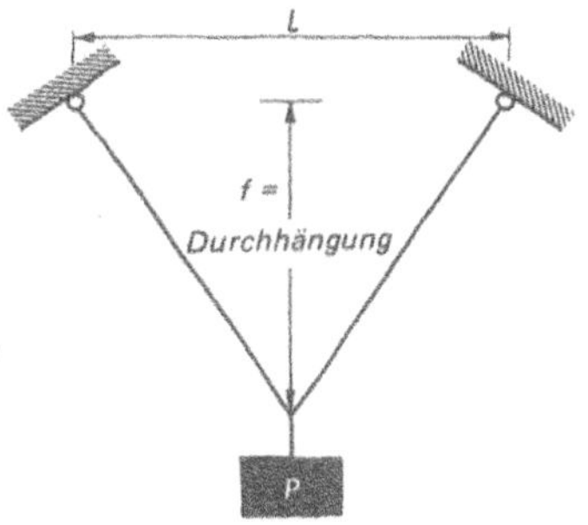

6.1 Symmetrische Belastung eines Seiles

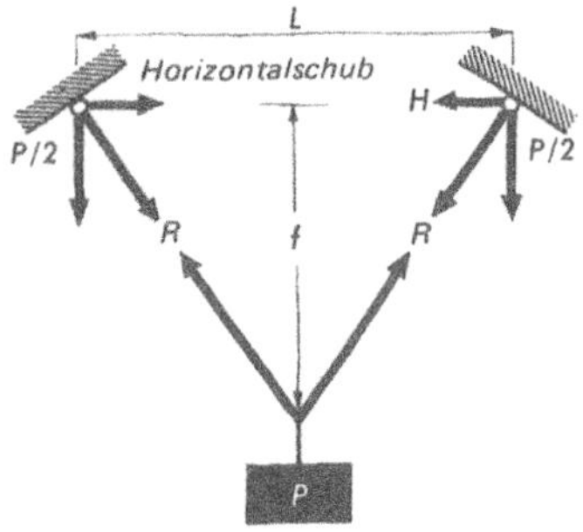

6.2 Auflagerkräfte

Die Höhe des von dem Seil gebildeten Dreiecks bestimmt sich aus dem Abstand des Lastanhängepunktes von der Verbindungslinie zwischen den beiden Auflagerpunkten. Ohne diese ***Durchhängung*** könnte kein Seil eine Last aufnehmen, weil eine nur waagerechte Kraft in dem Seil nicht mit der senkrechten aus der Last ins Gleichgewicht gebracht werden kann. Der schräge Zug des durchhängenden Seils aber enthält beide Richtungen, das jeweils halbe Lastgewicht in senkrechter und einen Zug oder ***Schub*** in waagerechter Richtung (Abb. 6.2). Wären die Auflagerpunkte nicht arretiert, so würden sie unter der waagerechten Schubkomponente aufeinander zugleiten; die beiden Seilhälften würden sich dabei senkrecht stellen. Man kann dies mit einem Faden und einem Gewicht selbst ausprobieren. Solange beide Hände nebeneinander über dem Gewicht stehen, ist kein horizontaler Schub fühlbar. Hält man aber beide Hände auseinander, so verringert sich die Durchhängung von Faden und Gewicht, und die Schubkraft tritt auf. Es zeigt sich, daß die Schubkraft umgekehrt proportional zum Durchhängen ist: Halbiert man die Höhe des Durchhängens, so verdoppelt sich der Schub (Abb. 6.3). Die senkrechte Komponente aber bleibt unabhängig von der Durchhängung immer gleich dem halben Lastgewicht. Mit Verringerung der Durchhängung nimmt die Zugkraft an beiden Händen also deshalb zu, weil allein der waagerechte Schub zunimmt. Bei weiterem Heben der Last durch Auseinanderhalten der Hände tritt schließlich der Punkt ein, an dem der Faden reißt: Die im Faden auftretende Zugkraft wurde größer als seine Festigkeit.

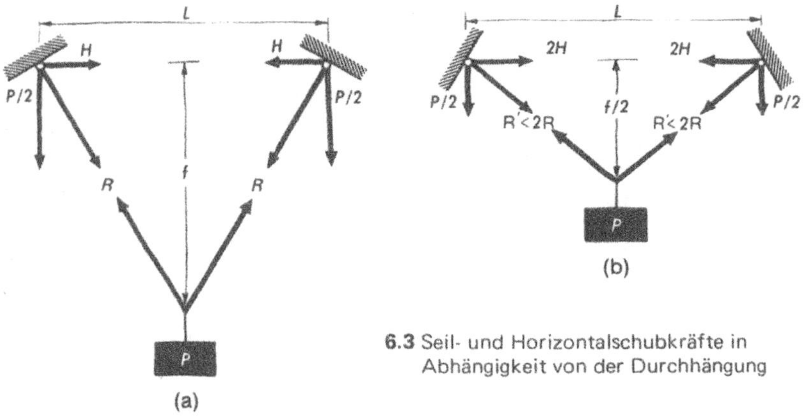

6.3 Seil- und Horizontalschubkräfte in Abhängigkeit von der Durchhängung

Hier stellt sich eine interessante Frage der Wirtschaftlichkeit: Hängt das Seil lang durch, so erlaubt die auftretende geringe Zugkraft einen kleinen Seilquerschnitt. Ein geringes Durchhängen des Seils dagegen führt zu einer Verkürzung der Seillänge, macht aber wegen der höheren Seilkraft einen stärkeren Querschnitt erforderlich (Abb. 6.3). Die Seilmenge, das Produkt aus Querschnitt und Länge des Seils, ist also groß sowohl bei sehr großer als auch bei sehr kleiner Durchhängung; dies bedeutet, daß das Minimum bei einem Mittelwert liegen muß. Diese ›wirtschaftlich optimale Durchhängung‹ besitzt die Größe der halben Spannweite. Beide Seilhälften verlaufen hierbei ideell unter 45°, und die waagerechte Komponente ist genauso groß wie die senkrechte (Abb. 6.4).

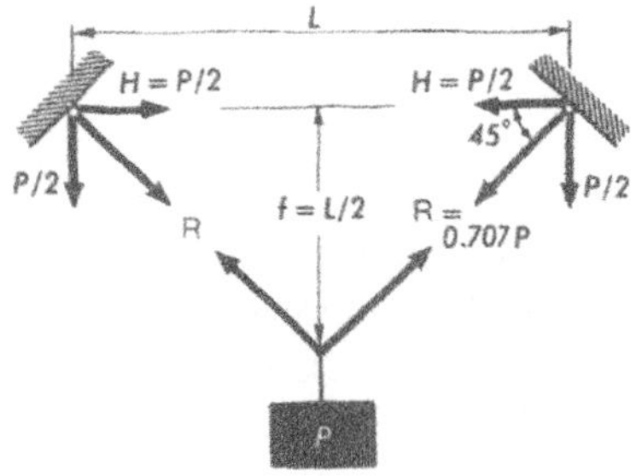

6.4 Optimale Größe der Durchhängung

Wenn die Last nicht mehr zentrisch angeordnet, sondern ***seitlich versetzt*** wird, ändert das Seildreieck seine ***Form*** (vgl. Abb. 6.5a). An den beiden Auflagerpunkten entstehen unterschiedlich große senkrechte Auflagerkräfte; die beiden waagerechten Schubkräfte aber sind, aus Gründen des Gleichgewichts, gleich groß. Der waagerechte Schub ist, bei sonst gleichen Bedingungen (Spannweite, Seillänge), nicht mehr so groß wie bei mittiger Lastanordnung; er verhält sich aber immer noch umgekehrt zur Höhe der Durchhängung. Man kann dies durch die Verschiebung der Last nachvollziehen.

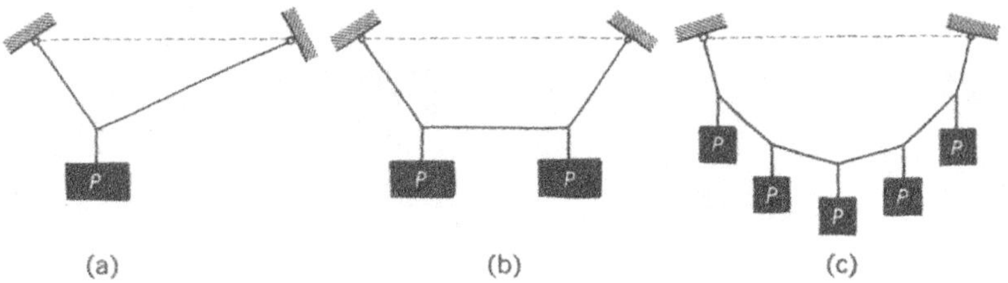

6.5 Seilpolygone

Hängt man in das Seil zwei Gewichte symmetrisch ein, so entsteht eine neue Seilfigur (vgl. Abb. 6.5b). Vergrößert man die Zahl der Lasten, so bildet das Seilgleichgewicht immer neue Figuren, mit Geraden zwischen den Lasten und Knicken in den Aufhängungspunkten der Lasten. Als Figur entsteht das ***Seilpolygon*** (aus dem Griechischen: poly = viel, gonia = Winkel). Mit dieser ***natürlichen*** Form werden Lasten als ***Zug***kräfte aufgenommen.

Nimmt die Zahl der Lasten am Seil zu, so entstehen am ***Seilpolygon*** immer mehr und immer kleinere Seiten, die sich schließlich einer Kurve annähern; könnte man unendlich viele Lasten einhängen, so würde aus dem Polygon eine echte ***Seilkurve***. Bei einer größeren Zahl von Lasten mit gleichem Abstand in der ***Waagerechten*** nähert sich das Seilpolygon einer wohlbekannten geometrischen Kurve, der ***Parabel*** (Abb. 6.6a). Die optimale Durchhängung einer Seilparabel liegt bei $\frac{3}{10}$ der Spannweite.

Wenn diese gleichgroßen Lasten nicht mehr in gleichen horizontalen Abständen, sondern in gleichen Abständen ***auf dem Seil selbst*** angeordnet werden, verändert die Seilkurve sich von einer Parabel in eine ***Kettenlinie.*** Eine Kette aus gleichförmig schweren Gliedern hängt in dieser Weise durch (Abb. 6.6b). Die optimale Durchhängung einer Kettenlinie liegt bei $\frac{1}{3}$ der Spannweite; sie besitzt dabei eine der Parabel ziemlich angenäherte Kurve (Abb. 6.6c).

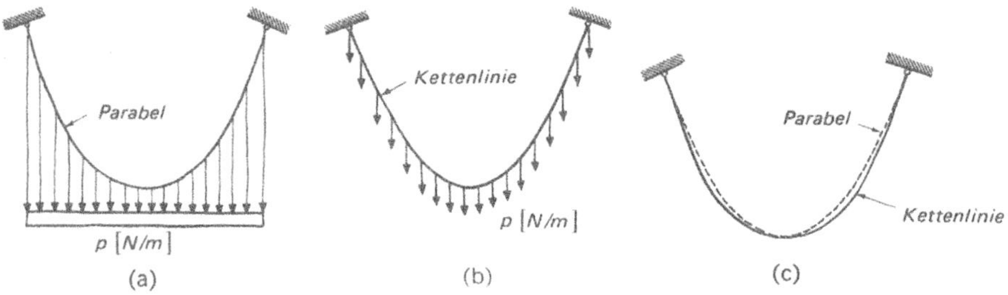

6.6 Seilbögen

Ein Seil, das mit seinem Eigengewicht belastet ist sowie mit einer waagerecht gleichmäßig verteilten Last, besitzt eine Kurve, die zwischen Parabel und Kettenlinie liegt. Diese Kurven nehmen Seile im Mittelfeld von Hängebrücken an, sie sind mit sich selbst und dem aussteifenden Fachwerkträger der Fahrbahn belastet (Abb. 6.7).

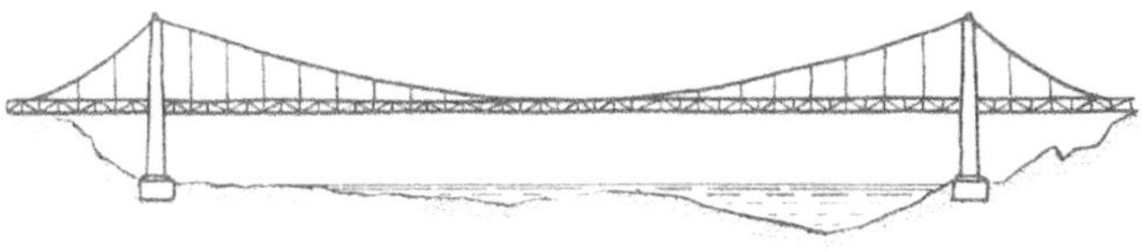

Ein Seil würde die größtmögliche Spannweite überbrücken, wenn es nur mit seinem Eigengewicht belastet wäre; die kleinste zusätzliche Last allerdings würde zum Seilriß führen. Nimmt man zur Minimierung des Seil-Eigengewichts eine optimale Durchhängung von $\frac{1}{3}$ der Spannweite an, so könnte das Seil bei einer Festigkeit von 140 kN/cm^2 (14 000 kp/cm^2) eine Entfernung von 27 km überspannen. Diese maximale Spannweite ist unabhängig vom Durchmesser des Seils, weil Tragfähigkeit und Gewicht bei Vergrößerung des Querschnitts proportional zunehmen. Nun sind

Überspannungen aber zur Aufnahme von Lasten gedacht, und die Lasten sind meist erheblich größer als das Seilgewicht. Überspannungen werden deshalb auf viel weniger als 27 km vorgenommen. Die bisher größte Hängebrücke, die Verrazano-Narrows Bridge in New York, hat im Mittelfeld eine Spannweite von 1,3 km. Der Entwurf der bisher größten Hängebrücke, der über die Straße von Messina, weist eine Mittelfeld-Spannweite von 1,5 km auf. Mit derartigen Spannweiten nähert man sich bereits den mit heutigen Stählen erreichbaren Grenzen. Erst neue, noch festere Stähle werden noch größere Spannweiten möglich machen.
Man könnte fragen, warum Effizienz und Wirtschaftlichkeit von Stahlseilen nicht zu deren häufigerer Anwendung im Hochbau geführt haben. Die Antwort ist, daß die Grenze ihrer Anwendbarkeit gerade in ihrer Anpassung an den Lastwechsel liegt: Seile sind ***nicht stabil***, Stabilität aber ist eine Grundregel des Bauens. Der von den Seilen einer Hängebrücke getragene Fachwerkträger hat nicht nur die Aufgabe, die Fahrbahn zu bilden, sondern er steift die Seile auch gegen Bewegungen aus wechselnder oder sich bewegender Last aus.
Aussteifende Fachwerkträger sind gewöhnlich in der senkrechten Längsebene steif, in der waagerechten aber weniger. Daraus erklären sich die erheblichen Seitenbewegungen von Hängebrücken unter Windbelastung. Fachwerk und Fahrbahn bilden eine dünne Rippe, die aber auch in der senkrechten Ebene schwingen und sich verdrehen kann (vgl. Abschnitt 2.6). Der Zusammenbruch der Hängebrücke von Tacoma, Washington beruhte auf solchen aerodynamischen Schwingungen (vgl. Abb. 2.15). Moderne Hängebrücken werden dagegen durch zusätzliche Spannseile (schon in der Brooklyn Bridge, New York 1867) und durch Vergrößerung der Biege- und Verdrehsteifigkeit der Fahrbahn gesichert.
Bei den abgehängten ***Schrägseilbrücken*** des Fächer- oder des Harfentyps (Abb. 6.8a, b) dienen die Zugseile der Unterstützung und der Stabilisierung des Fachwerk-Brückenträgers.

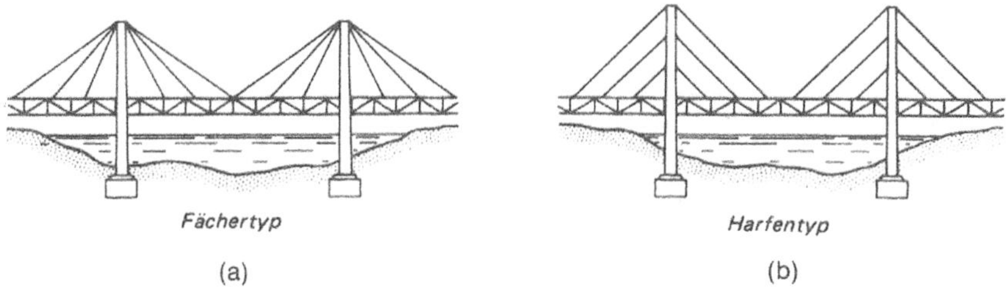

6.8 Schrägseilbrücken

Das aus mehreren Seilen zusammengesetzte Kabel ist kein selbsttragendes Bauglied; seine bei großen Spannweiten bis in die tausende von Tonnen gehenden Zugkräfte müssen vielmehr irgendwo aufgenommen werden. Bei Hängebrücken werden die

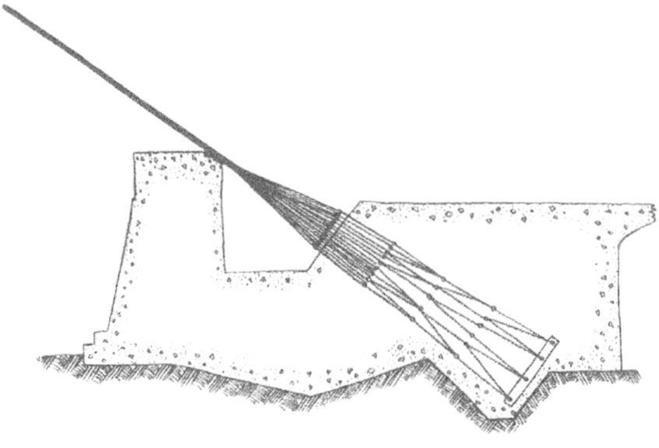

6.9 Verankerung eines Hängebrückenkabels

Zugkräfte aus dem Mittelfeld gewöhnlich über Pylone auf beiden Seiten hinweg in Fundamente eingeleitet. Die Fundamente werden meist als Betonblöcke ausgebildet, die im Felsgrund eingelassen sind. Die Seilkräfte werden damit über Gewicht und Reibung aufgenommen (Abb. 6.9). Das optimale Verhältnis von Durchhängung zu Spannweite ist hierbei $\frac{1}{12}$, weil das erwähnte $\frac{3}{10}$ -Verhältnis zu viel zu hohen und teuren Pylonen führen würde. Bei ***selbstverankerten*** Brücken sind die Hängeseile an den auskragenden Seitenarmen des Fachwerkträgers befestigt und leiten ihre waagerechte Komponente als Druck in diesen ein; die Fundamentblöcke übernehmen nur noch die senkrechte Hebekraft. Die Druckfestigkeit der Pylone, die Biegesteifigkeit des Fachwerkträgers und die Schubsicherheit in den Fundamentblöcken bilden zusammen Stabilität und Festigkeit der Hängebrücken.
Weitere kompliziertere Seilwerke werden in Abschnitt 6.2 behandelt.

6.2 Seildächer

Die hohe Effizienz von Stahlseilen legt nahe, sie auch bei weitgespannten Abdekkungen einzusetzen. Diese neuere Entwicklung hat eine Reihe von Lösungen hervorgebracht, bei denen die Zugseile das Hauptelement des Tragwerks bilden; zusätzliche Maßnahmen dienen der Stabilisierung.
Das einfachste zugbeanspruchte Dach besteht aus einer Reihe von Seilen, die entweder an seitlichen Widerlagerpunkten oder biegesteifen Stützen befestigt oder über diese hinweggeführt und im Boden verankert sind. Auf den parallelen Seilen werden gerade Pfetten oder ebene Paneele verlegt, womit eine polygonale oder angenäherte Zylinder-Innenseite als Dachfläche entsteht (Abb. 6.10). Einfachheit und geringe Kosten lassen dieses Hängebrückenschema als günstig erscheinen, doch führt das normalerweise geringe Gewicht zum Schwingen und ›Flattern‹ bei Windeinfall. Deshalb müßte entweder die Abdeckung verhältnismäßig schwer sein, oder die Seile müßten durch zusätzliche Spannseile oder Fachwerkkonstruktionen ausgesteift werden.

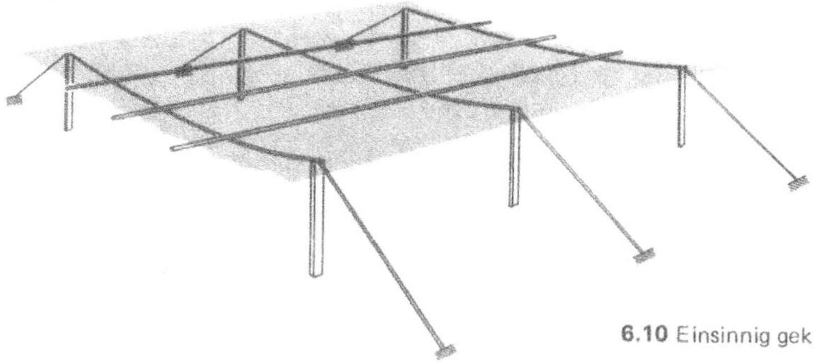

6.10 Einsinnig gekrümmtes Seildach

Das Hängebrückenprinzip ist von Nervi und Covre bei der Überdachung einer Werkshalle angewendet worden (Abb. 6.11). Die Stahlbetonpylone jedes Hallenabschnitts (Spannweite 250 m; Breite 30 m) sind geneigt und durch ein Schrägglied gestützt. Die waagerechte Dachplatte besteht aus Stahlbetonbalken und -platten, die auf der Baustelle vorgefertigt wurden; sie ist senkrecht vom Zugseil abgehängt. Auf diese Weise sind je 7 500 m^2 stützenfrei überdacht. Die Seitenwände sind von der Überdachung unabhängig, sie geben den Winddruck in eingespannte Stützen ab. Das verhältnismäßig schwere Betondach wirkt als Aussteifungsebene und stabilisiert durch sein Gewicht die Seilkonstruktion.

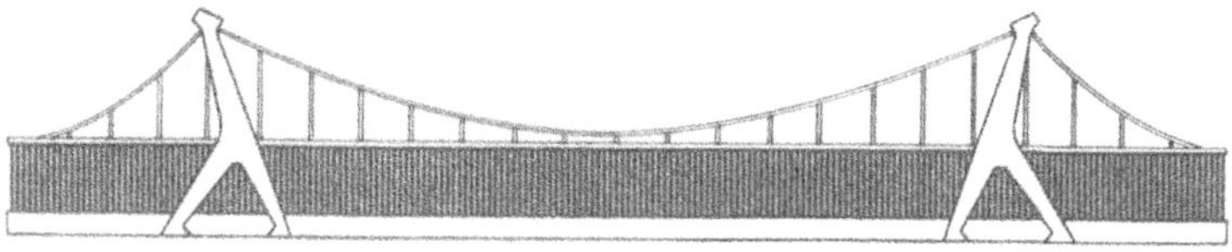

Ein ähnliches Prinzip hat Saarinen bei der Eisbahn der Yale University angewendet (Abb. 6.12). Die Seile sind über einen Mittelbogen mit gegenläufigen Enden abgehängt und in den schweren Außenwänden um das Stadion herum verankert. Die Eindeckung besteht als Holz; sein geringes Gewicht stabilisiert die Seilkonstruktion nicht vollständig.

Die Lösung von Nowicki für die Überdachung der Raleigh Arena, North Carolina, besteht aus zwei sich durchdringenden Stahlbetonbögen, die über eine Reihe von tragenden Seilen miteinander verbunden sind (Abb. 6.13). Seile im rechten Winkel bilden mit den Tragseilen ein Netz, auf dem die Abdeckung befestigt ist. Die Abdeckung besteht zur Zeit aus leichten, abgekanteten Blechen. Die beiden Bögen,

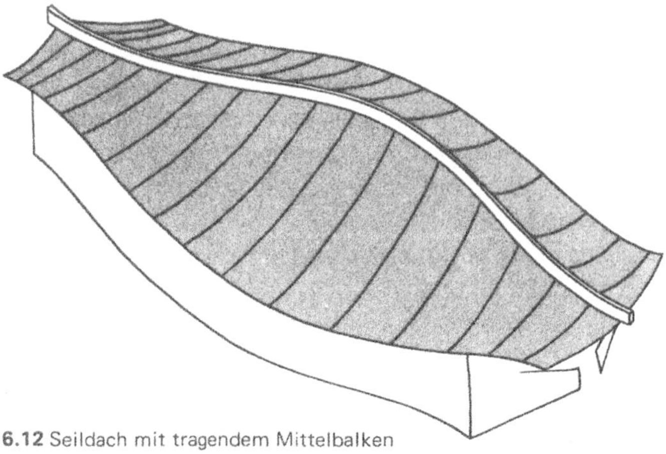

6.12 Seildach mit tragendem Mittelbalken

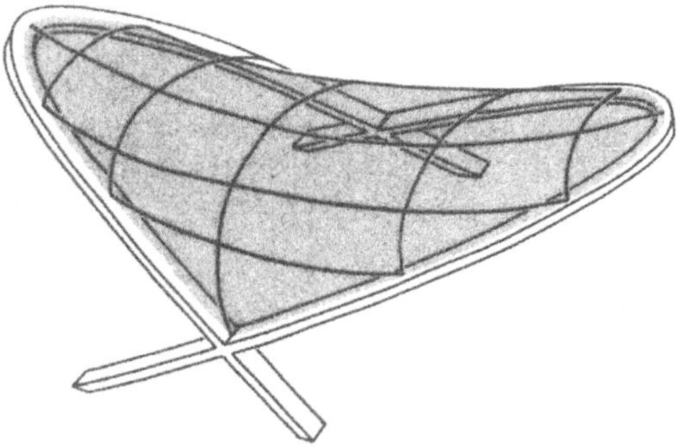

6.13 Sattelförmiges Seildach

verankert über senkrechte Zugglieder* nehmen den Zug der Hängeseile über eine Druckspannung auf. Die Hängeseile aber werden durch darübergelegte, abwärtsgekrümmte Spannseile stabilisiert. Die von beiden Seilscharen gebildete Fläche ähnelt einem Sattel, sie ist stabiler unter Windbelastung als das einfache zylinderförmige Hängedach. Trotzdem mußten eine Reihe von Netzpunkten im Inneren gegen die seitlichen Zugsäulen abgespannt werden, um ein Flattern des leichten Daches zu verhindern.

Ein bemerkenswertes Beispiel für ein Tragwerk aus radialen Zugelementen – einer zugbeanspruchten Nabe und einer druckbeanspruchten Felge – ist das Fahrrad-Rad. Die Speichen sind zweiseitig zwischen Nabe und Felge gespannt; es entstehen eingeschlossene Spannungen von beträchtlicher Höhe, die das Tragwerk in seiner

---

* nicht dargestellt, Anm. d. Ü.

Ebene und quer dazu steif machen. Da der Kreis die Seilkurve für einen Druckbogen unter radial wirkenden Lasten darstellt (vgl. Abschnitt 6.3), ist das gesamte Rad eine Seilkurvenkonstruktion. Die Abdeckung des Auditoriums in Utica, New York, von Zetlin, beruht auf dem Prinzip des Drahtspeichen-Rades (Abb. 6.14). Zwei Seilscharen von unterschiedlichem Querschnitt verbinden den äußeren Druckring mit dem oberen und dem unteren Zugring der Nabe in der Mitte. Diese beiden Zugringe sind über ein Fachwerk miteinander verbunden. Die beiden Seilscharen werden auseinandergehalten durch nachspannbare Druckglieder. Jedes Seilpaar kann über die Spannschlösser der Druckglieder genau gespannt werden. Die auf diese Weise erreichbare hohe Vorspannung macht das System viel steifer, als wenn es frei abgehängt wäre. Ein Flattern der leichten metallischen Abdeckung tritt deshalb praktisch nicht auf.

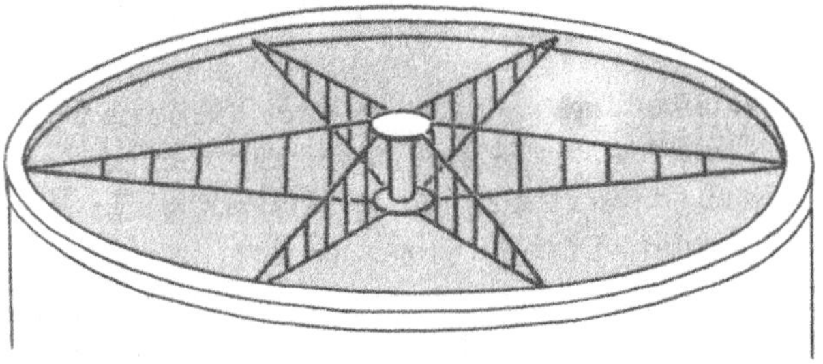

6.14 Vorgespanntes ‚Speichenrad'-Dach

Daß man ein kostengünstiges, stabiles und für großflächige Abdeckungen geeignetes System auch mit nur einer Seilschar erfolgreich einsetzen kann, hat Viera beim Stadion in Montevideo, Uruguay, gezeigt (Abb. 6.15). Hier ist ein innerer Zugring aus Stahl über nur eine Lage radialer Seile mit dem äußeren Druckring aus Beton verbunden. Der Druckring ist auf der dünnen, zylindrischen Betonwand rings um das Stadion aufgelagert. Die Eindeckung besteht aus vorgefertigten keilförmigen Stahl-

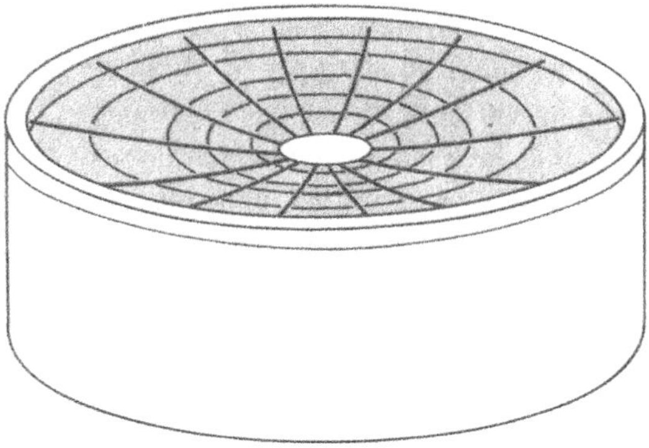

6.15 Vorgespanntes Seildach

betonplatten; sie werden über ihre vorstehende, hakenförmige Bewehrung in die Seile eingehängt. Nach der trockenen Eindeckung wurden die Stahlbetonplatten mit Ziegelsteinen oder Sandsäcken belastet, die Seile damit unter erhöhte Spannung gesetzt. Danach wurden die Ring- und Radialfugen mit Zementmörtel ausgegossen. Nach Abbinden des Fugenmörtels war das Dach ein monolithischer ›Teller‹. Diese steife Betonschale verhinderte, daß die Seile sich nach Entfernung der Zusatzbelastung zusammenzogen und entspannten (vgl. Abschnitt 12.7). Dieses umgekehrte Dach ist auf diese Weise vorgespannt und zeigt kaum Neigung zu flattern. Nach diesem Prinzip, nach dem Viera auch Hängebrücken entworfen hat, sind mit Erfolg kostengünstige Überdeckungen innerhalb und außerhalb der USA vorgenommen worden. Die Entwässerung erfolgt bei diesen Viera-Dächern durch Auspumpen der Mitte.
Große Zelte mit komplizierten Netzwerken über senkrechten oder schrägen Masten sind von Frei Otto für vorübergehende oder dauerhafte Ausstellungsbauten und andere Zwecke eingesetzt worden. Das bisher größte Zelt, auf der Olympiade 1072 in München, überspannt 75 000 m^2 (Abb. 6.16). Neun Maste mit bis zu 80 m Höhe tragen Seile mit bis zu 50 MN (5000 Mp) Spannbelastung; das Zeltdach hat die Form hintereinandergeschalteter Sättel. Die Flächen sind mit durchscheinendem Material in neutraler Farbe eingedeckt.

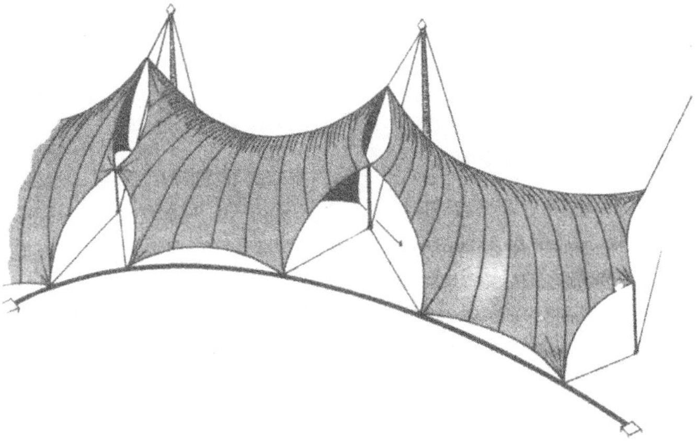

6.16 Seil-Zeltdach

Interessante und vielversprechende Anwendungen von Seilen für Abdeckungen bieten pneumatische Membranen. Diese Dächer bestehen aus luftgestützten oder aufgeblasenen Kunststoffmembranen in einem Seilnetz und können erhebliche Spannweiten überdecken. Sie werden im Abschnitt 11.3 eingehender behandelt.
Beim Bau von Flugzeughallen besteht eine wesentliche Aufgabe darin, große, leicht zu öffnende Einfahrtstore zu schaffen. Da diese Gleittore frei sein müssen und nicht zwischen Stützen geführt werden können, hängt man sie gewöhnlich an einem

durchgehenden Träger am Dachrand auf. Das Konstruktionsproblem besteht bei diesem Gebäudetyp darin, eine große Fläche mit Auflagerpunkten an nur drei Seiten zu überspannen. Bei einer Lösung von Ammann und Whitney bildete ein auskragendes Tragwerk nach Art einer halben Zügelgurtbrücke die Dachkonstruktion (Abb. 6.17). In dem Raum zwischen Pylon und verankerter Abspannung sind Büros und Läden untergebracht. Das abgespannte Kragdach besteht aus einem Stahlbetonfaltwerk (vgl. Abschnitt 10.8). Wegen ihres begrenzten Gewichts und ihrer hohen Biege- und Druckfestigkeit sowie der hohen Zugfestigkeit der Seile erlaubte diese Konstruktion ein wirtschaftliches Überspannen von fast 40 m.

Eine ähnliche Lösung haben Tippets, Abbett, McCarthy and Stratton bei der Überdachung des Ankunftsgebäudes der Pan-American auf dem John F. Kennedy International Airport in New York gewählt. In diesem Fall besteht das Dach aus einer

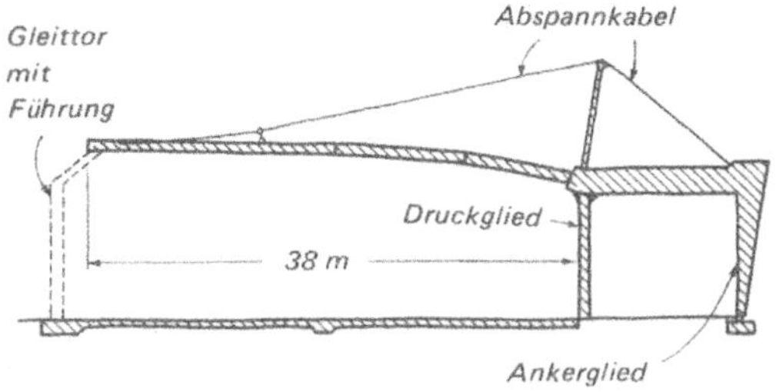

6.17 Abgehängtes Kragdach

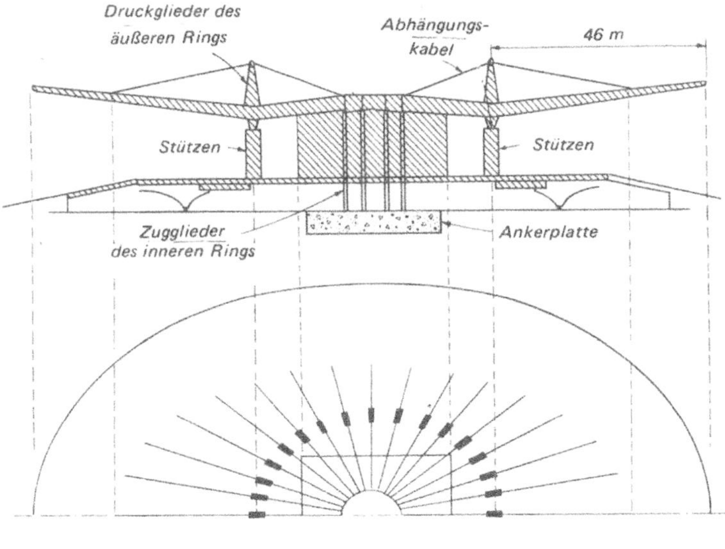

6.18 Abgehängtes elliptisches Kragdach

Stahlbetonplatte mit radial angeordneten Balken zwischen einem inneren und einem äußeren elliptischen Ringbalken. Die Balken sind über Pylone abgehängt und tragen den äußeren Ringbalken auf einer Auskragung (Abb. 6.18). Auf diese Weise wird der äußere Teil des Daches von den Pylonen getragen; der innere Teil ist an Zuggliedern befestigt, über die die Pylone in einer schweren Fundamentplatte verankert sind. Die Flugzeuge können zum Ein- und Aussteigen der Passagiere unter das 50 m auskragende Dach einfahren. Dies waren Beispiele aus jüngerer Zeit für zugbeanspruchte Überdeckungen großer Flächen. Das größte druckbeanspruchte Dach ist bisher die über mehr als 200 m spannende Doppelschale aus Stahlbeton des C.N.I.T.-Gebäudes in Paris. Zugbeanspruchte Dächer können erheblich größere Flächen überspannen. Mit den wachsenden Ansprüchen an Spannweite werden Seildächer deshalb weiterhin zunehmend Verwendung finden.

6.3 Fachwerke

Ein biegsames Seil mit einer eingehängten Last ist ein zugbeanspruchtes Tragwerk (Abb. 6.19a). Stellt man das System auf den Kopf, so wechseln die Zugkräfte mit der Durchhängung ihr Vorzeichen – sie werden Druckkräfte (Abb. 6.19b). Dies ist der einfachste Fall eines Fachwerks.

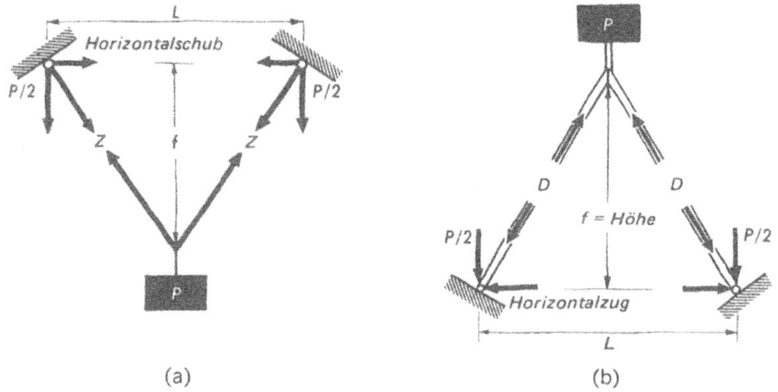

6.19 Fachwerksdreieck

Die hochliegende Last wird über die Druckglieder in die Auflagerpunkte eingeleitet. Diese erhalten bei mittiger Laststellung als senkrechte Komponente jeweils die halbe Last, und als waagerechte Komponente einen bestimmten ***Schub*** (vgl. Abb. 6.19b). Der Schub kann durch druckfestes Material der Auflager, wie etwa Mauerwerk, oder durch ein ***zugfestes*** Material des ***Fachwerks*** aufgenommen werden (vgl.

Abb. 3.9). Solche einfachen Holz-Eisenfachwerke sind in den Dächern mittelalterlicher Kirchen verwendet worden; man könnte annehmen, auch griechische Tempel seien in dieser Weise überspannt worden. Dabei wurde bei größeren Spannweiten das Zugglied vom First aus abgehängt, um eine große Druchbiegung zu vermeiden. Ein ähnliches Fachwerksdreieck mit positiver Durchhängung kann mit Zugseilen und einem hölzernen Schubbalken aufgestellt werden (Abb. 6.20).

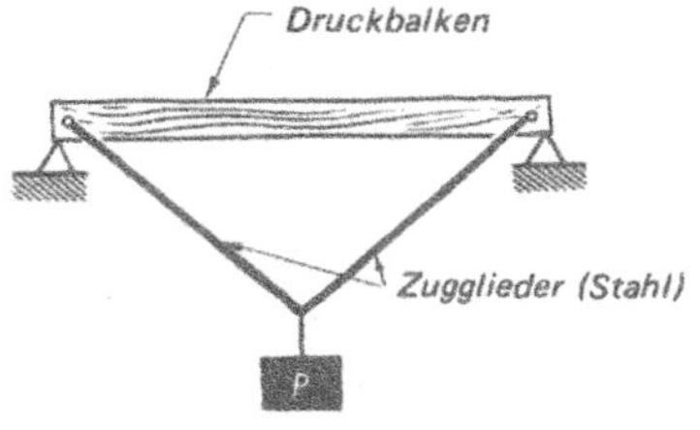

6.20 Lastabhängung mit Druckbalken (Fachwerksdreieck)

Ordnet man solche elementaren Dreiecksfachwerke hintereinander an, so kann man größere Spannweiten schon allein mit Zug- und Druckkräften in den Bauteilen überspannen. Alle Stäbe des Fachwerks gelten dabei als ***gelenkig*** verbunden, ihre Enden könnten sich also in den Auflagerpunkten verdrehen. Als Beispiel sei der Fachwerkträger in Abb. 6.21 vorgestellt. Hier sind ***Obergurt*** und ***Vertikalstäbe*** druckbeansprucht, ***Untergurt*** und ***Diagonalstäbe*** aber zugbeansprucht. Die Belastung W_1 in Trägermitte ist über Diagonalstäbe in den Punkten A und B abgehängt. Die punktierte Linie OO′ ist ohne Belastung, da die waagerechten Obergurtstäbe AO′ und O′B eine senkrechte Belastung nicht ins Gleichgewicht bringen können. Der aus der Abhängung von W_1 entstehende Horizontalschub wird vom Obergurt im Bereich AB aufgenommen. Die Vertikalstäbe AC und BD nehmen dagegen je die Hälfte der Last W_1 als senkrechter Komponente auf und übertragen sie nach C und D. In diesen Punkten addieren sich die Lasten W_2 und W_3 zu diesen Komponenten von W_1, und diese Lasten werden über die Diagonalen nach E bzw. F abgehängt, wobei in CO und OD ebenfalls Zugkraft entsteht. Die Druckgurte EA und BF nehmen den daraus in E und F entstehenden waagerechten Schub auf, die senkrechte Komponente aber wird wieder über die Vertikalstäbe nach G und H

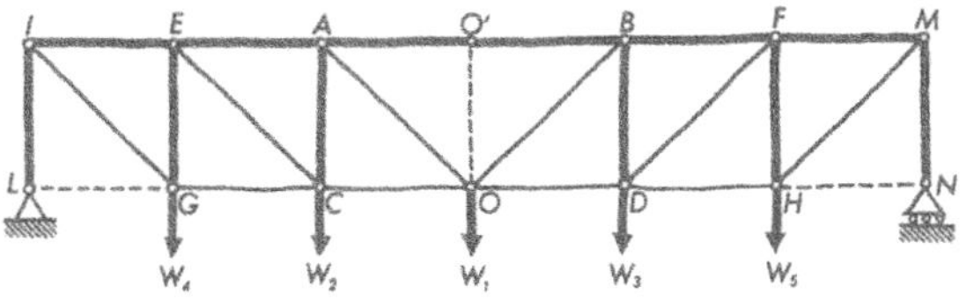

6.21 Fachwerksträger mit Zugdiagonalen

geleitet. Dieser Mechanismus des Lastflusses setzt sich bis zu den Auflagern fort. Es ist anzustreben, daß die Lasten nur in den ***Knotenpunkten*** des Fachwerks angreifen. In diesem Fall ist das Eigengewicht des Fachwerkbinders einfach als Zuschlag auf die Lasten zu verteilen, und in den Stäben braucht allein eine Zug- bzw. Druckspannung nachgewiesen zu werden. Greifen aber Lasten ***zwischen*** den Knotenpunkten – an den Stäben – an, so ist auch deren Beanspruchung auf Biegung zu berücksichtigen (vgl. Abschnitt 7.4).

Wenn man den Diagonalen die entgegengesetzte Neigung gibt, kehren sich Zug und Druck in den inneren Stäben um. So wird in Abb. 6.22 die Last W_1 durch einen zugbeanspruchten Vertikalstab nach O' geleitet und von dort durch druckbeanspruchte Diagonalstäbe nach C und D. Der dabei entstehende, nach außen gerichtete Schub wird durch den Zuggurt CD aufgenommen. Das Fachwerksdreieck $CO'D$ ist in den Punkten C und D aufgehängt, zu seinen senkrechten Komponenten addieren sich die Lasten W_2 und W_3; die so entstandene Vertikalkraft wird durch die zugbeanspruchten Vertikalstäbe nach A und B übertragen, von dort durch die Druck-Diagonalen und die Zug-Untergurte nach G und H usw., bis zu den Auflagern. Bei diesem Fachwerkträger sind die letzten Vertikalkräfte, IL und MN, sowie die letzten Obergurtstücke IE und FM statisch nicht erforderlich. In gleicher Weise sind in Abb. 6.21 die Untergurtstücke LG und HN, und, bei Verlegung der Auflage nach I und M, die Vertikalstäbe IL und MN überflüssig. Der Trägertyp nach Abb. 6.22 wird häufig bei Autobahnbrücken verwendet, der nach Abb. 6.21 häufig bei Eisenbahnbrücken, wobei die Geleise in der Höhe des Obergurts verlaufen. Eine Vertiefung der Fachwerktheorie ist über die Balkentheorie möglich (vgl. Abschnitt 7.2).

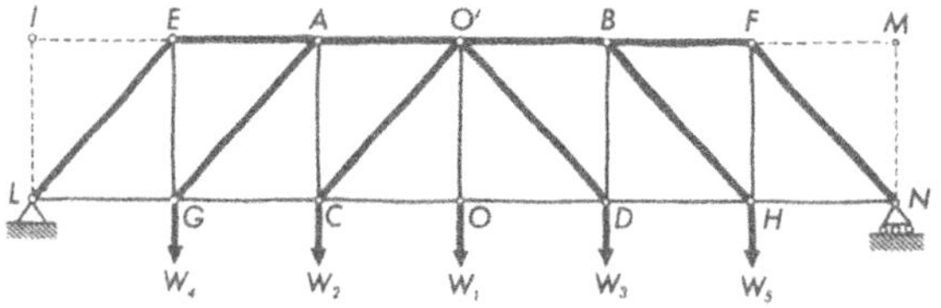

6.22 Fachwerksträger mit Druckdiagonalen

Obergurte, senkrechte und Diagonalstäbe können wegen der Druckbeanspruchung knicken. Eine der ersten Gelegenheiten, das Knicken von Fachwerksstäben zu untersuchen, bot der Zusammenbruch einer Eisenbahnbrücke in Rußland gegen Ende des neunzehnten Jahrhunderts. Da gerade bewegliche Lasten, je nach ihrer Stellung, in den Stäben wechselnd sowohl Zug als auch Druck hervorrufen, werden manche Fachwerke mit Diagonalen in beiden Richtungen gebaut, so daß die Belastungen immer von zwei Mechanismen übernommen werden.

Fachwerkstäbe können in einer Vielzahl von Typen zusammengestellt werden. Der Leser kann sich die Wirkungsweise der einfachen Beispiele in Abb. 6.23a und b ohne Schwierigkeit klarmachen.

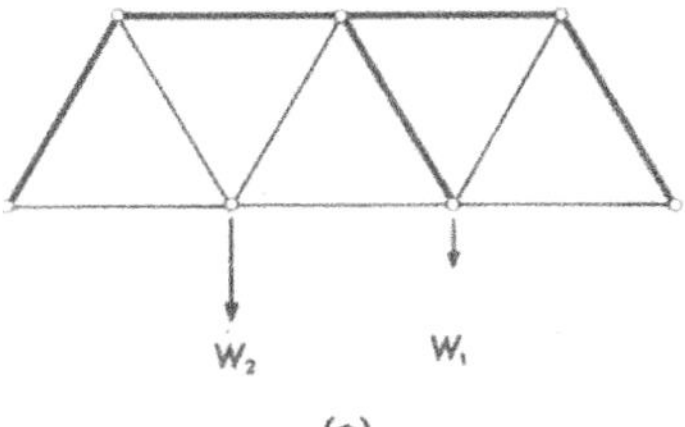

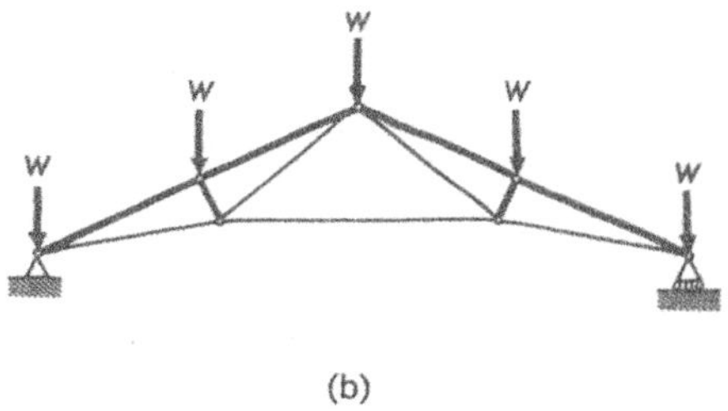

6.23 Druck- und Zugkräfte bei verschiedenen Trägern und Lastgrößen

Die Fachwerkstäbe werden über ein Knotenblech durch Nietung, Bolzung oder Schweißung miteinander verbunden (vgl. Abb. 6.24). In allen drei Fällen aber wird die freie Drehung der Stabenden durch das steife Knotenblech verhindert. Aus der Durchbiegung des gesamten Fachwerkträgers erhalten die einzelnen Stäbe deshalb einen gewissen Betrag an Biegespannung und Schubspannung. Diese sogenannten ***Sekundärspannungen*** werden in Abschnitt 7.4 behandelt.

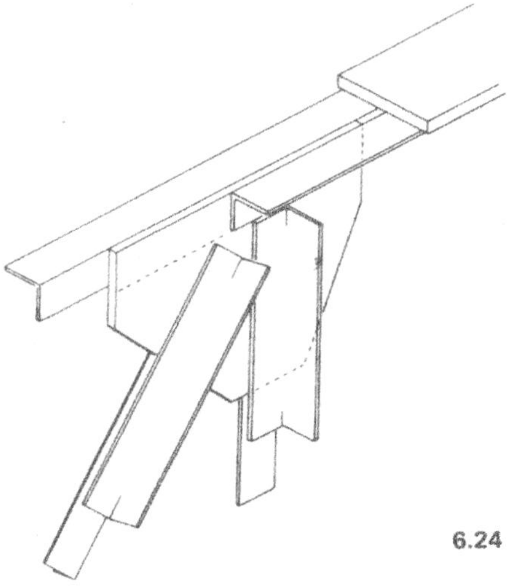

6.24 Knotenblech

Fachwerke werden besonders im Brückenbau für große Spannweiten eingesetzt. Sie können von Pfeilern aus vorkragen und einfach aufgelegte Zwischenteile erhalten (Abb. 6.25). Fachwerke mit fallenden Obergurten verhalten sich ähnlich wie Hänge-

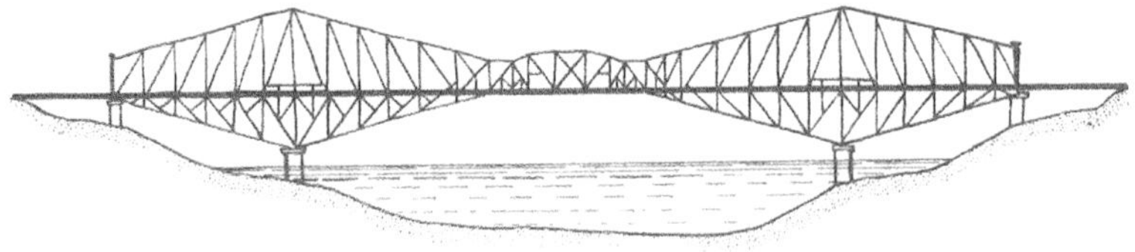

6.25 Zusammengesetztes Brückenfachwerk

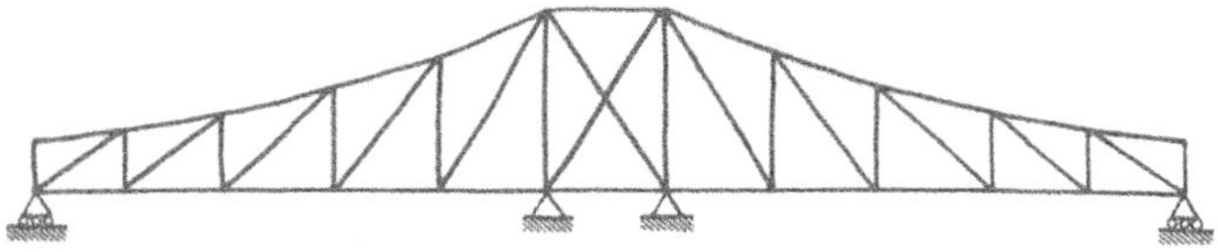

6.26 Fachwerk mit fallendem Obergurt

brücken (Abb. 6.26). Parallel-Fachwerkträger finden sich im Stahlbau häufig bei der Überspannung großer Hallen (Abb. 6.27). ***Knickgurtträger*** werden bei kürzeren Spannweiten für Dächer und Decken eingesetzt (Abb. 6.28). Stehende Fachwerke werden im Stahlbau als Aussteifungsebene bei Hochhäusern gegen Winddruck und Erdbeben verwendet (Abschnitt 8.3).

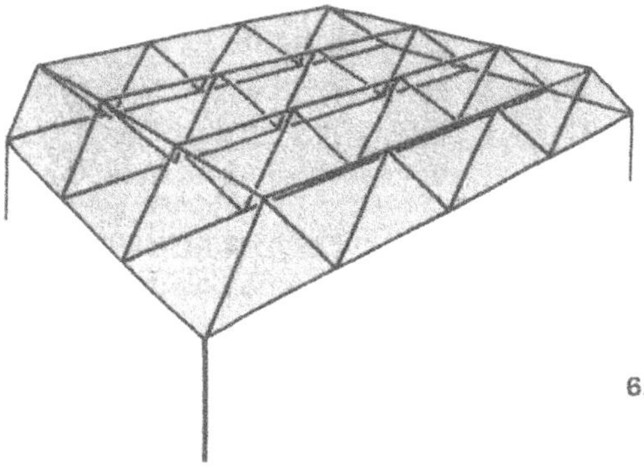

6.27 Überdeckung mit parallelen Fachwerksträgern

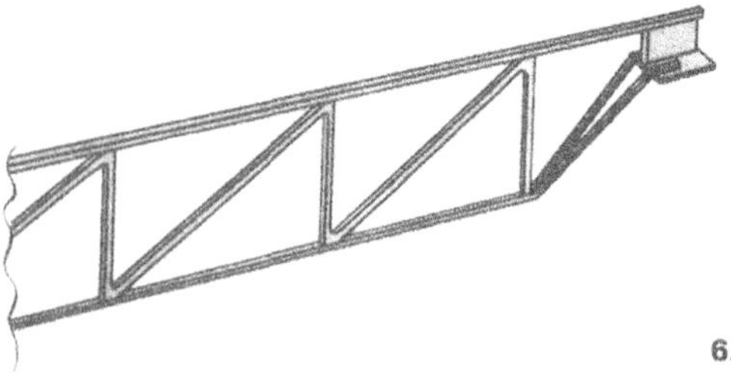

6.28 Träger mit geknicktem Gurt

Fachwerke sind zwar nicht mehr so verbreitet wie im vorigen Jahrhundert, sie stellen aber immer noch eine wichtige Art von Tragwerk dar.

6.4 Seilbögen

Da ein Seil mit in der Waagerechten gleichmäßig verteilten Belastung die Form einer Parabel annimmt, muß die Umkehrung die Idealform des Bogens sein, bei dem unter dieser Belastung allein Druckkräfte auftreten (Abb. 6.29). Bögen sind grundsätzlich druckbeanspruchte Tragwerke. Die Römer, die größten Straßenbauer der Antike, haben Bögen in Halbkreisform für kleine und große Spannweiten entwickelt. Der Bogen ist eines der Grundelemente des Bauens.

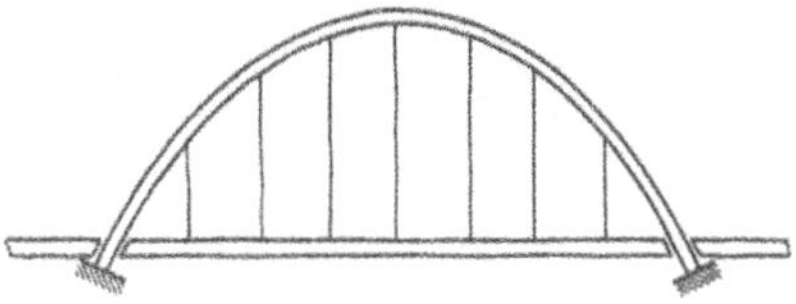

6.29 Seilbogen-Brücke

Die Idealform des Bogens als Druckbogen kann für jede gegebene Laststellung durch Umkehrung eines entsprechend belasteten Seilbogens bestimmt werden. Auf diese Weise hat der spanische Architekt Gaudi die Form der Bögen in der Kirche Sagrada Familia in Barcelona ermittelt.

Die Seilfigur für gleich große, gleich verteilte, und ***auf das gleiche Zentrum gerichtete*** Kräfte ist das regelmäßige Polygon um dieses Zentrum (Abb. 6.30). Als Grenzwert, für unendlich viele dieser Lasten, mit unendlich kleinen Abständen, verwandelt sich das Seilpolygon in eine Seilkurve, einen ***Kreis***. Dieser stellt die Seilfigur für ***radiale*** Drücke von ***innen*** oder ***außen*** dar. Da senkrechte Gewichtslasten, in gleichen Abständen auf der Waagerechten oder entlang des Bogens verteilt, diese Zentriertheit nicht aufweisen, ist der römische Halbkreisbogen kein einfacher Druckbogen.

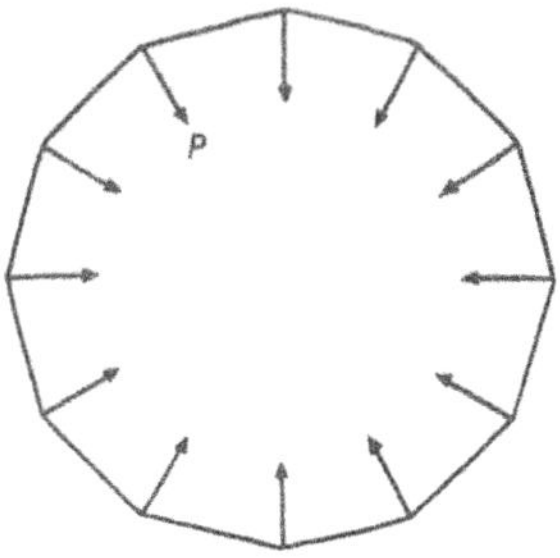

6.30 Seilpolygon für Radialkräfte

Die Form eines Mauerwerkbogens wird gewöhnlich als Seillinie für Eigengewicht bestimmt. Im Falle eines Brückenbogens aber ist die Vielzahl von Stellungen der beweglichen Lasten zu berücksichtigen. Es entstehen hierbei nicht nur einfache Druckspannungen, der Bogen entwickelt vielmehr auch Biegespannungen. Ein Seil kann ***alle*** Laststellungen als Zugkraft aufnehmen, indem es seine Hängelinie ändert. Ein Bogen aber kann seine Form nicht ändern und kann deshalb auch nicht der Seillinie verschiedener Laststellungen folgen. Die Stabilität des Bogens einerseits bedeutet Mangel an Anpassungsfähigkeit andererseits. Die Bedeutung von Biegespannungen für Bögen wird in Abschnitt 8.4 behandelt.

Die Sammlung und Umlenkung senkrechter Lasten in eine einfache Druckkurve stellt heute ein derart elementares Konzept dar, daß man sich kaum klarmacht, wie langsam seine Entwicklung war. Von den Griechen praktisch nicht benutzt, hat es die kühnen und schönen Gewölbe gotischer Kathedralen hervorgebracht, aber auch moderne Brücken (vgl. Abschnitt 8.4). Aus jüngster Zeit stammen die letzten und sehr interessanten Konsequenzen – ***gekrümmte*** Tragwerke; sie werden in den Kapiteln 11 und 12 behandelt.

7 Balken

7.1 Kragbalken

Da die meisten Lasten senkrecht wirken, die meisten Nutzflächen aber waagerecht liegen, besteht die Aufgabe von Tragwerken meist darin, senkrechte Lasten waagerecht zu versetzen. Das nächstliegende Element hierfür sind Balken. Ihre Tragfähigkeit wird über Biegung und Schub hergestellt. Als erstes sollen ***Kragbalken*** behandelt werden.

Man kann mit einem einfachen Lineal in der Hand Versuche anstellen und dabei folgendes demonstrieren:

a) Die Auslenkung (Durchbiegung) eines Kraghebels mit einer Einzellast an seinem äußersten Ende nimmt mit wachsender Kraglänge stark zu; bei Verdoppelung der Kraglänge vergrößert sich die Durchbiegung um den Faktor 8, also um die ***3. Potenz*** der Längenvergrößerung (Abb. 7.1).

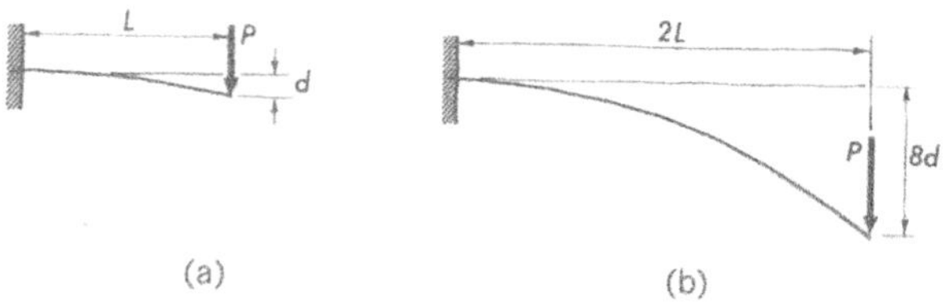

7.1 Einfluß der Länge auf die Durchbiegung eines Kragarms

b) Die Durchbiegung am Kragarmende ist erheblich größer, wenn das Lineal flach anstatt hochkant gehalten wird. Eine genaue Messung würde zeigen, daß die Auslenkung umgekehrt proportional zu der Breite und der ***3. Potenz*** der Höhe (Dicke) des Querschnitts ist. Hat das Lineal zum Beispiel eine Breite von 2 und eine Dicke von 1, so entspräche sie dem Kehrwert von $2 \cdot 1^3$, also $\frac{1}{2}$. Hochkant gehalten hätte das Lineal eine Breite von 1 und eine Dicke von 2, die Auslenkung des Kraghebelendes entspräche dem Kehrwert von $1 \cdot 2^3$, also $\frac{1}{8}$. Am hochkant gehaltenen Lineal betrüge die Auslenkung also nur ein Viertel des Wertes für das flach gehaltene (Abb. 7.2).

c) Bei gleicher Last und gleicher Hebellänge sind die Durchbiegungen verschieden, wenn die Materialien verschieden sind; sie sind umgekehrt proportional zu ihren

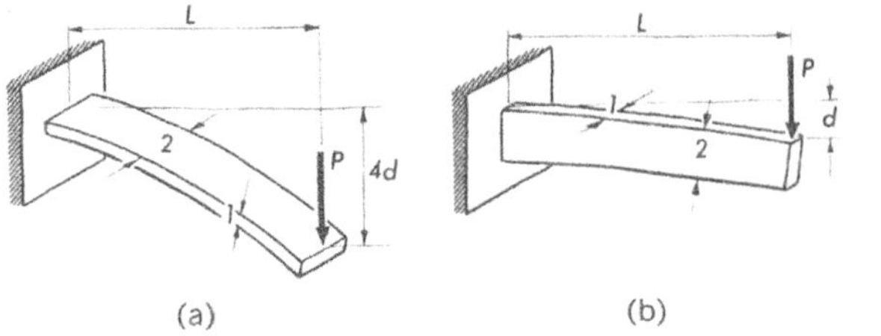

7.2 Einfluß von Dicke und Breite auf die Durchbiegung eines Kragarms

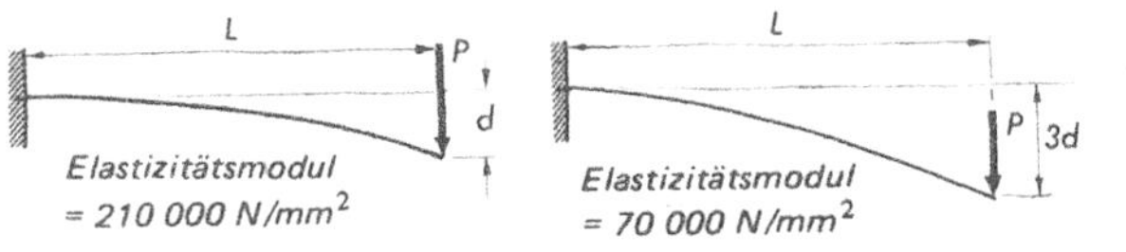

7.3 Einfluß des Materials auf die Durchbiegung eines Kragarms

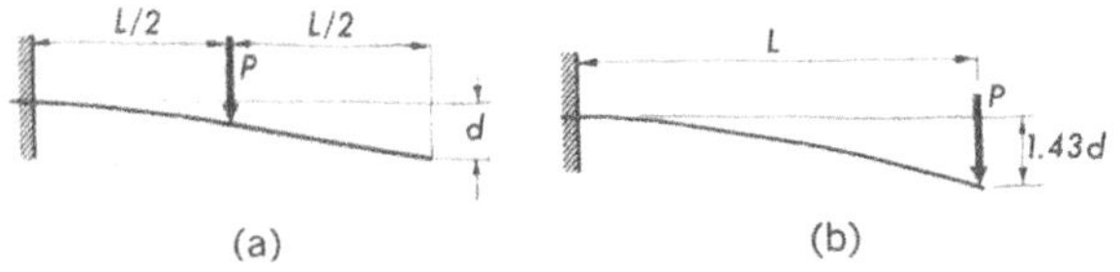

7.4 Einfluß der Laststellung auf die Durchbiegung eines Kragarms

Elastizitätsmoduln. Ein Aluminiumlineal würde sich dreimal so stark durchbiegen wie ein Stahllineal (Abb. 7.3).

d) Schließlich nimmt die Durchbiegung des Trägerendes zu, je weiter sich die Last aus dem Feld zum äußeren Ende hin bewegt (Abb. 7.4).

Die Durchbiegung eines Balkens wird noch durch einen weiteren Faktor beeinflußt, durch die geometrische Form seines Querschnitts. Im folgenden soll zunächst der Rechteckquerschnitt behandelt werden.

Die Endauslenkung des spitzenbelasteten Kragarms wird durch die Verformung des geraden zu einem gekrümmten Balken hervorgerufen. Diese Verformung führt zu einer Verlängerung der Fasern auf der Oberseite und zu einer Verkürzung auf der Unterseite. Damit ist jener Spannungszustand eingetreten, der in Abschnitt 5.4 als ***Biegung*** beschrieben worden ist. Die Biegespannungen an einem Kragarm verändern sich linear von einem Zugspannungsmaximum auf der Oberseite zu einem Druckspannungsmaximum auf der Unterseite, sie erreichen den Nullwert in der mittleren oder ***Neutralachse*** des Balkens (Abb. 7.5a). Die Last möchte, über ihrer Hebellänge L, den Kragbalken um seine Einspannung herum nach unten drehen. Die

Biegespannungen aber möchten über den Hebel ihrer Resultierenden (zwei mal ein Drittel der Balkenhöhe h) den Balken nach oben drehen, und damit das Gleichgewicht mit dem äußeren Moment herstellen (Abb. 7.5b). Je dicker der Balken, desto größer der innere Hebelarm der Biegespannungen. Nimmt man feste zulässige Spannungen für die Fasern auf der Ober- und Unterseite des Balkens an, so kann also wegen seines größeren inneren Hebels der dickere Balken mehr Last aufnehmen als der dünnere. Da die Spannungen sich gleichmäßig über die Breite des Balkens verteilen, ist eine Vergrößerung des Querschnitts in der Dicke wirksamer als in der Breite. Daß, im Falle einer Einzellast, die Durchbiegung in der 3. Potenz bei Vergrößerung der Balkenhöhe abnimmt, ist in Abb. 7.2 gezeigt worden.

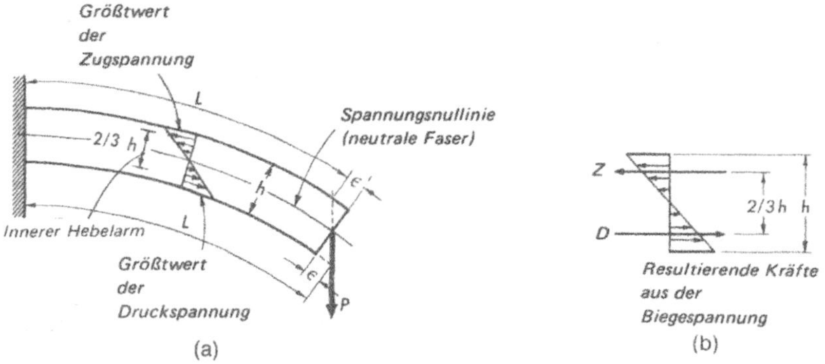

7.5 Spannungsbild bei der Durchbiegung eines Kragarms

Dieses Tragverhalten zeigt sich bei Balken, die mindestens ***zweimal*** so lang wie dick sind. ***Kürzere*** Balken, Konsolen, nehmen ihre Belastung hauptsächlich über Scherspannung auf, die sich gleichmäßig über den Querschnitt verteilt.

Vom Standpunkt der Materialnutzung ist ein voller Rechteckquerschnitt bei Biegung nicht wirtschaftlich, da der größte Teil seines Querschnitts nicht mit den zulässigen Spannungen belastet wird. Diese Werte werden tatsächlich nur in den Fasern der Ober- und der Unterseite erreicht; alle anderen erhalten geringere Spannungen. Die Querschnittseffizienz kann dadurch gehoben werden, daß das Material nur in der obersten und der untersten Zone des Querschnitts angeordnet wird. Das typische Beispiel hierfür ist der I-Träger (Doppel-T-Träger) mit seinen beiden ***Flanschen***, die durch einen dünnen ***Steg*** miteinander verbunden sind (Abb. 7.6). In den Querschnittsflächen der Flansche baut sich die zulässige Höchstspannung der Druck- bzw. Zugkraft auf; der innere Hebel aber, der einen wesentlichen Beitrag zur Biegefestigkeit liefert, reicht fast bis zur Außenseite. Der schmale Steg schließt die neutrale Achse ein und trägt unwesentlich zur Biegefestigkeit bei. Wenn die ***gesamte*** Fläche eines Rechteckquerschnitts als idealer I-Querschnitt den Flanschen ohne

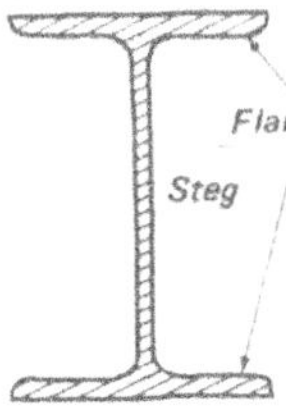

7.6 Querschnitt eines I-Trägers

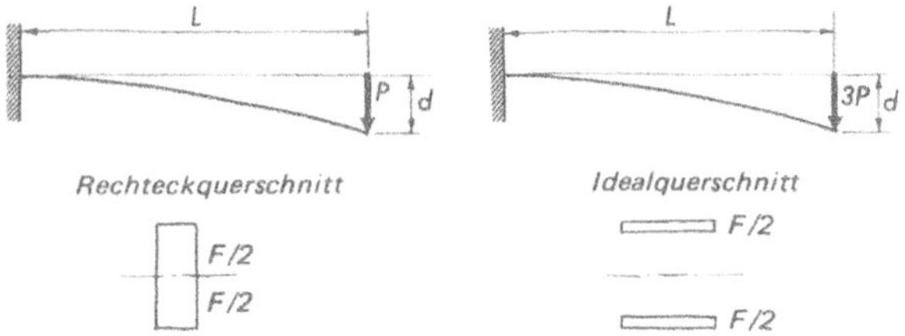

7.7 Veränderung der Tragfähigkeit entsprechend der Querschnittsform

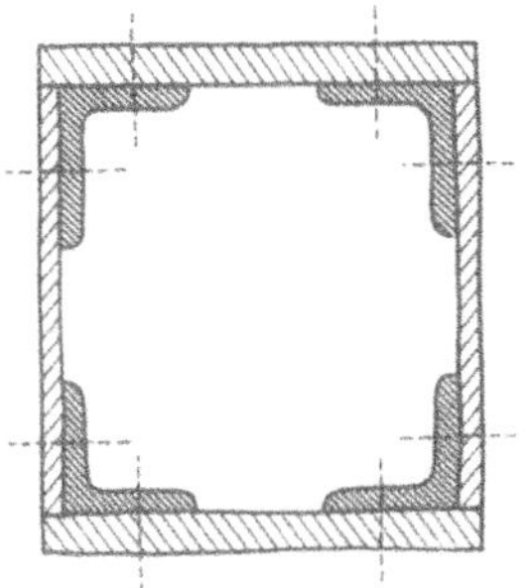

7.8 Kastenquerschnitt

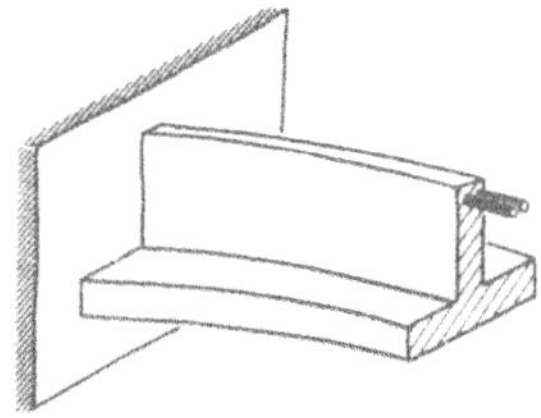

7.9 Stahlbeton-T-Querschnitt als Kragarm

Steg zugewiesen würde, läge die Biegefestigkeit beim Dreifachen von der des Rechteckquerschnitts. Dies bedeutete ein Drittel der Durchbiegung und der vorhandenen Spannungen bei gleicher Belastung oder, daß dieser Querschnitt bei gleicher Durchbiegung und gleichen Spannungen die dreifache Last aufnehmen könnte (Abb. 7.7). Der Querschnitt kann in beiden Richtungen aufgetrennt und das Material an allen Außenseiten angeordnet werden; es entsteht damit der Kastenquerschnitt, der in besonderem Maße verdrehungssteif ist (vgl. Abb. 7.8). I-Querschnitt und Kastenquerschnitt sind typisch für Materialien mit gleich großer Druck- und Zugfestigkeit. Sind diese beiden Festigkeiten verschieden groß, so führt dies logischerweise zu anderen Querschnittsformen. Beträgt etwa bei Stahlbeton die Druckfestigkeit des Betons rund ein Zwanzigstel der Zugfestigkeit des Stahls, so muß die Betondruckzone viel größer als der Zugquerschnitt des Stahls sein. Dies führt zum T- oder Plattenbalkenquerschnitt. Hier ist der waagerechte Druckflansch aus Beton, die Zugbewehrung aber ist im Steg untergebracht. Im Falle des Kragbalkens ist das Profil auf den Kopf gestellt: Der Flansch ist unten, weil die Druckzone unten liegt (vgl. Abb. 7.9). Man kann sich den bewehrten Plattenbalken auch als Rechteckquerschnitt vorstellen, bei dem die Zugzone geschrumpft ist, weil das Material eine höhere Festigkeit besitzt. Eingesetzt werden auch T-Querschnitte aus Stahl, und zwar hauptsächlich um Verbindungen zwischen Stahlprofilen zu ermöglichen (Abb. 7.10).

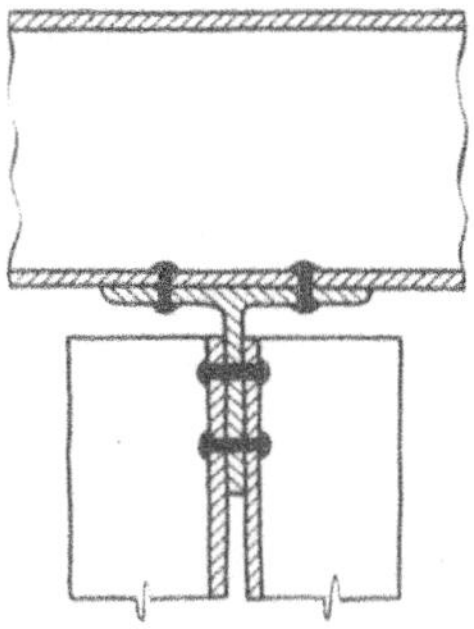

7.10 T-Profil als Verbindungsstück

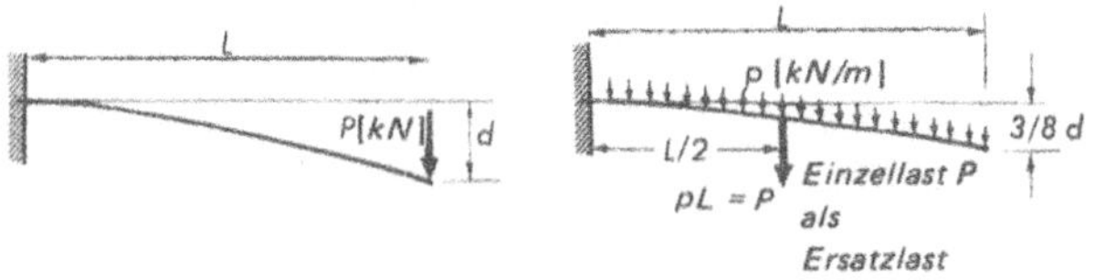

7.11 Durchbiegung bei Einzellast am Kragarmende und bei gleichförmig verteilter Last

Die Biegesteifigkeit eines Querschnitts in geometrischer Hinsicht wird durch die Größe des ***Trägheitsmoments*** bestimmt. Das Trägheitsmoment ist proportional zur Querschnittsfläche und – wichtiger – zum Quadrat der Querschnittshöhe. Durchbiegung und Spannung eines Balken sind umgekehrt proportional zu seinem Trägheitsmoment. Die Trägheitsmomente verschiedener Querschnitte und Profile können aus Tabellen abgelesen werden, so daß jeder Rechenaufwand zur Ermittlung entfällt.

Biegespannung und Durchbiegung eines Kragbalkens hängen auch von der Stellung der Last ab. Je größer der Lasthebel, desto größer auch die Druck- und Zug-, d. h. Biegespannungen; denn um das Drehgleichgewicht aufrechtzuerhalten (vgl. Abschnitt 4.2), muß das innere Moment aus der Zug- und Druckkraft genauso groß sein wie das äußere aus der Belastung (vgl. Abb. 7.5). Deshalb müssen die Spannungen dort am größten sein, wo der Lasthebel am größten ist, also an der Einspannstelle. Wird also die Einzellast am Kragarmende auf die ganze Trägerlänge verteilt, womit die Resultierende in Trägermitte läge, so würden sich die Biegespannungen auf die Hälfte und die Durchbiegung auf $\frac{3}{8}$ verringern (vgl. Abb. 7.11).
Dieser Einfluß des Lasthebels auf die Spannungen macht einen anderen Nachteil auch des I-Querschnitts deutlich. Im I-Querschnitt wird bei Biegung ein Größtmaß an Material beansprucht. Aber diese wirtschaftliche Ausnutzung der zulässigen Höchstspannungen erfolgt nur da, wo der Querschnitt auch ***am stärksten beansprucht*** wird, nämlich an der Einspannstelle. An allen anderen Stellen sind die Spannungen geringer, weil der Lasthebel kleiner ist. Die Höchstspannungen treten nur an der Ober- und Unterseite der Einspannstelle auf, alle anderen Querschnitte

über die Trägerlänge sind nicht voll ausgenutzt. Die Effektivität eines Profils kann aber dadurch gesteigert werden, daß der Trägerquerschnitt über die Länge variiert wird. Dies lohnt sich allerdings kaum bei kleinen Profilen, ist bei großen dagegen sehr zu empfehlen. Dabei besteht die Möglichkeit, entweder bei gleichbleibender Profilhöhe die Querschnittsfläche zu vergrößern, oder bei gleichbleibender Flanschfläche die Profilhöhe oder beides (Abb. 7.12). Man erreicht so, daß mit wachsendem Lasthebel entweder auch die in den Flanschen aufnehmbaren Zug- und Druck-***kräfte*** größer werden oder der ***Hebel*** zwischen ihnen oder beides. Damit ergibt sich ein Gleichgewicht ohne Vergrößerung der Spannungen. Der schräge Unterflansch ist bei Kragträgern das äußere Zeichen dafür, wie der an der Einspannstelle vergrößerte Hebel der Flanschkräfte die Hebelkraft der Last im Gleichgewicht hält.

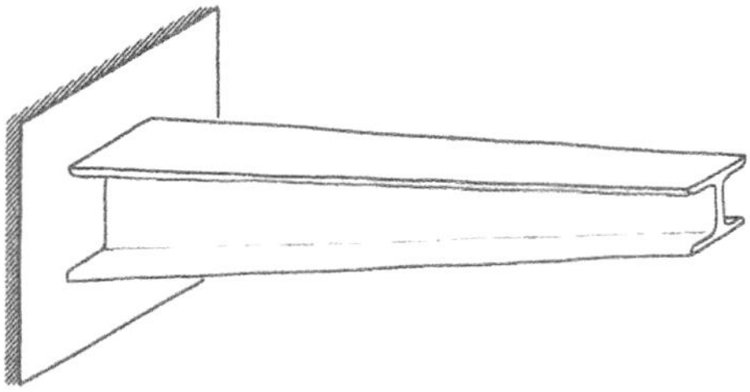

7.12 Kragträger mit Anlauf

Wann immer es baulich möglich ist, sollte ein hohes Profil mit geringer Querschnittsfläche gewählt werden. Es ist aber daran zu denken, daß dünnere, druckbeanspruchte Bauteile knick- bzw. beulgefährdet sind (vgl. Abschnitt 5.2). Wenn der Druckflansch eines I-Querschnitts zu dünn ist, kann er ausknicken. Beult der Steg in seiner Druckzone oberhalb der neutralen Achse aus, so schlägt er aus der senkrechten Ebene aus. Der Druckflansch dagegen beult in seiner eigenen, waagerechten Ebene aus, weil der Steg das sonst leichtere Ausknicken senkrecht verhindert. Die Verformung von Flansch und Steg führt zu einem Verdrehen des Querschnitts (Abb. 7.13). Dieses Ausbrechen ganzer Querschnitte wegen des Beulens in der Druckzone kann während des Montagevorgangs passieren, wenn lange I-Träger nur in der Mitte vom Kran angepackt werden und beide Hälften als Kragträger wirken. Um diese ***Biegeverdrehung*** zu verhindern, muß der Trägerquerschnitt ausreichend biege- und verdrehungssteif sein (vgl. Abschnitt 5.3).
Soweit die Biegebeanspruchung aus einer Belastung des Kragarmendes. Die Last möchte aber auch, wie in Abschnitt 5.3 bereits dargestellt, den Kragarm etwa an der Einspannstelle abscheren. Diese Scherbeanspruchung ist bei einer Belastung des Trägerendes über die ganze Länge hin gleich groß; läge die Einspannstelle näher an der Last, so hätte diese dort die gleiche Scher- oder Querkraft (Abb. 7.14). Ist die Belastung dagegen gleichmäßig über die Trägerlänge verteilt, anstatt an der Spitze konzentriert zu sein, so nimmt die Summe der Lasten in Richtung auf die Einspannstelle zu, und also auch die Scherspannung (Abb. 7.15).

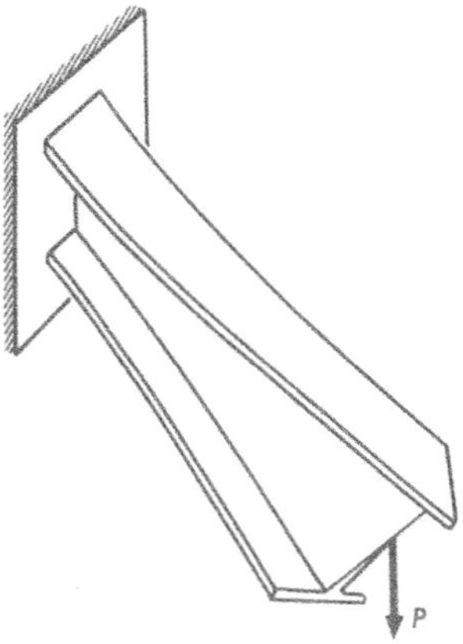

7.13 Kippen eines Kragträgers

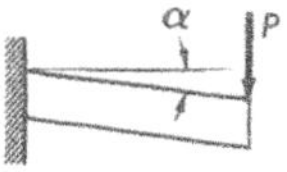

7.14 Verformung nur aus Scher- und Querkraft

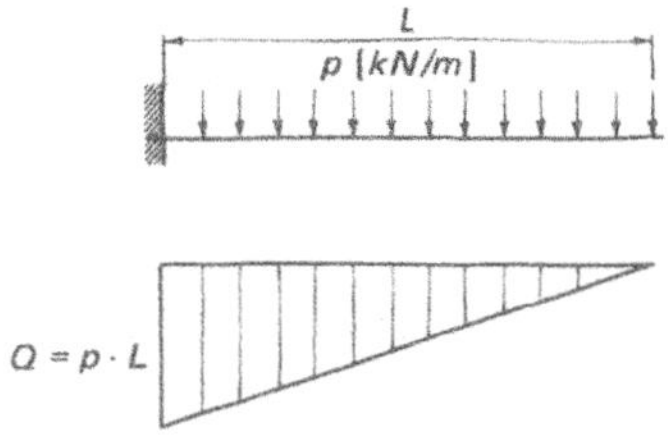

7.15 Scher- oder Querkraft bei gleichförmig verteilter Belastung

Daß diese senkrecht wirkende Scherkraft vorhanden ist, erkennt man leicht daran, daß ein senkrecht und quer zu seiner Längsachse aufgeschnittener Balken keine senkrecht wirkende Belastung aufnimmt; spannt man aber die Balkenscheiben mit einem Draht wieder so zusammen, daß ihre Reibung untereinander verhindert ist, so ist eine gewisse Tragfähigkeit wiederhergestellt. Der Leser kann entsprechend versuchen, eine Reihe Bücher zu heben: Es wird ihm nur gelingen, wenn er die Bücher mit den Händen zusammenpreßt und damit soviel Reibung zwischen ihnen herstellt, wie zur Verhinderung des Gleitens nötig ist (Abb. 7.16).

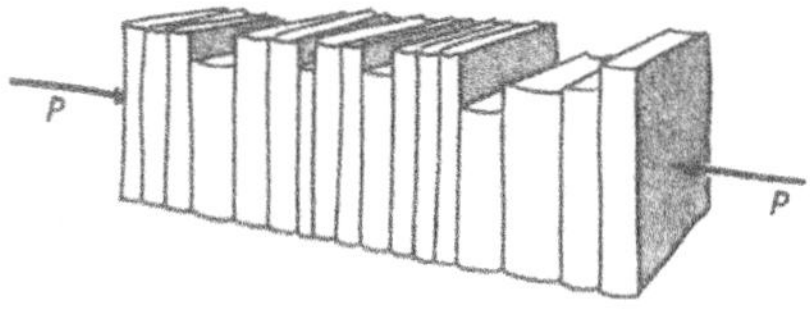

7.16 Querkraft, über Reibung aufgenommen

In Abschnitt 5.3 ist gezeigt worden, daß senkrechte Scherung immer mit waagerechtem Schub verbunden ist (vgl. Abb. 5.12). Man kann sich den Einfluß des Schubs klarmachen, wenn man sich einen Balken waagerecht in mehrere Scheiben aufgeschnitten vorstellt. Unter einer Spitzenlast erleiden diese übereinander angeordneten Einzelbalken eine erhebliche Durchbiegung, weil jeder sich gegenüber der nächsten verschieben kann (Abb. 7.17). Dieses Gleiten der einzelnen Balkenscheiben aufeinander zeigt, daß alle Fasern des Querschnitts sich in Längsrichtung gegeneinander verschieben möchten. Diese Verschiebungstendenz kann als Schubspannung aufgenommen werden, wenn man die Schichten entweder miteinander verleimt oder indem man senkrechte Dübel durch alle Schichten hindurch auf ganzer Querschnittshöhe einführt. Ist somit die Aufnahme der Schubkräfte gesichert, verhalten die Scheiben sich wie ein einziger Balken, und bei gleicher Last sind die Durchbiegungen erheblich verringert. Da das Trägheitsmoment des Rechteckquerschnitts proportional der 3. Potenz der Querschnittshöhe ist, verhält sich das Trägheitsmoment eines vollen Rechteckquerschnitts zu dem gleich hohen aus vier Scheiben wie $1 : 4\,(\frac{1}{4})^3$, d. h. $1 : \frac{1}{16}$. Der unzerschnittene Balken hat also eine 16-fach höhere Tragfähigkeit als der in vier waagerechte Scheiben geteilte (Abb. 7.17).

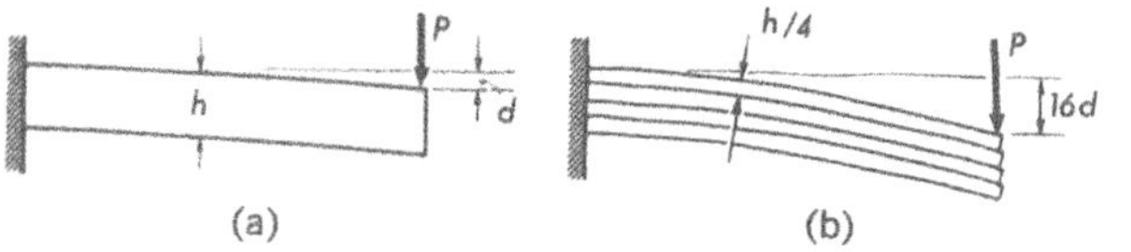

7.17 Durchbiegung eines ganzen und eines in 4 Lagen aufgeschnittenen Balkens

Die Hauptaufgabe des Stegs im I-Querschnitt besteht darin, die Schubkräfte aus den beiden Flanschen aufzunehmen. Ohne Steg würde jeder Flansch wie ein schmaler ***Einzel***balken wirken, mit dem Steg aber wirkt der Querschnitt ›monolithisch‹. Die Aufnahme der ***Schubkräfte*** über die gesamte Steghöhe ist entscheidend für das Tragverhalten der Flansche bei ***Biegung;*** Biegung und Schub treten gleichzeitig auf. Biegespannungen treten auch bei beliebigen Querschnittsformen linear verteilt auf (vgl. Abb. 7.5). Die Schubspannungen dagegen sind bei einem ***Rechteck***querschnitt

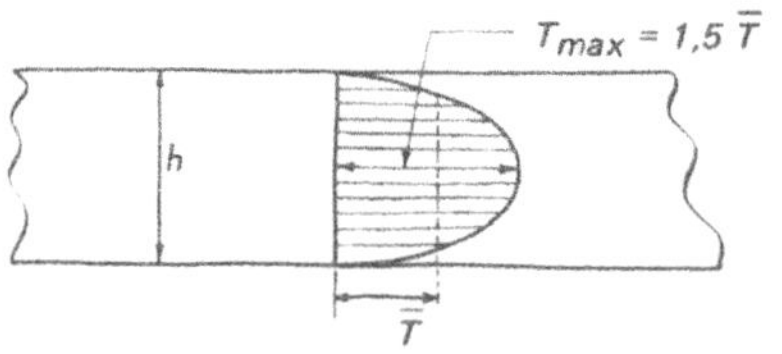

7.18 Verteilung der Schubspannung in einem Rechteckquerschnitt

parabelförmig verteilt, mit dem Höchstwert auf der Neutralachse (Abb. 7.18). Dieser Höchstwert beträgt das 1,5-fache des Durchschnittswertes, der Durchschnittswert entspricht der Last, geteilt durch die Querschnittfläche. Bei I-Profilen werden die Biegespannungen von den Flanschen, die Schubspannung vom Steg aufgenommen. Die Schubspannungen nehmen beim Kragarm in Richtung auf die Einspannstelle zu und erreichen dort gewöhnlich ihren Höchstwert (vgl. Abb. 7.15).

7.2 Gelenkig gelagerter Einfeldbalken

Ein Einfeldbalken gilt als ***gelenkig gelagert***, wenn seine beiden Enden sich an den Auflagern frei drehen können und der Balken bei der Längenveränderung unbehindert ist (Abb. 7.19).

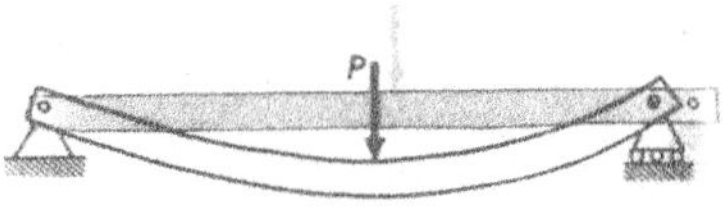

7.19 Gelenkig gelagerter Einfeldbalken

Ein gelenkig gelagerter Einfeldbalken überträgt eine mittige Last je zur Hälfte auf beide Auflager; der Balken biegt sich dabei durch. Der Querschnitt in Balkenmitte bewegt sich dabei nach unten, bleibt aber der Symmetrie wegen senkrecht. Jede Balkenhälfte kann nun als umgekehrter Kragarm angesehen werden, an seinem Ende mit der Auflagerkraft P/2 belastet (Abb. 7.20). Da die Ausbiegung des Kragarmendes proportional zur Last (Einzellast am Kragarmende) und zur 3. Potenz der Kraglänge ist (vgl. Abschnitt 7.1), läßt sich die Durchbiegung des gelenkig gelagerten Einfeldbalkens auf $\frac{1}{2} \cdot \frac{1}{8} = \frac{1}{16}$ der eines Kragarms gleicher Länge und Belastung berechnen. Die Biegespannung erreicht nur $\frac{1}{4}$ von der eines Kragarmes. Der gelenkig gelagerte Einfeldbalken ist stärker und steifer als der Kragbalken gleicher Länge: Er nimmt eine viermal so große Last auf und biegt sich dabei nur ein Viertel so viel durch.

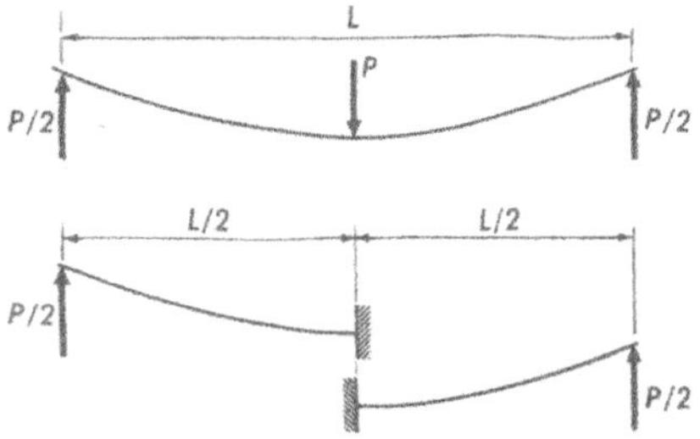

7.20 Einfeldbalken mit mittiger Einzellast

Wird die Einzellast P auf die ganze Balkenlänge aufgeteilt, so vermindern sich die Spannungen auf die Hälfte, die Durchbiegung auf $\frac{5}{8}$ der Werte für die mittige Einzellast (Abb. 7.21).

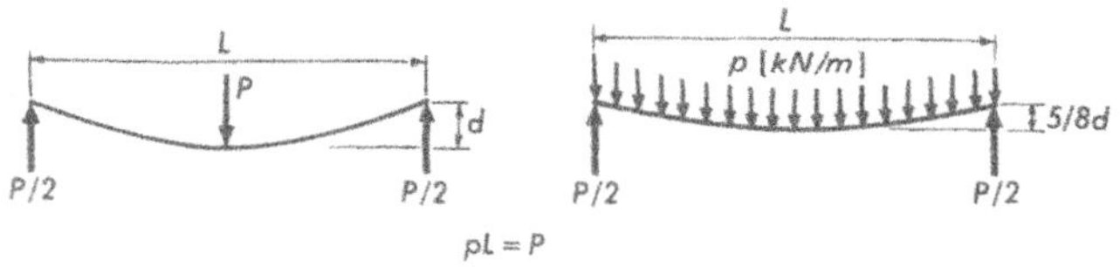

7.21 Durchbiegung bei Einzellast und bei gleichgroßer, aber verteilter Belastung

Bei gleichmäßig verteilter Belastung erreichen die Biegespannungen ihr ***Maximum*** ebenfalls in ***Balkenmitte***, weil dieser Punkt den Einspannstellen der beiden gedachten Kragarme entspricht. Der Schub erreicht sein Maximum an den Auflagern, weil die Auflagerreaktionen den von der Last heruntergedrückten Balken heraufdrücken wollen. In ***Feldmitte*** beträgt der Schub ***Null***, weil keine der gedachten Horizontalschichten sich gegen die andere verschieben möchte. Der Nullwert für den Schub an der Stelle, an der die Biegespannung ihr Maximum erreicht, ist für alle Balken typisch.

Nicht gleichförmig verteilte Lasten erzeugen ähnliche Biege- und Schubspannungen bei Einfeldbalken. Einzellasten in Auflagernähe haben wegen der verkürzten Hebellänge weniger Einfluß auf das Biegemoment, erhöhen aber einseitig die Scherkraft. Je näher eine Last an das eine Auflager heranrückt, desto mehr von der Belastung fließt in dieses, während das andere entsprechend entlastet wird (Abb. 7.22). Steht die Last unmittelbar neben dem Auflager, so ist die Scherkraft so groß wie die Last, während sie bei Laststellung in Feldmitte nur halb so groß war.

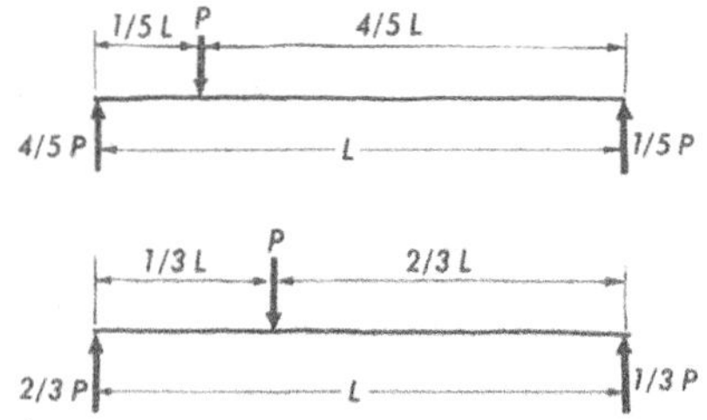

7.22 Auflagerreaktionen bei unsymmetrischen Laststellungen

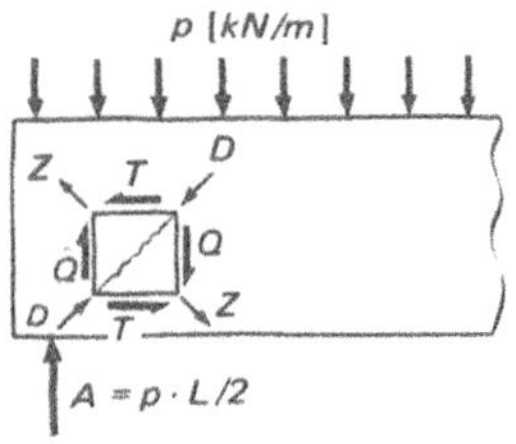

7.23 Schubrisse im Auflagerbereich

In Abschnitt 5.3 ist ausgeführt worden, daß die Schub- und Scherkräfte als Kombination aus Druck und Zug unter rechtem Winkel aufgefaßt werden können. Daß die Höchstspannungen des Schubs in der Nähe des Auflagers liegen, zeigt sich deutlich an Rissen unter 45°, die bei unzureichend schubbewehrten Stahlbetonbalken auftreten. Betrachtet man ein Balkenstück am Auflager und trägt dort die Zug- und Druckspannungen an (vgl. Abschnitt 5.3), so zeigt sich, daß die Schubrisse senkrecht zur resultierenden Zugspannung verlaufen (Abb. 7.23). Um diese Risse zu vermeiden, werden Teile der Zugbewehrung unter 45° aufgebogen; sie nehmen die Zugspannungen aus Schub auf (vgl. Abb. 7.24a). Alternativ lassen sich die Schubspannungen auch durch Zusammennähen der gedachten Balkenschichten mittels senkrecht stehender ***Bügel*** aufnehmen (Abb. 7.24b). Dünne hohe Stege können in der Nähe des Auflagers auch auf Beulen beansprucht sein, wie wellenartige Verfor-

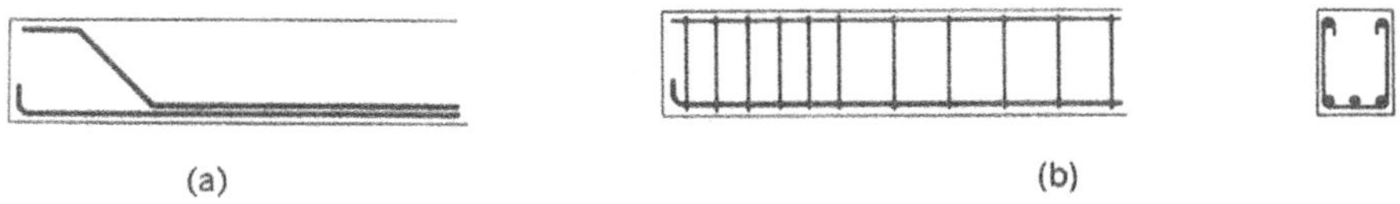

7.24 Stahlbetonbalken mit Aufbiegung bzw. Verbügelung

mungen senkrecht zur resultierenden Druckkraft des Schubs an Stahlträgern zeigen. Um solches Beulen zu verhindern, erhält der Auflagerbereich ***senkrechte Aussteifungen*** (Abb. 7.25).

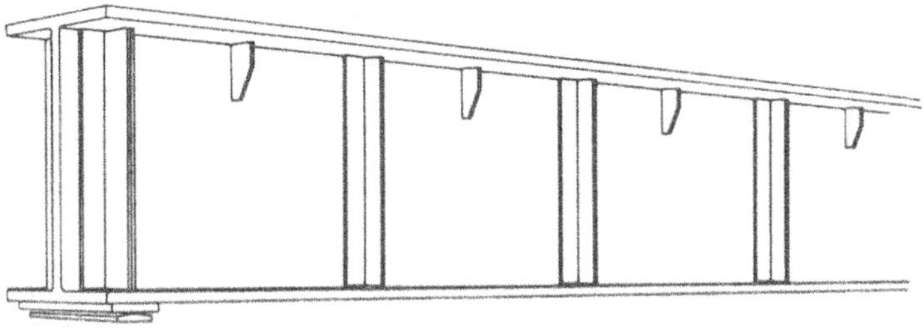

7.25 Blechträger mit senkrechten Aussteifungen

Die Bedeutung der Querschnittsform für Spannungen und Durchbiegungen ist für den gelenkig gelagerten Einfeldbalken, den Kragbalken, und alle anderen Balkenarten gleich. Kleinere Balken oder Träger haben ein durchgehendes Profil; größere erhalten meist eine Flanschverstärkung in der Mitte, wo die Biegespannungen in der Regel den Größtwert erreichen; die Balkenhöhe wird nur bei Dachträgern vergrößert. Aus einzelnen Stahlplatten zusammengeschweißte ***Blechträger*** haben veränderliche Flanschdicken. Sie werden für große Spannweiten und hohe Lasten eingesetzt (vgl. Abb. 7.25).
Gelenkig gelagerte Einfeldbalken entwickeln bei senkrechter Belastung Druck auf der Oberseite und Zug auf der Unterseite. Die Bewehrungsstähle als Zugbewehrung werden deshalb auf der Unterseite eingelegt; sie können, wenn nötig, zur Mitte hin durch Zulagen verstärkt werden (vgl. Abb. 7.24).
Bei Stahlträgern können hohe Spannungen im Druckgurt in der Gegend der Trägermitte zum Ausbeulen des Druckgurtes und des oberen Teils des Steges führen; dabei verdreht sich der gesamte Querschnitt. Eines der größten gewalzten I-Profile in den USA zum Beispiel ist ca. 0,9 m hoch und wiegt fast 450 kp/m. Dieses Profil kann, in höherwertigem Stahl, mit einer Belastung von 90 kN/m (9 Mp/m) eine Weite von

15 m überspannen. Bei der größtmöglichen Spannweite hat der Träger nur sein Eigengewicht, keine zusätzliche Belastung aufzunehmen. Bei einer zulässigen Höchstspannung von 21 kN/cm^2 (2,1 Mp/cm^2) (16 kN/cm^2 wäre ein üblicherer Wert) wäre eine Spannweite von 82 m möglich. Dabei wäre es aber notwendig, die Torsion des Trägers aus dem Beulen des Druckflansches über zusätzliche Einbauteile wie Querverbände oder Pfetten zu verhindern; könnte der Träger sich frei verdrehen, so müßte die Spannweite auf etwa 45 m zurückgenommen werden.
Die Verdrehung eines Trägers wird auch durch eine im Querschnitt nicht zentrisch angreifende Last hervorgerufen, weil sie in bezug auf den Steg einen Hebelarm besitzt (Abb. 7.26).

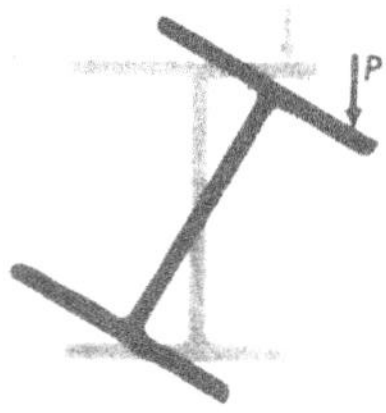

7.26 Torsion durch ausmittige Belastung

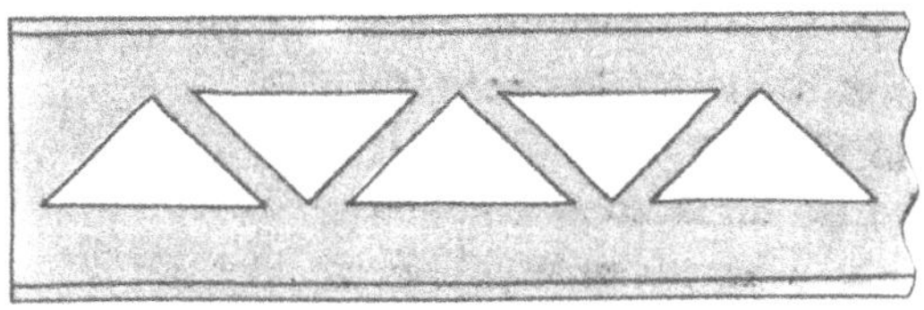

7.27 I-Träger mit durchbrochenem Steg

Weil das Material im Steg um die Nullachse herum kaum ausgenutzt ist, liegt es nahe, einen Teil davon über Öffnungen im Steg einzusparen; damit würde der Träger auch leichter (Abb. 7.27). Werden die Öffnungen größer, so wird aus dem Träger allmählich ein Fachwerkträger. In einem Fachwerk, aufgefaßt als Träger mit Öffnungen, entsprechen die Gurte den Flanschen, während die zur Aufnahme der Schubkräfte erforderlichen Diagonalen und Vertikalen als durchbrochener Steg wirken. Verstärkt man die Gurtabstände oder die Gurt-Querschnittsflächen entsprechend der Biegebelastung, und die Vertikalstäbe entsprechend der Schubbelastung, so könnten Fachwerke für ein Höchstmaß an Effizienz ausgelegt werden (Abb. 7.28). In der Praxis aber werden die Gurte meist parallel und die Vertikalstäbe in gleichen Abständen angeordnet; die Gründe hierfür liegen in der wirtschaftlicheren Fertigung.

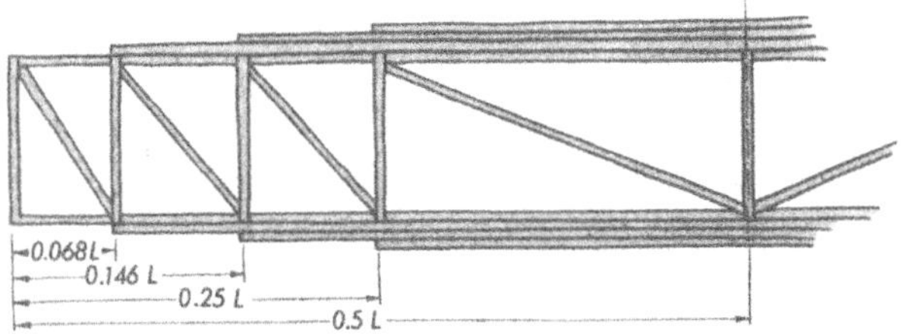

7.28 Auslegung eines Fachwerks für gleichhohe Ausnutzung aller Teile

Tragwerke müssen nicht nur Festigkeit, sondern auch Steifigkeit aufweisen. Die (DIN)-Vorschriften beschränken die zulässigen Durchbiegungen für verschiedene Bauteile auf $\frac{1}{200}$ bis $\frac{1}{1000}$ der Spannweite. Eine Blechträgerbrücke über 30 m dürfte bei Höchstlast bis zu 30 mm durchbiegen, ein Dachträger über 10 m aber bis zu 50 mm. Bei größeren Spannweiten werden Träger mit einem ***Stich*** d. h. einer Durchbiegung nach oben versehen, die die Durchbiegung aus ständiger Last kompensiert.

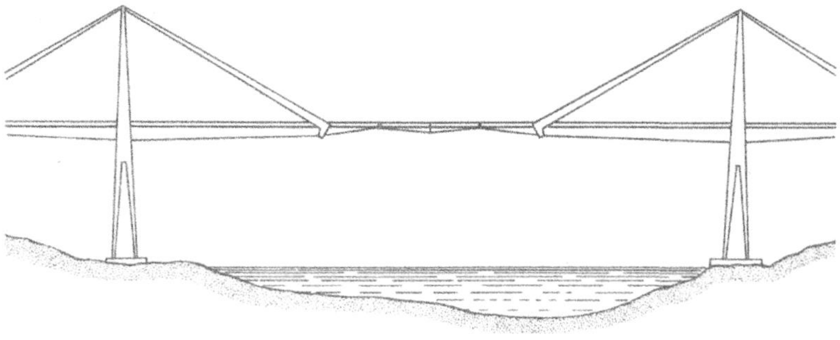

7.29 Kombination abgehängter Kragträger mit Einfeld-Zwischenträger

Bei großen Spannweiten werden oft Kombinationen von Balken mit verschiedener Auflagerung gewählt. Die Stahlbetonbrücke mit der größten Spannweite, die Maracaibo Brücke in Venezuela, von Morandi, besitzt dreipunktgestützte Hauptträger mit Kragarmen, auf denen ein gelenkig gelagerter Zwischenträger aufliegt (Abb. 7.29). Diese wirksame Kombination von zug- und biegebeanspruchten Tragegliedern erlaubt eine Spannweite von 422 m zwischen den Pylonen. Zugleich wird die Wärmedehnung über Kipplager zwischen den beiden Trägern eliminiert.

7.3 Einspannung und Durchlaufbalken

Im vorangegangenen Abschnitt ist ausgeführt worden, daß der gelenkig gelagerte Balken bei gleichförmiger Belastung kein sehr effektives Tragglied ist: Die Biegespannungen erreichen ihren zulässigen Höchstwert nur in den obersten und untersten Fasern in Feldmitte. Bei belastetem Balken laufen die Fasern überall nach oben, wobei ihre größte Krümmung in Feldmitte liegt (Abb. 7.30).

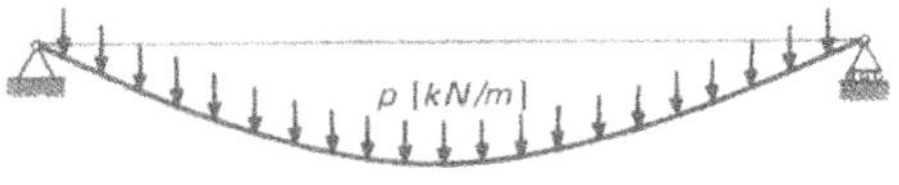

7.30 Mittendurchbiegung des Einfeldbalkens

Es ist leicht zu erkennen, daß die Effektivität des Balkens erhöht wird, wenn man beide Auflager etwas nach innen rückt, so daß an den beiden Balkenenden Kragarme entstehen. Die Belastung der Kragarme gleicht nun die Belastung des Feldes zwischen den Auflagern aus. Die Durchbiegung in Feldmitte ist verringert; die Krümmungskurve über den Auflagern ist negativ, kann aber im Feld positiv sein (Abb. 7.31b und c).

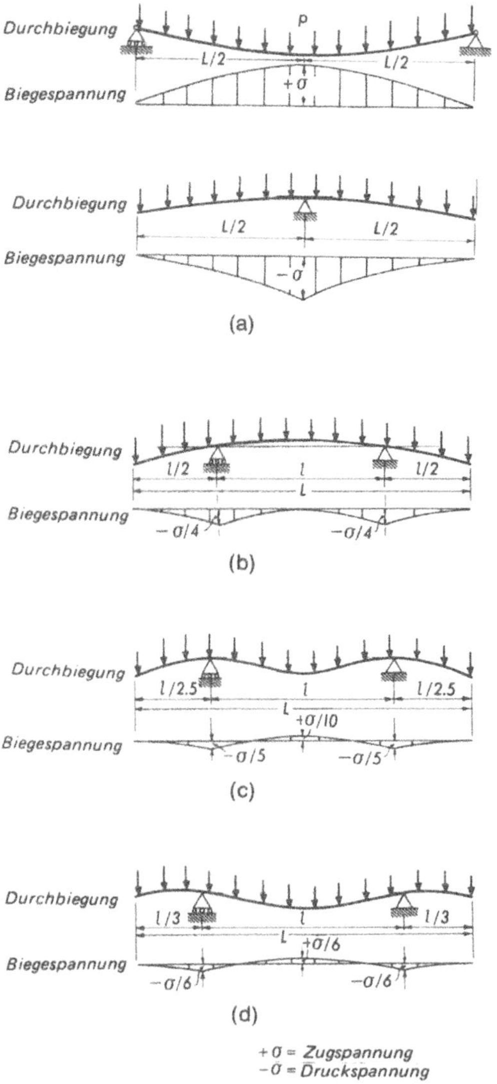

7.31 Einfeldbalken und Balken mit beiderseitigem Kragarm: Durchbiegung, und Spannung auf der Balkenunterseite

Es ist interessant, das Verhalten des Balkens bei sich verkürzender Kragarmlänge zu verfolgen. Fallen beide Auflager in Feldmitte zusammen, so bildet jede Balkenhälfte einen Kragarm mit durchgehend fallender Krümmungskurve. Die größten Biegespannungen treten am Auflager in Feldmitte auf; sie sind genauso groß wie die in Feldmitte des gelenkig gelagerten Einfeldbalkens gleicher Gesamtlänge, besitzen demgegenüber aber ein negatives Vorzeichen (Abb. 7.31a).
Verhält sich die Kraglänge zur Feldlänge wie 1 : 2, so ist die Durchbiegung im Mittelfeld gering, aber nach oben gerichtet, der Balken hat eine durchgehende Abwärtskrümmung. Die Höchstwerte der Biegespannungen treten über den Auflagern auf, sie betragen aber nur etwa $\frac{1}{4}$ von denen beim endgestützten Balken (Abb. 7.31b).
Verhält sich die Kraglänge zur Feldlänge etwa wie 1 : 2,5, so befinden sich die ***anteiligen Balkenabschnitte*** über dem Auflager ***im Gleichgewicht***. Die Biegespannungen über dem Auflager sind etwa doppelt so hoch wie in Feldmitte, sie betragen aber nur etwa $\frac{1}{5}$ von denen beim endgestützten Balken (Abb. 7.31c).
Verhält sich die Kraglänge zur Feldlänge wie 1 : 3, so sind die Biegespannungen über dem Auflager und in Feldmitte ***gleichgroß***, besitzen über verschiedene Vorzeichen; sie betragen nur etwa $\frac{1}{6}$ von denen beim endgestützten Balken (Abb. 7.31d). Dies ist der ***niedrigste*** erreichbare Spannungshöchstwert.

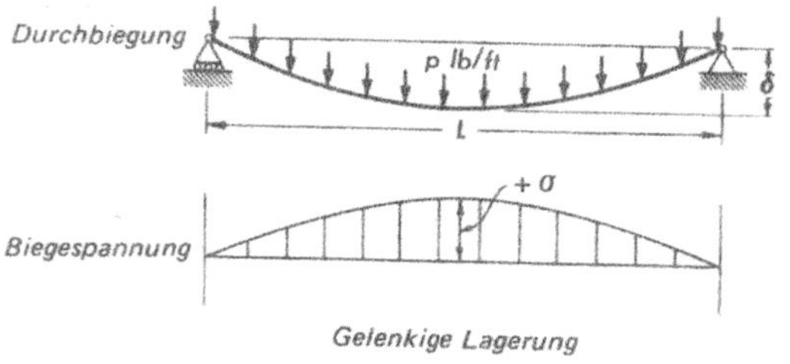

(a)

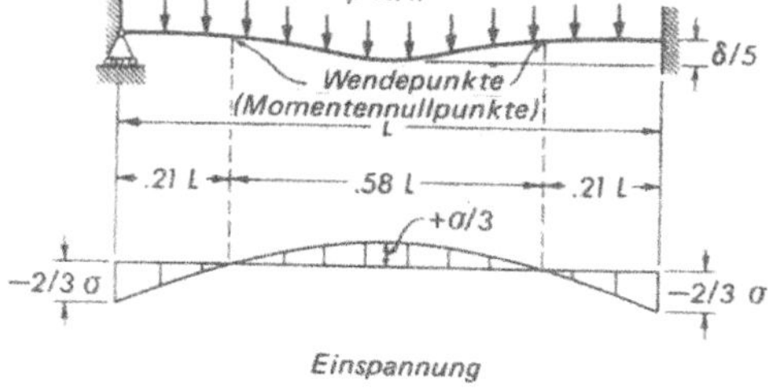

(b)

7.32 Gelenkig gelagerter und beidseitig (längsverschieblich) eingespannter Einfeldbalken:
Durchbiegung, und Spannung an der Balkenunterseite

Sind die Balkenenden in ein ***steifes*** Element eingespannt und ist ihre Verdrehung, nicht aber ihre waagerechte Annäherung aneinander damit verhindert, so verhält sich dieser Balken wie der mit den beiden Kragarmen im Verhältnis 1 : 2,5 (vgl. Abb. 7.31c). Dieser ***eingespannte***, gleichförmig belastete Einfeldbalken weist Höchstwerte der Biegespannung an den Einspannstellen auf. Diese Spannungen sind doppelt so hoch wie in Feldmitte, sie betragen aber nur $\frac{2}{3}$ von denen beim endgestützten Balken (Abb. 7.32). Vorausgesetzt, der Träger kann an Ober- und Unterseite sowohl Zug- als auch Druckspannungen aufnehmen, so kann dieser Balkentyp, sofern die Schubkräfte aufgenommen werden, ***50 % mehr Belastung*** tragen als ein gelenkig gelagerter. Außerdem ist der eingespannte Balken ***fünf mal steifer***; seine Durchbiegung in Feldmitte beträgt nur $\frac{1}{5}$ von der des gelenkig gelagerten Balkens. Bei eingespannten Balken in Stahlbeton liegt die Zugbewehrung im Feld auf der Unterseite, an den Auflagern aber auf der Oberseite (Abb. 7.33).

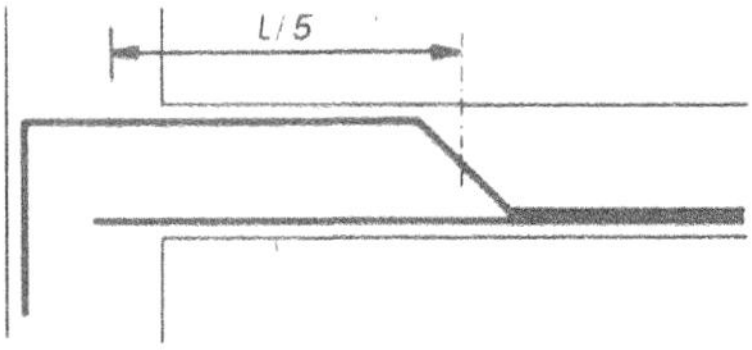

7.33 Eingespanntes Auflager eines Stahlbetonbalkens

Die Krümmungslinie wechselt an zwei Punkten, den ***Wendepunkten***, ihre Richtung von abwärts nach aufwärts. An diesen Punkten erreichen die Biegespannungen den Nullwert und kehren sich um (vgl. Abb. 7.32b). Das Fehlen von Biegespannungen bedeutet, daß der Balken in diesen Punkten auch gelenkig aufgelagert sein könnte, da die Biegespannungen am Ende des gelenkig gelagerten Einfeldbalkens gleich Null sind. Der beidseitig eingespannte Balken ist deshalb mit einem gelenkig gelagerten ***kürzerer*** Spannweite und mit Kragarmen an beiden Seiten zu vergleichen. Dies macht seine größere Belastbarkeit und Steifigkeit aus (vgl. Abb. 7.32).
Eingespannte Balken besitzen außerdem den Vorzug, im Druckbereich knicksteifer zu sein. Während die Druckzone des gelenkig gelagerten Balkens auf ganze Länge druck- und damit knickbeansprucht ist, beträgt beim eingespannten Balken die Knicklänge nur 58 % der Balkenlänge für die Druckzone des Feldes und 42 % für die der Auflager. Da die Knicklast umgekehrt proportional zum Quadrat der Knicklänge ist, besitzen der eingespannte Balken und entsprechend die eingespannte Stütze eine Knicksteifigkeit, die vier mal höher ist als die gelenkig gelagerter Stützen oder Balken (vgl. Abschnitt 5.2).
Der Widerstand gegen ***seitliches*** Ausbeulen ist umgekehrt proportional zur Balkenlänge zwischen den Wendepunkten. Ein eingespannter Balken ist nur zwei mal steifer gegen seitliches Ausbeulen als ein sonst gleicher gelenkig gelagerter Balken. Gelenkige Lagerung und Einspannung bilden die beiden Extremfälle der Auflager-

bedingungen. Der eine erlaubt eine vollständige Verdrehung der Balkenenden, der andere verhindert sie. In der Praxis aber tauchen meist Zwischenbedingungen auf: Die Wand, in die das Trägerende eingespannt ist, erlaubt vielleicht eine kleine Verdrehung, oder der Balken ist ein ***Durchlaufbalken***, d. h. er besitzt mehr als zwei Auflager. In diesem Fall würde der Balken sich in jedem Feld wie ein Einfeldbalken verhalten, wenn er vom Nachbarfeld abgetrennt wäre (Abb. 7.34a). Läuft der Balken aber durch, so kehrt sich die Krümmung über den Auflagern um, womit die Verdrehung der Endquerschnitte benachbarter Felder verhindert wird (Abb. 7.34b). In Abhängigkeit von variierenden Verhältnissen von Spannweiten zu Steifigkeiten in den einzelnen Feldern sind die Verdrehungen der Endquerschnitte unterschiedlich, und jeder Balken weist Spannungen und Durchbiegungen auf, die einer Auflagerung zwischen gelenkig und eingespannt entsprechen.

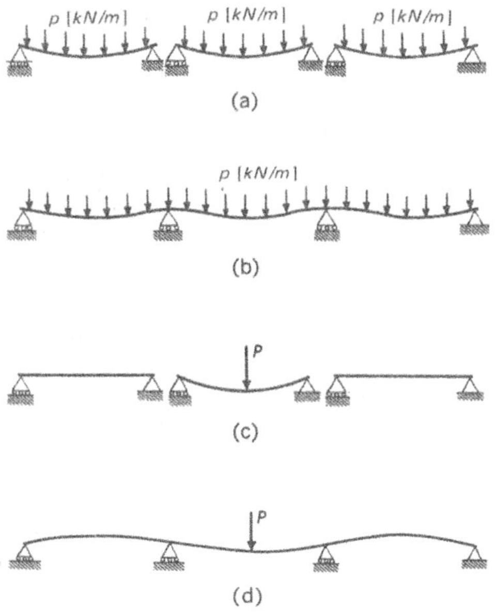

7.34 Durchlaufbalken

Mehrfeldbalken besitzen wegen der Durchlaufwirkung eine neue Eigenheit. Wäre jedes Feld mit einem gelenkig gelagerten Einfeldbalken überspannt und dabei nur ein Feld belastet, so würde diese Belastung durch die Biege- und Schubspannung nur dieses Balkens aufgenommen (Abb. 7.34c). Die Durchlaufwirkung aber bedeutet eine Einspannung der Balkenenden, womit Biege- und Schubspannungen in die unbelasteten Nachbarfelder weitergeleitet werden. So ist durch Weiterleitung der Last der ganze Balken an der Tragwirkung beteiligt (Abb. 7.34d).

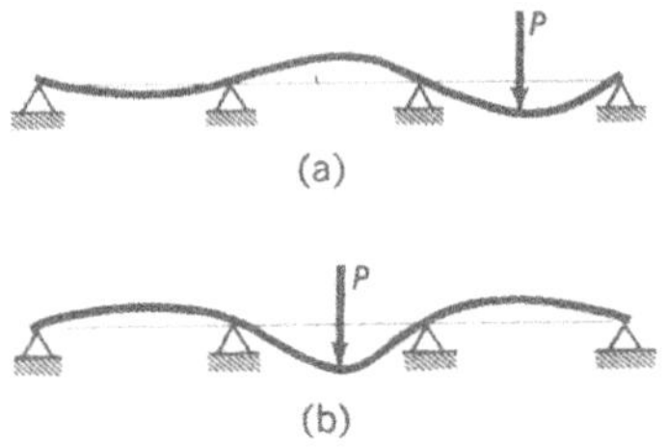

7.35 Veränderungen der Biegelinie bei Durchlaufbalken

Die weitergeleiteten Spannungen klingen jedoch ab, je weiter der dazugehörige Querschnitt vom Punkt der Lasteinleitung entfernt ist. Die Krümmung des Balkens ist am stärksten direkt *unter* der Last; sie wird durch die Auflager gedämpft und ist schon zwei oder drei Felder weiter praktisch bedeutungslos (Abb. 7.35a). Die Durchlaufwirkung erhöht die Aufnahmefähigkeit für Einzellasten, doch wird dieser Effekt in den Nachbarfeldern schnell abgebaut.
Schließlich sei noch erwähnt, daß bei Durchlaufbalken je nach Laststellung die Balkenkrümmung nach unten und nach oben möglich ist (Abb. 7.35b). Durchlaufbalken aus Stahlbeton müssen deshalb auf der Ober- und Unterseite bewehrt werden, wenn Wechsellasten in einzelnen Feldern auftreten, wie z. B. Fahrlasten bei Brücken.

7.4 Sekundär-Biegespannungen

Zug- oder Druckspannungen, die ***gleichförmig*** über den Querschnitt verlaufen, sind im Gegensatz zu Biegespannungen die linear von einem Druckmaximum zu einem Zugmaximum wechseln ***einfache Spannungen.*** Einfache Spannungen erlauben eine bessere Ausnutzung des Materials als Biegespannungen, weil sie alle Fasern des Querschnitts gleich hoch belasten. Fachwerkstäbe sind über den ganzen Querschnitt genutzt, weil sie nur einfache Zug- oder Druckspannung erhalten.

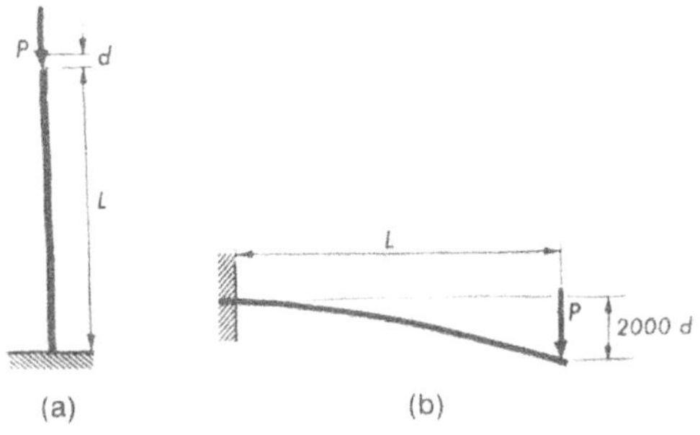

7.36 Längenänderung einer Stütze und Ausbiegung eines Kragbalkens

Charakteristisch für einfache Spannungen ist, daß sie Verformungen hervorrufen, die im Vergleich zu Biegeverformungen äußerst gering sind. Die Verkürzung etwa eines Lineals unter einer Drucklast kann mit bloßem Auge nicht festgestellt werden (Abb. 7.36a); aber das Ausbiegen des freien Endes unter der gleichen Last von der Seite ist durchaus sichtbar (Abb. 7.36b). Die Biegeverformung ist oft zwei- oder dreitausend mal größer als die Druckverformung unter der gleichen Last; ein Tragglied ist also viel steifer auf Zug oder Druck als auf Biegung.
Leider sind reine Zug- oder Druckglieder in der Praxis selten, wie sogar das Beispiel eines einfachen Fachwerks zeigt.

Das Fachwerksdreieck in Abb. 7.37 ist an seiner Spitze mit einer Einzellast belastet, die als Zug im schrägen und als Druck in dem waagerechten Stab aufgenommen wird. Einfache Spannungen entstehen in den Stäben aber nur, wenn diese an den Enden frei drehbar angeschlossen sind. Bei Einspannung aber würde sich zum Beispiel der untere Stab wie ein Kragbalken verhalten und einen Teil der Last über Biegung aufnehmen (Abb. 7.38). Der Idealfall wäre, daß die Fachwerksstäbe allseitig über ***drehbare Bänder*** wie bei Türen abgeschlossen wären.

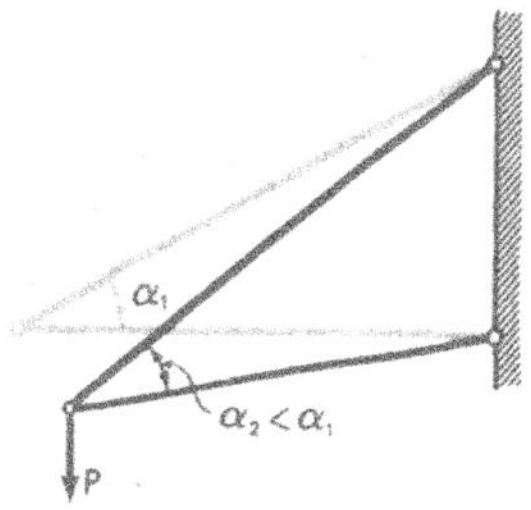

7.37 Gelenkiges Kragdreieck

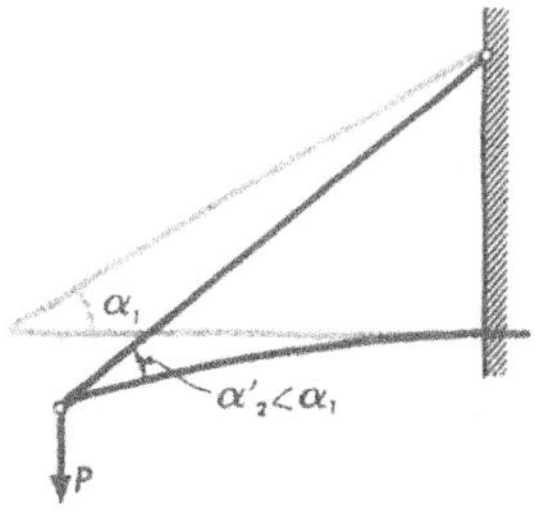

7.38 Gelenkiges Kragdreieck, mit Biegung aus Einspannung

An einigen Fachwerkbrücken des 19. Jahrhunderts sind die Stäbe tatsächlich drehbar angeschlossen worden. Witterung, Rost und Farbe haben die drehbaren Verbindungen jedoch bald blockiert; bei modernen Fachwerken sind die Stäbe über Bolzen oder Schweißnähte fest angeschlossen, um hohe Wartungskosten zu vermeiden. Auch wenn man die kleinen Biegespannungen aus dem Eigengewicht der Stäbe vernachlässigt, ist leicht zu erkennen, daß durch die feste Verschweißung oder Verbolzung der Stäbe zusätzliche Biegebeanspruchungen eingeführt werden. Beim Fachwerksdreieck in Abb. 7.37 verlängert sich bei Belastung der obere und verkürzt sich der untere Stab. Wären die beiden Stäbe gelenkig miteinander verbunden, so könnten sie sich gegeneinander verdrehen, wobei der eingeschlossene Winkel verkleinert würde (vgl. Abb. 7.37). Die steife Verbindung durch Bolzen oder Schweißen aber verhindert diese Winkelveränderung. Als Folge davon aber entsteht in den Stäben eine Biegespannung. Solche Sekundär-Biegespannungen können bis zu 20 % der einfachen Spannungen erreichen (Abb. 7.39).

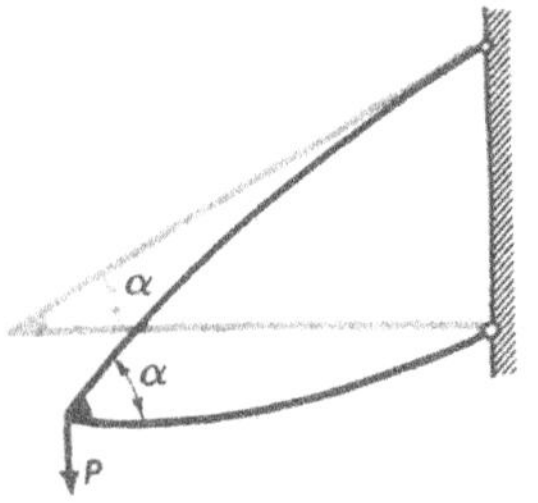

7.39 Gelenkiges Kragdreieck, mit Biegung aus steifer Ecke

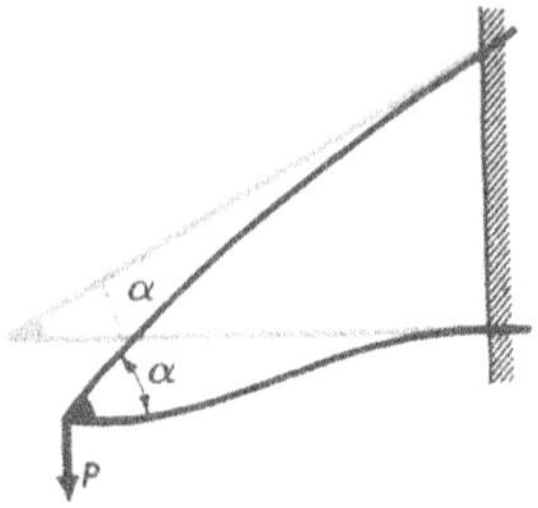

7.40 Gelenkiges Kragdreieck, mit Biegung aus steifer Ecke und Einspannung

Aus der Verbiegung von Fachwerkstäben läßt sich immer auf Sekundär-Biegespannungen schließen. Beim Durchlaufträger auf 4 Stützen, mit Belastung nur im Mittelfeld, zeigt die Verformung, daß die Biegespannung im Bereich der Belastung Druck auf der Oberseite und Zug auf der Unterseite hervorruft. In der Nähe der Auflager und in den Nachbarfeldern sind die Vorzeichen umgekehrt (vgl. Abb. 7.35b). Im Fachwerksdreieck mit fest ausgebildeter Spitze entstehen ähnlich Zugspannungen auf der Außenseite und Druckspannungen auf der Innenseite der Stäbe, wenn diese gelenkig an der Seitenwand befestigt sind (vgl. Abb. 7.39). Sind die Auflager aber eingespannt, so verhält sich der waagerechte Stab wie ein Kragbalken mit einem Biegemoment an seinem Ende; dabei wechseln die Zug- und Druckspannungen auf der Ober- und Unterseite (Abb. 7.40).

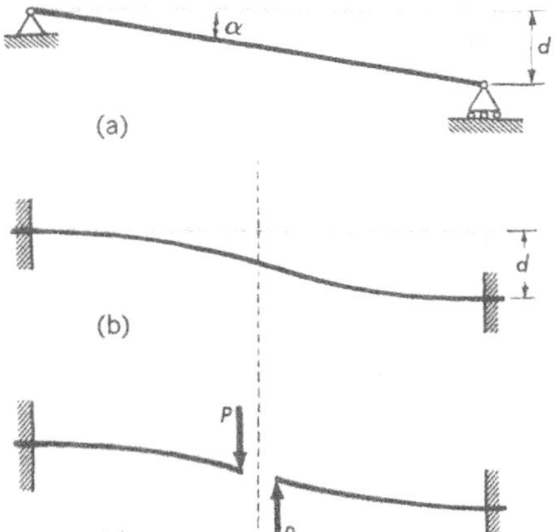

7.41 Ungleiche Auflagersenkung bei gelenkiger Lagerung und bei Einspannung

Das Bild der Verbiegung ist sehr nützlich, um sich die Art der eingeschlossenen und nicht-lastbedingten Spannungen klar zu machen. Hierher gehören auch Spannungen aus ungleicher Setzung des Gebäudes (vgl. Abschnitt 2.5). Wenn sich bei einem Einfeldbalken mit gelenkiger Lagerung das rechte Auflager stärker senkt als das linke, kann sich der Balken durch Drehung um seine Auflager der neuen Situation anpassen; er neigt sich zwar, bleibt aber gerade und ohne zusätzliche Spannungen (Abb. 7.41a). Sind die Balkenauflager aber eingespannt, so ist ihre Verdrehung verhindert, und der Balken muß eine Biegung aufnehmen (Abb. 7.41b). Die Krümmungslinie hat dabei in Feldmitte ihren Wendepunkt, hier entstehen keine Biegespannungen. Jede Hälfte des eingespannten Balkens verhält sich so, wie sich zwei Kragarme unter Spitzenlast verhalten (Abb. 7.41c).

Neben den Vorzügen des eingespannten Balkens werden damit auch Nachteile sichtbar: Eingespannte Balken sind empfindlich gegen Setzungen, die oft unvorhersehbar sind. Besteht eine solche Gefahr ungleicher Setzung, dann sollte ein Tragwerk gewählt werden, das sich diesen ohne Zusatzspannungen anpaßt.

Dieselben Überlegungen gelten für ***Verformungen aus unterschiedlichen Temperaturen***. Bei sehr hohen Gebäuden können die außenliegenden Stützen bei steigenden Außentemperaturen im Gegensatz zu denen im klimatisierten Innenbereich ›wachsen‹. Die Auflager der Deckenbalken in den äußeren Feldern erhalten damit unterschiedliche Höhen, wobei zusätzliche Biegespannungen entstehen (Abb. 7.42). Auch hier wäre ein anpassungsfähiges Tragsystem angebracht, weil es weniger Zusatzspannungen entstehen läßt als ein steifes.

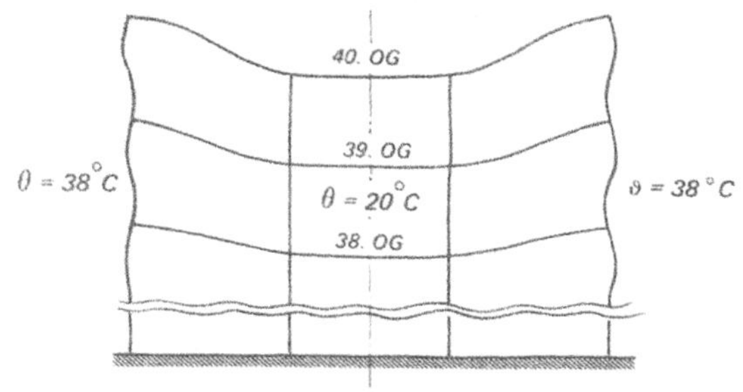

7.42 Thermische Verformung eines tragenden Gerüsts

Sowohl Steifigkeit als auch Anpassungsfähigkeit behaupten im Bauen ihren Platz. Beide müssen bei der Art der Belastung berücksichtigt werden. Steifigkeit empfiehlt sich bei Lasten, Anpassungsfähigkeit dagegen bei Verformungen.

8 Rahmen und Bögen

8.1 Balken und Stützen

Seit Urzeiten haben Menschen sich vor dem Klima durch Wand und Dach geschützt. In vorgeschichtlicher Zeit waren Wände und Dächer aus demselben Baustoff; zwischen Tragwerk und schützender Fläche wurde dabei kaum unterschieden. Die Trennung dieser Aufgaben – Tragen und Schützen – führt zum einfachsten ›Rahmen‹-System: Balken und Pfosten (Abb. 8.1).

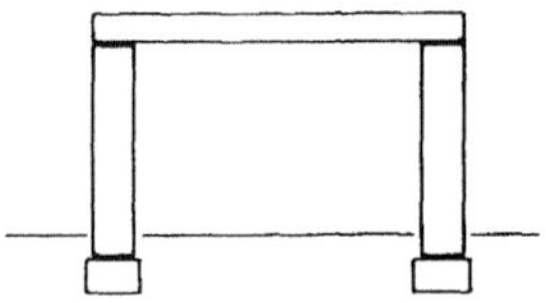

8.1 Balken- und Stützensystem

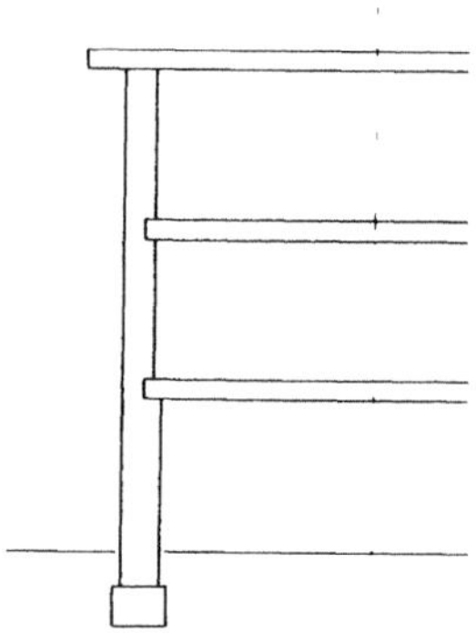

8.2 wie vor, mehrgeschossig

Der ***Balken*** ist hier auf zwei Pfosten gelenkig gelagert und trägt die Dachlast. Die ***Pfosten*** stehen senkrecht und werden auf Druck beansprucht. Die Pfosten werden zusätzlich durch Wind waagerecht belastet. Diese Windbelastung wird von Holzpfosten oder Stahlstützen über Biegung aufgenommen, von gemauerten oder steinernen Pfeilern über ihr Eigengewicht. Ferner muß das Dach gegen Abheben durch Wind gesichert werden.

Das Gewicht von Wänden und Dach wird über Verbreiterungen, ***Fundamente*** in den Baugrund eingetragen. Damit wird erreicht, daß die Zusammendrückung des Bodens gering bleibt (vgl. Abb. 8.1). Wände und Fundamente sind druckbelastet, und das ist das Wesentliche an diesem System.

Balken- und Pfostensysteme können aufeinander gesetzt werden, und so lassen sich mehrgeschossige Gebäude errichten. Die Stützen, Pfeiler oder Mauern, auf denen die Decken auflagern, erreichen in diesem Fall die Höhe des ganzen Hauses (Abb. 8.2).

Dieses System für senkrechte Lasten ist jedoch weniger geeignet für waagerechte Belastungen; schweren Stürmen und Erdbeben hält es nicht stand. Dies liegt daran, daß Mauerwerk zur Aufnahme von Biegespannungen ungeeignet ist und deshalb feste Verbindungen zwischen den waagerechten und den senkrechten Teilen schwierig herzustellen sind.

8.2 Der einfache Rahmen

Das Tragverhalten des Balken-Stützen-Systems ändert sich erheblich, wenn beide Teile biegesteif sind und miteinander steif verbunden werden. Dieses neue Tragwerk, der ***Zweigelenkrahmen***, verhält sich steif in jeder Richtung und nimmt höhere senkrechte und waagerechte Kräfte auf als das Balken-Stützen-System (Abb. 8.3).

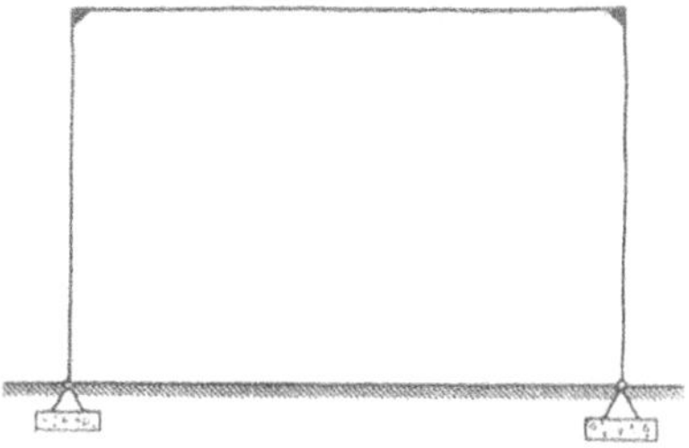

8.3 Zweigelenkrahmen

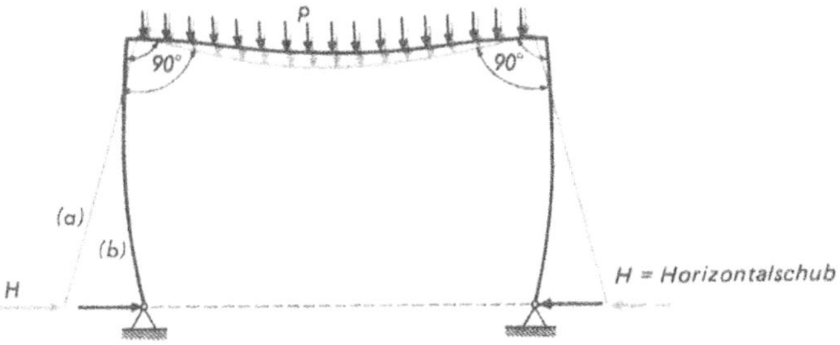

8.4 Verformung des Zweigelenkrahmens

Bei gleichförmig verteilter Belastung biegt sich der Balken im Balken-Pfosten-System durch, wobei seine Enden sich an beiden Auflagern frei verdrehen. Die Stützen oder Wände bleiben dabei senkrecht stehen. Um die Tragwirkung des steifen Rahmens bei gleicher Belastung zu verstehen, stelle man sich zunächst den Riegel als gelenkig gelagerten Einfeldbalken vor. An die sich verdrehenden Enden dieses Riegels sind die senkrechten Stiele des Rahmens biegesteif angeschlossen, so daß sie sich bei Verdrehung der Riegelenden nach außen spreizen (Abb. 8.4a). Um die Stiele jetzt wieder in ihre Ausgangsstellung zu bringen, müßten sie an ihrem unteren Ende von einer Horizontalkraft zusammengedrückt werden; dabei würde am oberen Ende die steife Ecke zwischen Stiel und Riegel teilweise zurückgedreht werden. Nach Zurückdrücken der Stiele in die Ausgangsposition stehen sie und der Rahmenriegel unter Biegespannung (Abb. 8.4b). Der Riegel hat demnach teilweise eingespannte Enden, er verhält sich wie das belastete Mittelfeld eines Durchlaufbalkens auf drei Stützen (vgl. Abb. 7.35b).

Drei Konsequenzen aus dieser steifen Verbindung von waagerechten und senkrechten Traggliedern sind sofort erkennbar:

a) Der Riegel hat teilweise eingespannte Enden; er ist dadurch steifer und kann eine höhere Biegebelastung aufnehmen (vgl. Abschnitt 7.3).
b) Die Stiele erhalten nicht nur senkrechte Druckbelastung aus Eigengewicht und Überbau, sondern außerdem Biegespannung aus der Durchlaufwirkung des Riegels.
c) Das Neue an Rahmen ist die ***Horizontalkraft*** in Auflagerhöhe; sie hält die Stiele in ihrer Ausgangsposition und stellt über Biegung in den Stielen das Gleichgewicht mit den senkrecht wirkenden Lasten her.

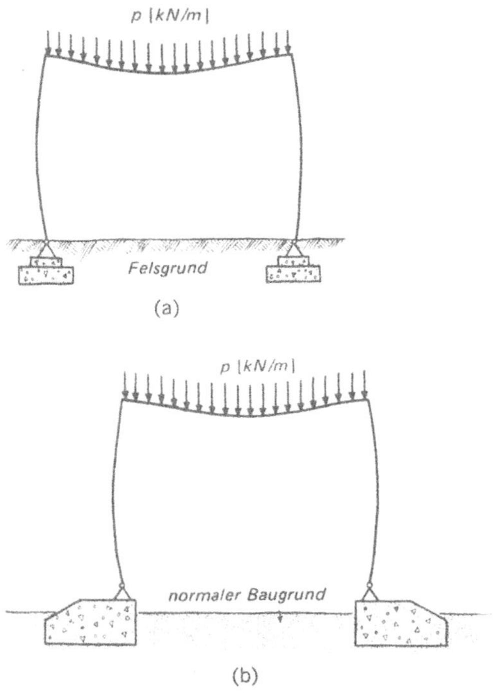

8.5 Möglichkeiten der Schubaufnahme

Die Horizontalkraft ist für Rahmen typisch. Sie kann, als Auflagerreaktion, durch den Widerstand des Baugrunds gegen seitliche Verschiebungen, etwa durch felsigen Grund, erzeugt werden (Abb. 8.5a). Das gleiche bewirken aber auch schwere Fundamentblöcke (Abb. 8.5b), oder ein Zugband, das die Spreizung der Rahmenstiele unter senkrechter Last ebenfalls verhindert (Abb. 8.5c).

Die Rahmenstiele erhalten zugleich Druck und Biegung. Die Biegung erzeugt auf der Innen- bzw. Außenseite des Querschnitts eine linear über seine Höhe verteilte Zug- bzw. Druckspannung; beide Werte sind gleich groß. Der Druck erzeugt eine den ganzen Querschnitt gleichmäßig erfassende Druckspannung. Bei der Überlagerung der Spannungen aus Druck und Biegung addieren sich die Druckspannungen und subtrahiert sich die Zugspannung auf der Gegenseite: Es entsteht eine trapezförmige Spannungsfigur (Abb. 8.6a).

Im Rahmenriegel dagegen ist der Spannungsanteil aus Biegung größer als der aus Druck aus der Horizontalkraft. Deshalb bleiben auf eine bestimmte Länge die Zugspannungen erhalten (Abb. 8.6b).

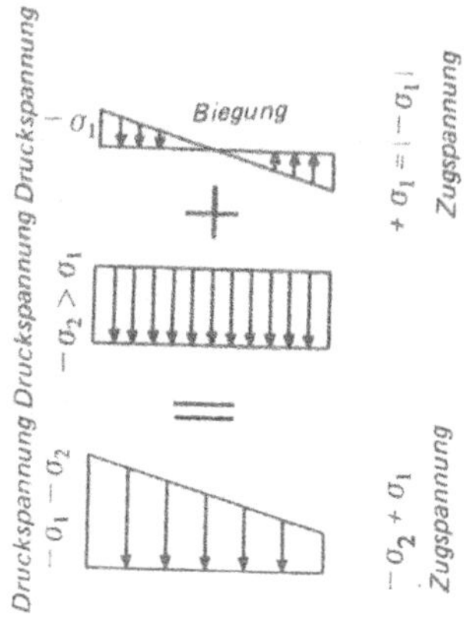

8.6a Addition (Überlagerung) von Biege- und Druckspannungen in Rahmenstielen

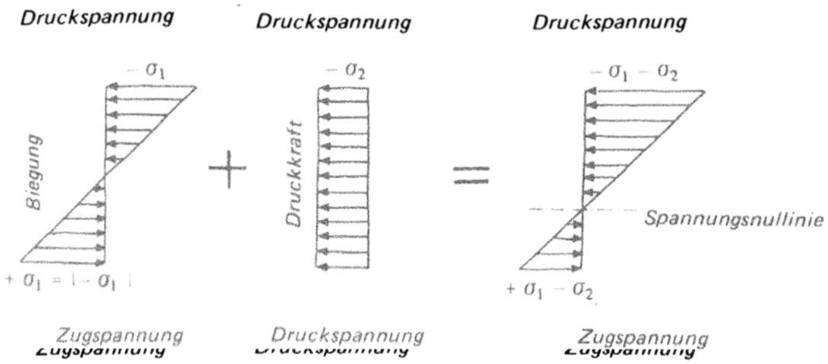

8.6b Addition von Biege- und Druckspannungen im Rahmenriegel

Die Rahmenstiele können unten ›gelenkig aufgelagert‹ oder ›eingespannt‹ sein. Stahlrahmen können mit einem echten gelenkigen Auflager (Abb. 8.7a) oder entsprechend gesetzten Ankerbolzen versehen werden. Bei Stahlbetonrahmen wird eine Art Gelenk durch Kreuzführung der Stahleinlagen erreicht, wodurch der Biegewiderstand des Querschnitts verringert wird (Abb. 8.7b). Die Verformung des gelenkig gelagerten Rahmens bei senkrechter Belastung zeigt, daß seine Stiele auf der Außenseite in der Regel geringere Druckspannungen aufweisen als auf der Innenseite (vgl. Abb. 8.4 bei b).

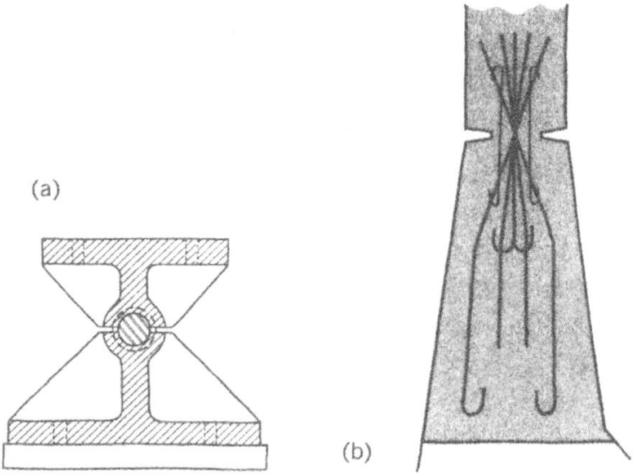

8.7 Gelenkausbildung in Stahl und Stahlbeton

Sind die Rahmenstiele dagegen eingespannt, so zeigt sich am Verformungsbild, daß sie einen Wendepunkt der Krümmung besitzen (Abb. 8.8). Da die Biegespannung am Wendepunkt wegen Vorzeichenwechsels den Nullwert erreicht, kann der Wendepunkt als gelenkiges Auflager angesehen werden. Der eingespannte Rahmen entspricht deshalb einem gelenkig gelagerten mit kürzeren Stielen und ist deshalb steifer. Die Horizontalkraft des eingespannten Rahmens ist ***größer*** als die des gelenkig gelagerten, weil die analog kürzeren und steiferen Stiele eine größere Rückstellungskraft erfordern.

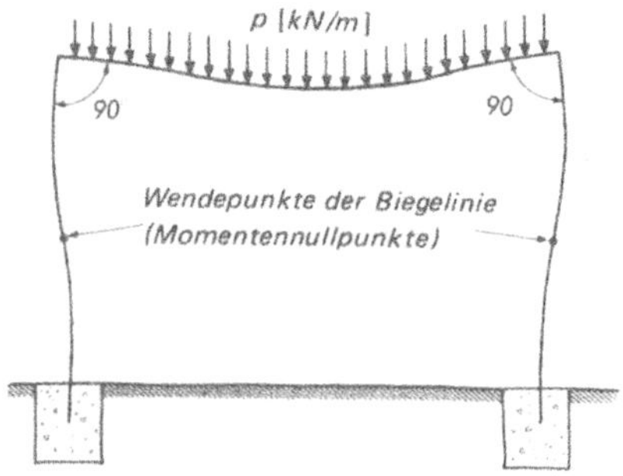

8.8 Eingespannter Einfeldrahmen

Rahmen nehmen höhere senkrechte Lasten auf als das Balken-Stützen-System; noch wichtiger aber ist ihr Widerstand bei seitlicher Belastung. Im Balken-Stützen-System wird eine seitliche Belastung über die Tragwirkung eines eingespannten Kragarms aufgenommen, im Rahmen aber durch Biegespannungen in Riegel und Stielen (Abb. 8.9a und b). Auch wenn im Balken-Stützen-System der Balken gelenkig mit den Stützenden verbunden ist, könnte er durch Übertragung auf die Leestütze die Windlast nur halbieren (Abb. 8.10). Die Steifigkeit des Rahmens dagegen zwingt den Riegel zur Aufnahme von Biegespannungen; zugleich werden die Stiele durch Zurückdrehen ihrer Enden von der Biegebeanspruchung entlastet und ihre seitliche Ausbiegung wird verringert (vgl. Abb. 8.9b).

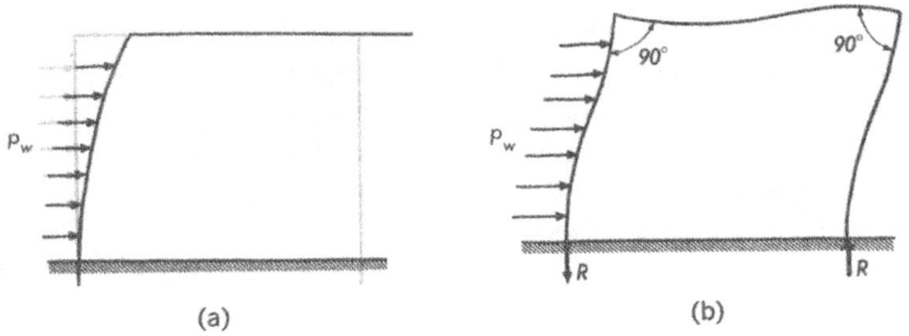

8.9 Verhalten eines Balken-Stützensystems und eines Rahmens bei seitlicher Belastung (Wind)

Der Rahmen könnte unter waagerechter Windbelastung seine Stabilität verlieren und umgeworfen werden. Dies wird durch zusätzliche senkrechte Kräfte an den beiden Auflagern verhindert, eine Zugkraft auf der Luv- und eine Druckkraft auf der Leeseite (vgl. Abb. 8.9b). Aber diese Kräfte sind gewöhnlich klein, weil der Hebelarm, die Spannweite des Rahmens, groß ist im Vergleich mit dem Hebelarm des Windes, der halben Rahmenhöhe. Ein ***seitliches Ausweichen*** des Rahmens wird in gleicher Weise durch unsymmetrische senkrechte Belastung hervorgerufen (Abb. 8.11).

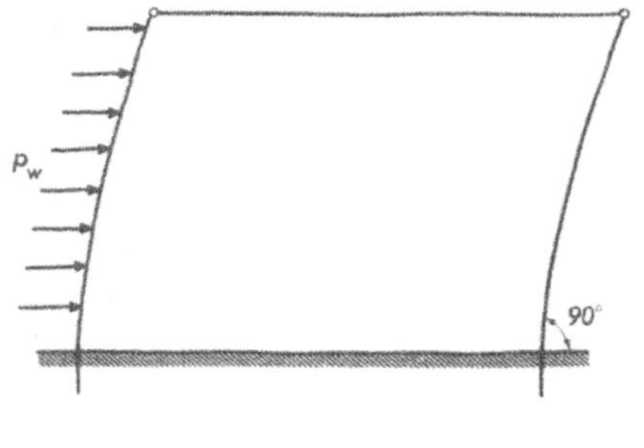

8.10 Windbelastung bei eingespannten Stützen und gelenkig eingehängtem Riegel

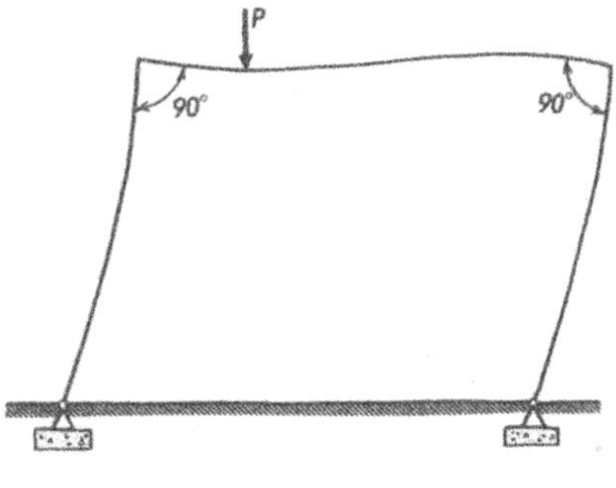

8.11 Seitliches Ausweichen unter senkrechter Last

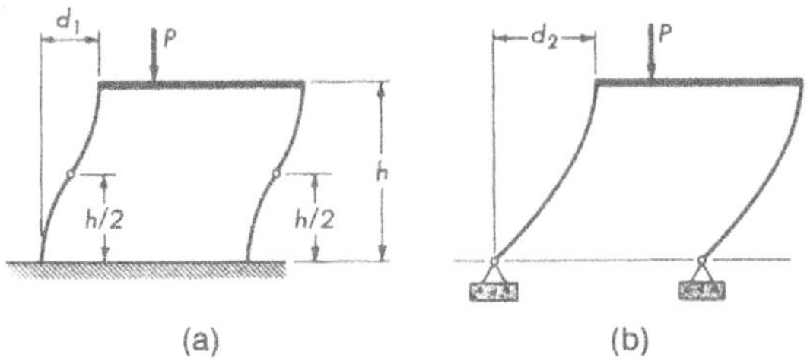

8.12 Seitliches Ausweichen eines eingespannten und eines gelenkig gelagerten Rahmens (bei sehr steifem Riegel)

Wenn bei einem eingespannten Rahmen der Riegel sehr viel steifer ist als die Stiele, dann liegt bei deren Ausbiegen unter waagerechter oder unsymmetrischer senkrechter Belastung der Wendepunkt etwa in halber Höhe. Wegen dieser verkürzten Stiellänge gegenüber einem gelenkig gelagerten Rahmen ist der eingespannte bei solcher Belastung viel steifer (Abb. 8.12). Seitenkräfte aus Wind treten aber in jedem Fall auf beiden Seiten auf, weshalb die Zugbewehrung bei Stahlbetonrahmen sowohl auf der Innen- als auch auf der Außenseite von Riegel und Stielen angeordnet sein muß. Rahmen können häufig ziemlich biegeweich ausgeführt werden. Ist aber eine größere Steifigkeit erforderlich, so sind hauptsächlich die Stiele zu verstärken. Wenn die Funktion es erlaubt, kann die Seitensteifigkeit des Rahmens ohne Aufwand durch Einbau von Zug- oder Druckdiagonalen erreicht werden (Abb. 8.13), wodurch sich eine erhebliche Verringerung der Biegespannungen in Stielen und Riegel ergibt. Ganz allgemein gilt, daß Viereckstrukturen biegeweicher als Dreieckstrukturen sind; letztere aber entsprechen häufig nicht der baulichen Funktion.

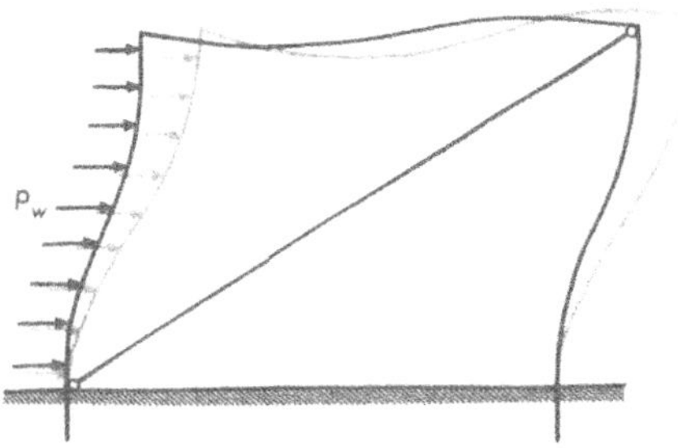

8.13 Diagonal ausgesteifter Rahmen

8.3 Der Mehrfeldrahmen

Die Vorzüge der Durchlaufwirkung können noch stärker bei Mehrfeldrahmen genutzt werden, bei denen ein Riegel an drei und mehr Stiele steif angeschlossen ist. Entsprechend der Steifigkeit von Traggliedern bei einfacher Druckspannung (vgl.

Abschnitt 5.2) sind die Verformungen der Stiele eines Mehrfeldrahmens gering; der Riegel eines Mehrfeldrahmens verhält sich bei senkrechter Belastung ähnlich, allerdings nicht ganz genauso wie ein Durchlaufträger auf festen Auflagern (vgl. Abschnitt 7.3). Bei senkrechter Belastung in nur einem Feld entstehen beim Mehrfeldrahmen nicht nur Riegelverbiegungen in allen anderen Feldern, wie beim Durchlaufträger, auch die Stiele werden auf Biegung beansprucht. Im Gegensatz zum Durchlaufträger versetzt sich das ganze Rahmenbauwerk dabei seitlich (Abb. 8.14).

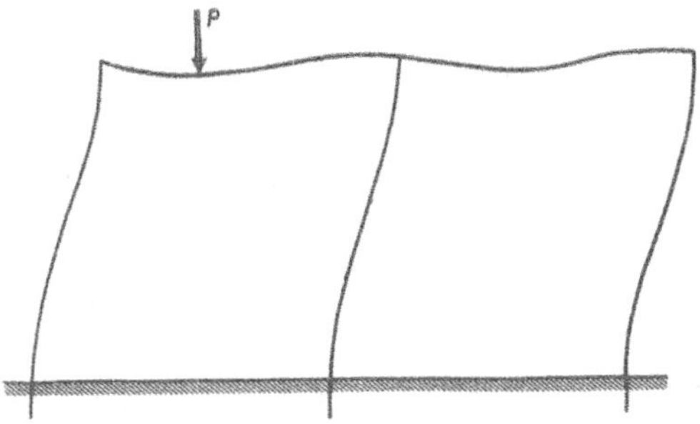

8.14 Seitliches Ausweichen eines Mehrfeldrahmens

Wenn Spannweiten und senkrechte Belastungen in den einzelnen Feldern nicht sehr unterschiedlich sind, heben sich bei benachbarten Feldern die am unteren Stielende entstehenden Horizontalkräfte gegenseitig auf. Theoretisch werden auf Rahmenwirkung nur die beiden äußeren Stiele beansprucht. In der Praxis müssen jedoch verschiedene Laststellungen in den Feldern berücksichtigt werden; die jeweils überschüssige Horizontalkraft kann oft schon von den einzelnen Fundamenten aufgenommen werden.

Mehrfeldrahmen sind zur Aufnahme von Seitenkräften geeignet. Diese werden über einen steifen Riegel auf alle Stiele praktisch gleich übertragen. Sind alle Stiele gleich ausgeführt, so übernehmen sie auch gleiche Lastanteile. Jeder Stiel wirkt wie ein eingespannter zusätzlich durch die Biegesteifigkeit des Rahmenriegels ausgesteifter Kragarm. Die Tendenz des Windes, das Bauwerk umzuwerfen, wird durch Zugkräfte in den Stielen der Luvseite und Druckkräfte auf der Leeseite beantwortet. Diese Kräfte sind wegen der Zahl der Stiele und der Größe der Hebel gering. Mehrfeldrahmen in den Außenwänden oder im Kernbereich von Gebäuden werden häufig zur Aufnahme der Windkräfte auf die senkrecht dazu stehenden Außenflächen herangezogen.

Ein geschlossener Rahmen mit steifer Verbindung der Fußpunkte ist zur Aufnahme von waagerechten und senkrechten Lasten geeignet (Abb. 8.15a). Ein Mehrfeldrahmen mit durchlaufenden Riegeln oben und unten ist ebenfalls ein geschlossenes System und kann als Fachwerkträger für größere Spannweiten eingesetzt werden (Abb. 8.15b). Der Rahmen kann dabei als Träger mit Zug- und Druckgurt aufgefaßt

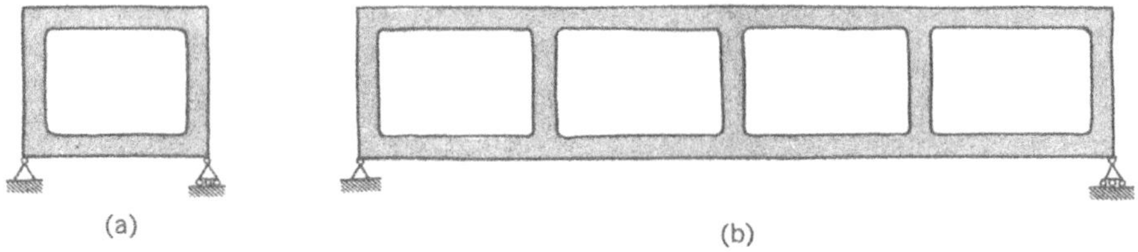

8.15 Vierendeel-Rahmen und -Fachwerk

werden, wobei die Schubkräfte von den Rahmenstielen aufgenommen werden. Die ›Sekundär‹-Biegespannungen in den senkrechten und waagerechten Gliedern eines solchen Rahmen-Tragwerks (vgl. Abschnitt 7.4) sind viel größer als die in Dreiecksfachwerken. Das Tragwerk wird aber wegen der Einfachheit der Eckausbildung und der Nutzbarkeit der Felder eingesetzt. Dieser *Vierendeel*-Träger, nach seinem belgischen Erfinder benannt, wird im Brückenbau verwendet; im Hochbau wird er eingesetzt, wenn bei größeren Spannweiten die Nutzung der Zwischenräume gefordert wird. Hier besteht das Tragwerk aus Trägern der Geschoßdecken und Stützen (Abb. 8.16). ***Vielgeschossige*** Rahmen sind in Hochhäusern verbreitet. Ihr Tragverhalten bei senkrechter Belastung ähnelt dem des Einfeldrahmens; ihr Vorzug: Der Geschoßdeckenträger ist sowohl Rahmenriegel für die senkrechte Belastung als auch Zugband für den darüber stehenden Rahmen.

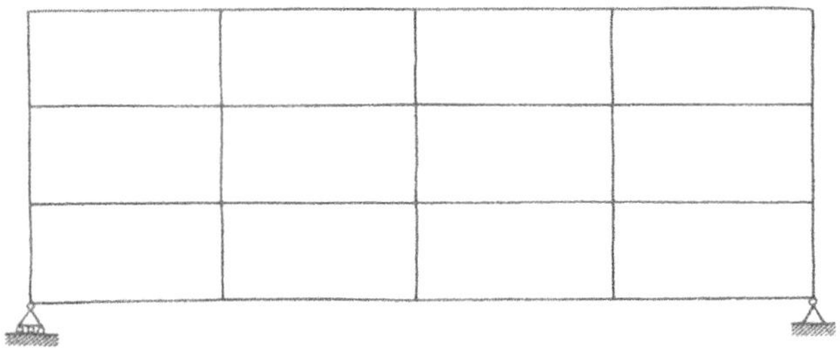

8.16 Vierendeel-Rahmentragwerk

Das Tragverhalten eines mehrgeschossigen Einfeldrahmens ist mit dem eines Vierendeel-Trägers als Kragarm zu vergleichen: Die Stiele auf der Luvseite werden auf Biegung und Zug, die auf der Leeseite auf Biegung und Druck beansprucht; die Träger in den Geschoßdecken nehmen die zwischen den Zug- und Druckgliedern entstehenden Schubkräfte auf (Abb. 8.17). Man könnte sich diesen Rahmen auch als übergroßen I-Träger vorstellen, als Kragarm hochragend, mit der Rahmenbreite als Querschnittshöhe, bei dem die Geschoßträger den durchbrochenen Steg darstellen. Der biegesteife Anschluß zwischen Stützen und Trägern steift das gesamte Tragwerk aus; dabei werden Biegespannungen sowohl in den senkrechten als auch in den waagerechten Gliedern hervorgerufen: Die Belastung schon eines einzigen Feldes führt zu Verformungen im ganzen Bau, was bedeutet, daß alle seine Teile mittragen (Abb. 8.18).

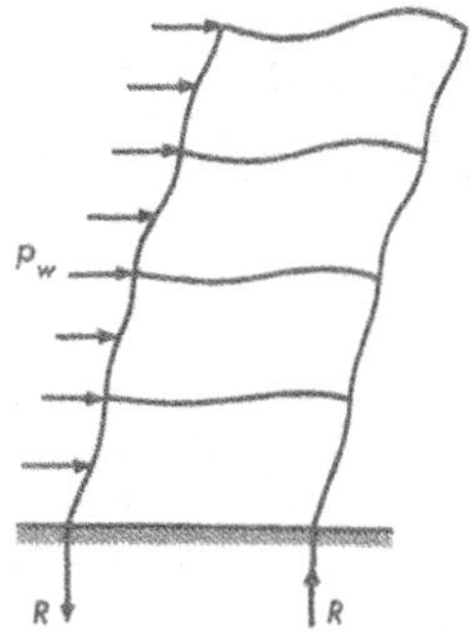

8.17 Mehrgeschoßrahmen bei seitlicher Belastung

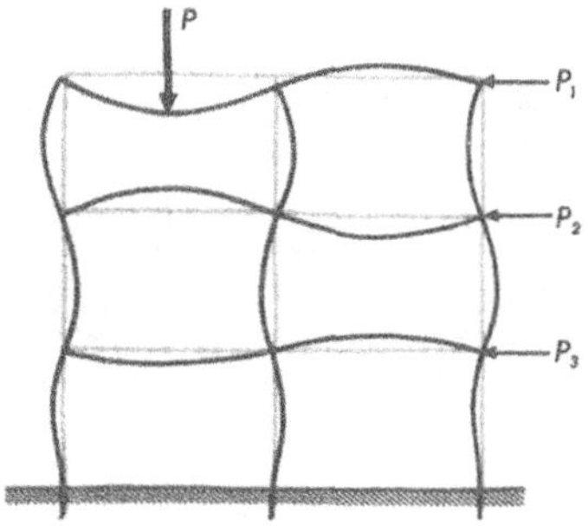

8.18 Mehrgeschoßrahmen mit Einzellast im Feld (seitliches Ausweichen durch Festhaltekräfte verhindert)

Bei zunehmender Höhe oder Breite des Gebäudes ist es in gewissen Grenzen vernünftig, die Felderzahl des Rahmens zu erhöhen und damit sowohl die Spannweiten zu verringern als auch die waagerechte Belastung wirtschaftlicher aufzunehmen. Die Gesamtstruktur des Gebäudes ist damit ein räumlicher Rahmen mit rechtwinkligen, frei nutzbaren Innenräumen, für sowohl senkrechte als auch waagerechte Belastungen. Die meisten modernen Stahl- oder Stahlbetonbauten bestehen aus diesem Gitterwerk. ***Dreidimensionale*** Rahmen nehmen Lasten aus jeder Richtung auf, da die Stiele jeweils zu verschiedenen Rahmenebenen gehören (Abb. 8.19).

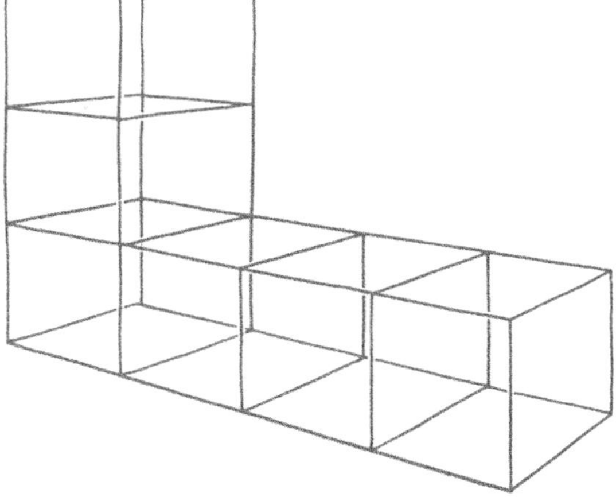

8.19 Räumlicher Rahmen

Sehr hohe Gebäude, ›Wolkenkratzer‹, sind eine Errungenschaft moderner Bautechnik; sie werden durch die hohen Festigkeiten von Stahl und Beton und durch den vielgeschossigen Rahmen ermöglicht. Das Emire State Building in New York von 1930 hat 102 Geschosse und ist 320 m hoch; dabei sind der 60 m hohe Turmaufbau, ursprünglich als Ankerplatz für Zeppeline konzipiert, und die fast 70 m hohe Fernsehantenne nicht mitgerechnet. Das Hancock Building in Chicago (Abb. 8.20), die beiden Türme des World Trade Center in New York und das Sears Building (Abb. 8.21), ebenfalls in Chicago, alle in den 70er Jahren gebaut, sind bald 450 m hoch und bestehen aus Stahlrahmen an den Außenflächen der Gebäude, mit kleiner Teilung der Fensterfelder. Solche Stahlbauten sind praktisch senkrecht stehende Kragarme mit rechteckigem ***Hohlquerschnitt***. Rohrartige Hochhäuser sind schon mit zwei und sogar drei konzentrischen Rahmenwerken und nicht-rechtwinkligem, z. B. dreieckigem Querschnitt gebaut worden.

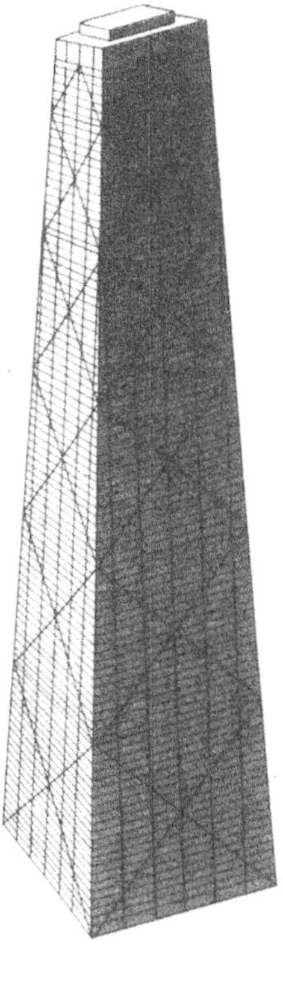

8.20 Das Hancock-Gebäude in Chikago

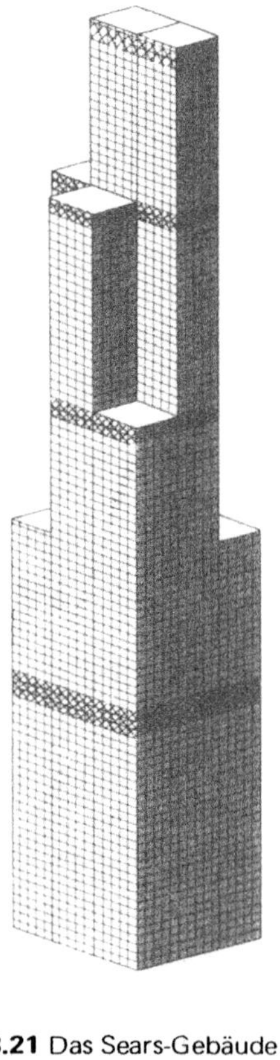

8.21 Das Sears-Gebäude in Chikago

Stahlbetonhochhäuser können nicht die Höhen von Stahlbauten erreichen, sind aber schon mit Höhen von über 250 m gebaut worden. Sie bestehen meistens aus einem äußeren Rahmen und einem inneren Kern aus Stahlbetonwänden (Abb. 8.22). Die Seitensteifigkeit des Stahlbetonkerns ist gewöhnlich im Verhältnis zu der des äußeren Rahmens so hoch, daß ihm die Kräfte aus Wind und Erdbeben zugewiesen werden.

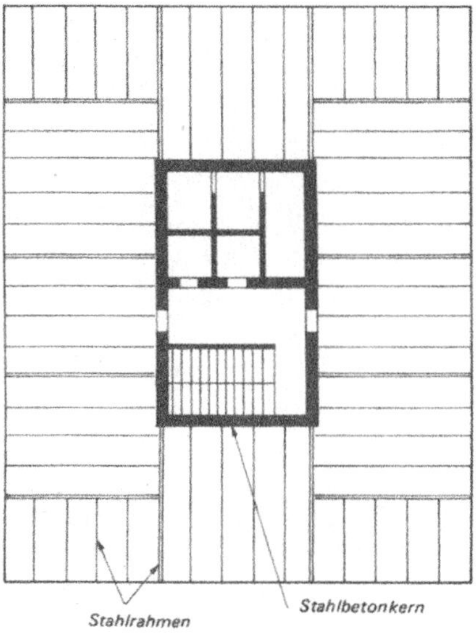

8.22 Stahlrahmen mit Stahlbetonkern

Wegen ihrer Seitensteifigkeit werden Stahlbetonkerne auch in Verbindung mit äußeren Stahlrahmen eingesetzt. Die leichten Stahlstützen der Außenseite nehmen dabei ihren Anteil an senkrechter Belastung aus den Geschoßdecken auf, der Stahlbetonkern zusätzlich die Seitenkräfte. Ist der Gebäudekern als Stahlrahmen ausgeführt, können Stahl-Diagonalen oder vorgefertigte Stahlbetonplatten in den Feldern die Aussteifung übernehmen.

Ein solcher Wolkenkratzer ist nichts anderes als ein schlanker senkrechter Kragarm, der in seiner Längsachse und seitlich belastet ist. Die senkrechten Lasten der Geschoßdecken summieren sich nach unten und machen immer stärkere Stützen erforderlich. Ohne die heutigen Baustoffe mit hoher Druckfestigkeit würden bei solchen Belastungen Querschnittsflächen erforderlich, die den größeren Teil, wenn nicht die gesamte Nutzfläche in Anspruch nehmen würden.

Die Aussteifung überhoher Gebäude durch Rahmen und Kernwände ist erforderlich, damit sie die hohen seitlichen Windkräfte mit nur geringen Verformungen aufnehmen. Ein konstanter Winddruck von 2,25 kN/m^2 (225 kp/m^2) bedeutet für eines der beiden 410 m hohen Gebäude des World Trade Center in New York eine Wind-Gesamtlast von 57 MN (5700 Mp). Bei dieser Belastung schwingt das obere Ende des Gebäudes um etwa 1 m aus. Diese ***Seitenbewegung*** muß auf $\frac{1}{500}$ bis $\frac{1}{1000}$ der Gebäudehöhe begrenzt sein, wenn die obersten Stockwerke ohne Erschwernisse benutzt werden sollen. Unwohlsein wird sowohl durch das Ausmaß der Schwingung als auch den Beschleunigungswert ausgelöst.

Die Stützen, Träger und Ausfachungen eines Rahmentragwerks sind sein widerstandsfähiges ›Skelett‹. Um den Innenraum benutzbar zu machen, werden Geschoßdecken eingezogen; über seine Außenseiten wird eine ›Haut‹ gespannt. Die Außenflächen moderner Gebäude sind oft aus metallischen oder Betontafeln und Verglasung und heißen ***Vorhangfassade*** (curtain wall). Fassadenpaneele aus Stahlbeton können in ihrer Längsachse auch zur Windaussteifung herangezogen werden.

Die Geschoßdeckenkonstruktion besteht meist aus Hauptbalken zwischen Fassade und Kern, sowie aus kürzeren Nebenbalken quer zu den Hauptbalken, auf denen die Deckenplatten aufliegen. Dieses System wird in Abschnitt 10 behandelt.

8.4 Rahmen mit geknicktem Riegel und Bögen

Alle drei Glieder eines Einfeldrahmens erhalten bei senkrechter Belastung sowohl Druck- als auch Biegekräfte. Die Stiele des Rahmens erhalten eine Druckkraft aus der Last, sowie Biegung aus der Verdrehung der steifen Eckverbindung mit dem Riegel. Der Riegel wird von der senkrechten Last auf Biegung beansprucht und erhält eine Druckkraft in Höhe der Horizontalkraft am unteren Stielende. Im Normalfall überwiegt in den Stielen die Druckkraft, im Riegel die Biegung. Die Stiele sind deshalb verhältnismäßig schlank, der Riegel aber hoch.

In allen Fällen, in denen die Oberseite des Riegels aus Gründen seiner Funktion waagerecht sein muß, ist dieser Rahmentyp effektiv und wirtschaftlich; er wird aber noch effektiver, wenn der Riegel nicht horizontal ist. Bei *satteldachförmigen Rahmen* besteht der Riegel aus zwei schrägliegenden Teilen. Wären diese an ihren Kopf- und Fußpunkten gelenkig angeschlossen, so würden sie wie Sparren Schub entwickeln und damit die Stiele auseinanderdrücken (Abb. 8.23); sie selbst wären dabei druckbeansprucht. Sind sie dagegen in First- und Traufpunkt steif angeschlossen, so entsteht zusätzlich im ganzen Rahmen eine Biegebeanspruchung (Abb. 8.24). Je steiler die Dachneigung, desto geringer der Schub und damit die Ausbiegung der Stiele. Die Tragkraft dieses Rahmens setzt sich aus der auf Druck und der auf Biegung zusammen. Damit ist dieser Rahmen noch effektiver und wirtschaftlicher. Dieses Prinzip des Satteldachrahmens kann weiterentwickelt werden, wobei die Stiele sich verkürzen und der Riegel mehrfach geknickt wird. Damit nimmt der Druckanteil zu und der Biegeanteil ab (Abb. 8.25). Im Grenzfall einer unendlichen Zahl unendlich kleiner Seiten geht der polygonale Rahmen in einen ***Bogen*** über.

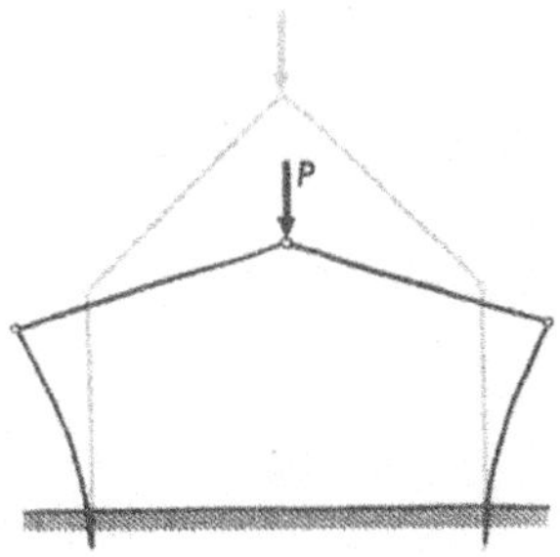

8.23 Gelenkig gelagertes Satteldach

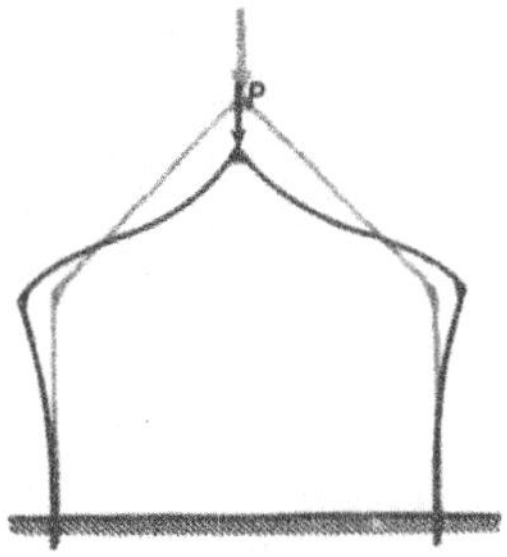

8.24 Satteldachrahmen

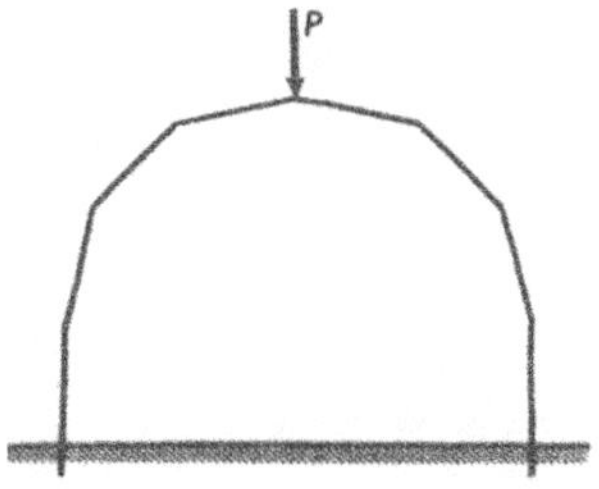

8.25 Polygonalrahmen

Wie in Abschnitt 6.4 dargestellt, gibt es für jede Kombination von Lasten eine besondere Bogenform, die der Seillinie entspricht und bei der im Bogen allein Druckspannung entsteht. Diese Bogenform kann ermittelt werden, indem die entsprechenden Lasten in ein Seil eingehängt werden, dessen Verlauf umgekehrt wird. Seilbögen mit gleichförmig verteilter Druckspannung und ohne Biegung stehen am einen Ende der Skala, Balken mit Biegung und ungleich verteilter Druckspannung am anderen. Alle anderen zu den Auflagern hin fallenden Tragwerke entwickeln sowohl Druck als auch Biegung. Aber auch wenn ein Bogen für ***eine*** Lastkombination einen Seilbogen darstellt, muß er ***andere*** Laststellungen über zusätzliche Biegung aufnehmen: Druck und Biegung treten in jedem Bogen auf.
Gemauerte Bögen sind schwer, ihre Form wird meist als Seillinie für den Eigengewichtszustand ausgelegt; Biegespannungen treten aus Verkehrslasten auf. Bei großen Stahlbögen ist der Verkehrslastanteil an der Gesamtlast erheblich größer als bei Mauerwerksbögen, deshalb ist der Biegeanteil größer. Wegen der Zugfestigkeit des Stahls ist diese Biegung aber selten kritisch. Wo die Baugrundverhältnisse unzureichend sind, wird die Schubkraft des Bogens über ein Zugband aufgenommen. Soll aber die Bogenöffnung frei für den Verkehr sein, sei es bei einer Brücke oder bei einem Eingang, so wird der Schub entweder über Widerlager oder über ein im Boden verlegtes Zugband aufgenommen.

Die Verkehrslasten werden bei Bogenbrücken gewöhnlich über eine waagerechte Fahrbahnplatte aufgenommen. Diese kann über oder unter dem Bogen angeordnet werden und wird mit diesem entsprechend über ***Druckstäbe*** (Abb. 8.26a) oder ***Zugseile*** (Abb. 8.26b) verbunden. Druckstäbe brauchen besonders bei steilen Bögen eine Aussteifung gegen Knicken. Diese kann über Diagonalen oder über Querbalken hergestellt werden.

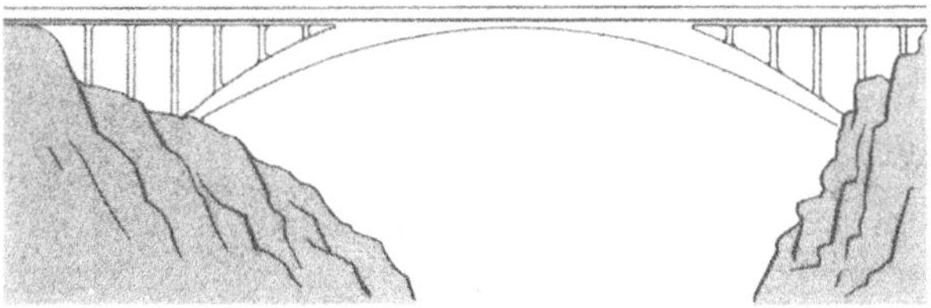

(a)

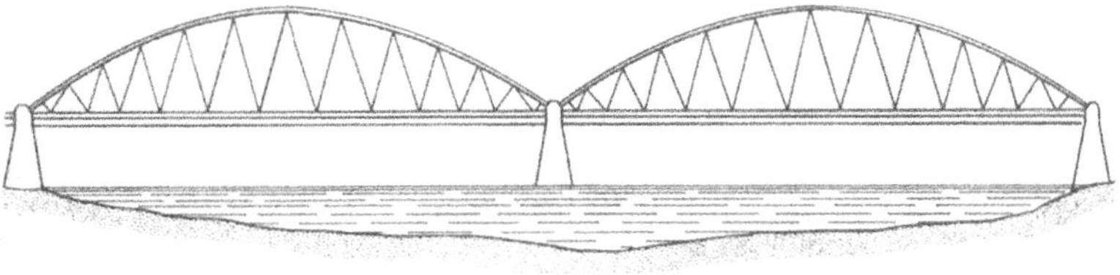

(b)

8.26 Brücken des Sprengwerks- und des Hängewerktyps

Bogenformen werden nicht immer nach statischen Gründen gewählt. Die von den Römern ausschließlich verwendete Halbkreisform hat Vorzüge bei der Bauherstellung, die sie rechtfertigen. Der gotische Spitzbogen hat statische und gestalterische Vorzüge. Der arabische Bogen, wie er für Moscheen und bestimmte venezianische Architektur typisch ist, wäre statisch gesehen unkorrekt , erscheint aber als solcher oft nur im äußeren Bild (Abb. 8.27).

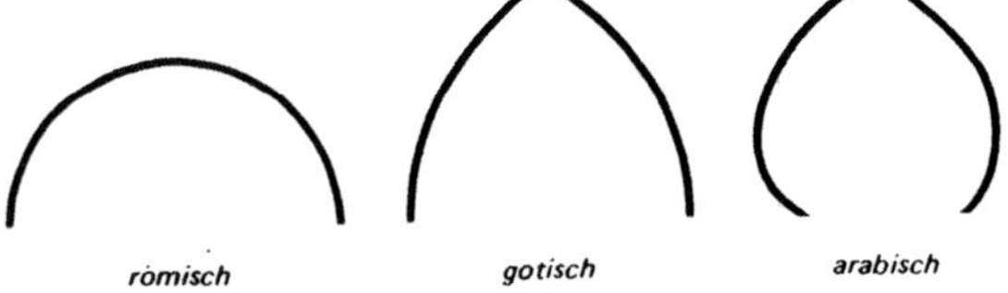

8.27 Bogenformen römisch gotisch arabisch

Die Bogenform kann so gewählt werden, daß sie für die Laststellung bei schwerster Belastung der Seillinie entspricht. Damit wird die Biegebeanspruchung minimal. Es ist aber oft wichtiger, den geringstmöglichen Bogenschub zu erreichen, um die Bodenbewegung aus dem Druck der Widerlager in Grenzen zu halten. Der Schub ist proportional zu Belastung und Spannweite und umgekehrt proportional zum Stich des Bogens. Um bei gegebener Spannweite den geringstmöglichen Schub zu erhalten, müßte der Bogen so leicht wie möglich und so hoch wie wirtschaftlich vertretbar gemacht werden (Abb. 8.28).

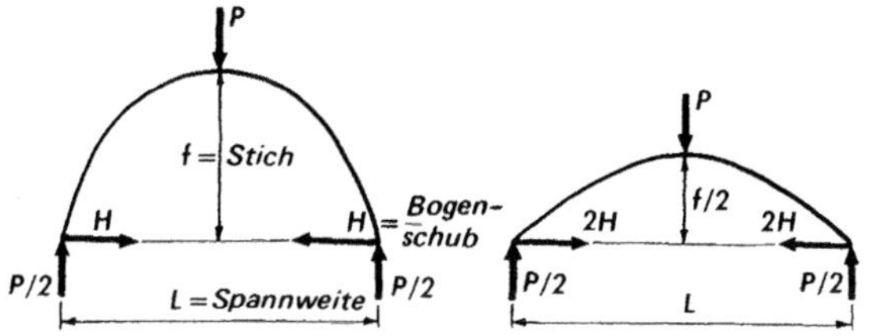

8.28 Bogenschub in Abhängigkeit vom Stichverhältnis

Bögen können mit gelenkigen oder eingespannten Auflagern versehen werden. Gelenkige Auflager ermöglichen die Verdrehung des Bogens gegenüber dem Auflager bei Belastung oder Temperaturwechsel. Gelenkig aufgelagerte Bögen sind verhältnismäßig flexibel, sie entwickeln keine hohen Biegespannungen bei Temperaturänderungen oder Baugrundsetzung. Gelenkige Auflager aus Stahl werden bei den meisten Stahlbögen verwendet (vgl. Abb. 8.7a). Gelenkige Auflager bei Stahlbeton sind zuerst von dem französischen Ingenieur Mesnagier eingesetzt worden. Er kreuzte die Stahleinlagen, wodurch dem Querschnitt die Biegesteifigkeit genommen wurde, indem der Hebel der Zugeinlagen entfiel (vgl. Abb. 8.7b).
Eingespannte Bögen werden in Stahl und Stahlbeton ausgeführt. Sie sind steifer als gelenkig gelagerte und deshalb empfindlicher gegen Temperaturänderungen und Setzungen.
Will man Zusatzspannungen aus Temperaturänderungen oder Setzungen ganz vermeiden, so fügt man, gewöhnlich im ***Scheitel*** des Bogens, ein drittes Gelenk ein. Der ***Dreigelenkbogen*** kann völlig frei ›atmen‹ oder sich ohne zusätzliche Biegeverformung seiner beiden Hälften setzen (Abb. 8.29). Diese Bögen waren im ausgehenden 19. Jahrhundert weit verbreitet, haben aber mit zunehmender Kenntnis des Bogenverhaltens ihre Bedeutung verloren.

Solange biegebeanspruchbares Material teuer und witterungsempfindlich war, wurden Mauerbögen zur Überbrückung selbst kleinerer Spannweiten eingesetzt. Die römische und die romanische Architektur läßt sich schnell an ihren Kreisbogenmotiven erkennen. Steile Bögen und Widerlager gegen ihren Schub sind das Kennzeichen einer der größten architektonischen Errungenschaften, der gotischen Kathedrale (Abb. 8.30). Bei diesen großartigen Bauwerken aus allein druckfestem Bau-

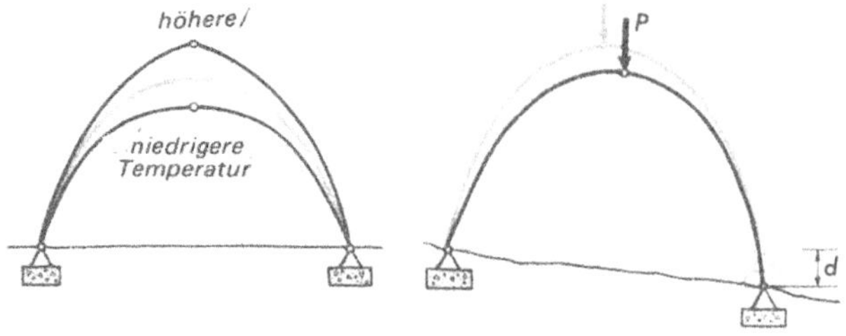

8.29 Unbehinderte Verformung eines Dreigelenkbogens

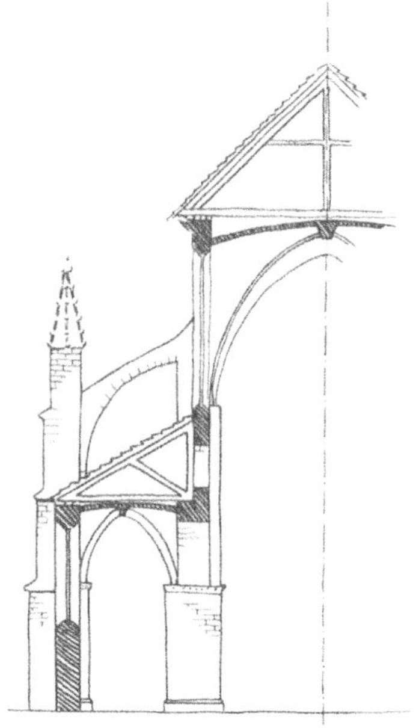

8.30 Gotisches System im Querschnitt

stoff werden die Lasten aus der Überspannung von bis zu 30 m über eine Kombination von Bögen in den Baugrund abgeleitet. Der hohe Stich der Bögen verringert den Schub, und leichte Widerlager in der Form von Halbbögen leiten ihn von den inneren zu den äußeren Pfeilern, deren Gewicht ihn mit absorbiert. Eine gotische Kathedrale ist im wesentlichen ein Bauwerk in der Form eines Art Rahmens, in dem praktisch nur Druckspannung entsteht.

Größere Fortschritte in der Bautechnik wurden erst mit den modernen biegefesten Materialien möglich. Kreisförmige römische Bögen überspannten bis zu 30 m, mit-

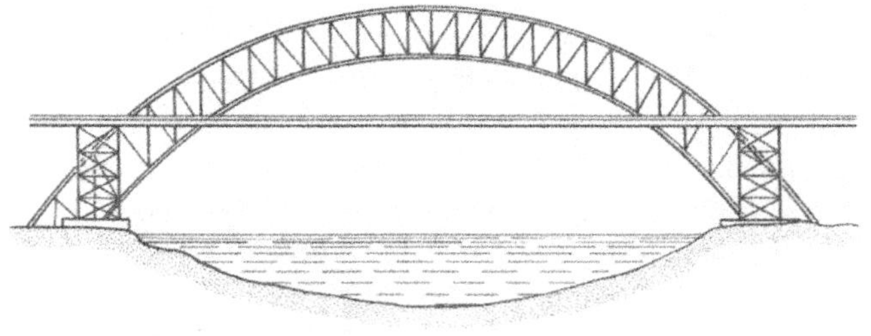

8.31 Die Kill van Kull – Stahlbrücke mit der größten Spannweite der Welt

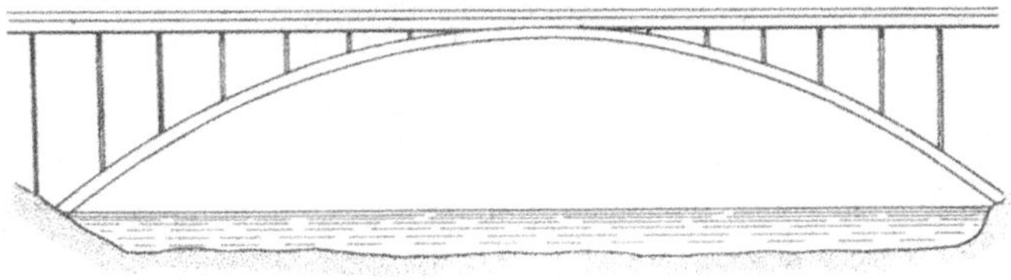

8.32 Die Sando – Stahlbetonbrücke mit der größten Spannweite der Welt

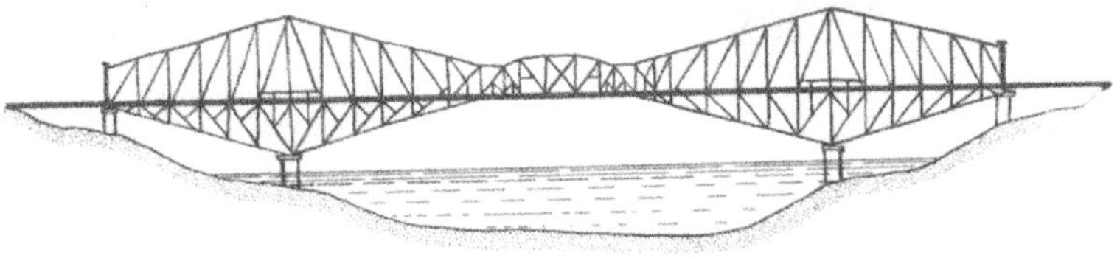

8.33 Die Brücke von Quebec mit der größten Krag-Spannweite der Welt

telalterliche Steinbrücken bis zu etwa 55 m, aber die Kill van Kull Bridge in den USA, die größte Fachwerkbogenbrücke der Welt, erreicht eine Spannweite von 503 m (Abb. 8.31). Die größte Stahlbeton-Bogenbrücke der Welt ist die Sando-Brücke in Schweden, sie besitzt eine Spannweite von 264 m (Abb. 8.32). Die Brücke in Quebec überspannt als Kragträgerbrücke mit eingehängtem Fachwerkträger 550 m (Abb. 8.33). Bei großen Spannweiten wird kein anderes Tragprinzip so häufig verwendet wie das des Bogens.

8.5 Dächer aus Bögen

Im vorangegangenen Abschnitt ist gezeigt worden, daß gotische Kathedralen mit einer Kombination von Bögen überspannt wurden, die die Lasten in den Baugrund ableiten konnten. Bögen können bei Dächern in verschiedener Art eingesetzt werden. Eine einfache Konstruktion besteht darin, parallel laufende Bögen mit Querträgern zu verbinden und auf diesen Dachplatten zu verlegen; es entsteht ein ***Tonnendach*** (Abb. 8.34). Platten und Balken leiten dabei ihre gesamte Dachlast über Biegung in die Bögen ein, die sie über Druck in den Baugrund ableiten. Dieses Prinzip wurde bei romanischen Kirchen des Mittelalters und bei großen zylindrischen Hallen in Stahlbeton verwendet, die in den zwanziger Jahren in Europa, in den vierziger Jahren in den USA gebaut wurden. Die Form der Bögen entspricht einer Seillinie für das Eigengewicht. Die Belastungen aus Wind und Schnee werden über ein zusätzliches Biegemoment aufgenommen. Das Tragglied, das die Bögen verbindet, war im Mittelalter ein Ziegelbogen, bei modernen Hallen ist es eine gekrümmte Platte. Im Industriebau unserer Zeit gibt es auch Tonnendächer auf Stahlbögen.

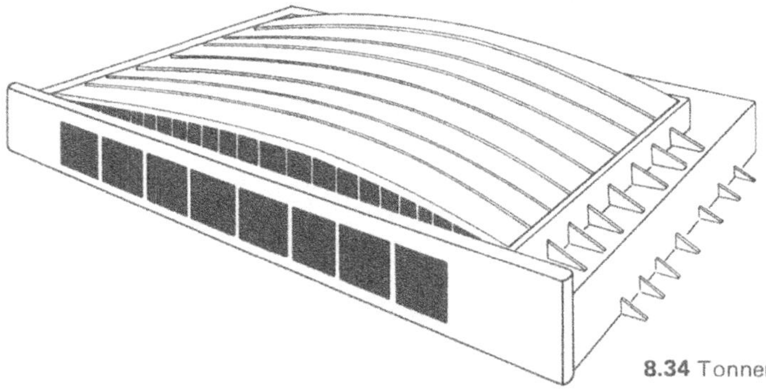

8.34 Tonnendach mit Parallelbögen

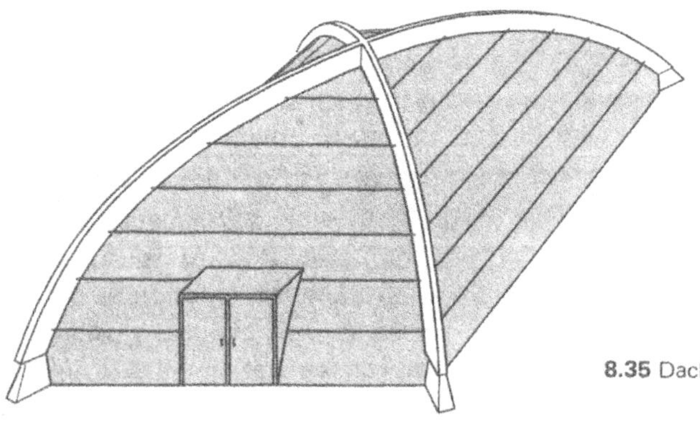

8.35 Dach mit Diagonalbögen

Bei der Überspannung rechteckiger Flächen sind die Bögen oft nicht an den Seiten des Rechtecks, sondern in den Diagonalen angeordnet (Abb. 8.35). Diese Art von Tragwerk zeigen Querhäuser mittelalterlicher Kirchen, aber auch einige große Hallen in Stahlbeton, wie das von Yamasaki geplante Terminal des Flughafens von St. Louis, Missouri.

Kreisförmige oder sonstwie gekrümmte Grundrißflächen können mit konzentrischen Bögen wie bei einigen gotischen Kapellen oder modernen Dächern mit Holzbindern überspannt werden (Abb. 8.36). Diese Bögen laufen im Scheitel auf ein gemeinsames Verbindungsstück oder einen Druckring, die Auflager können in einem umlaufenden Zugring liegen. Diese Struktur wirkt stärker integrierend als die paralleler Bögen. Bogenkuppeln sind bei besonders großen Mehrzweckhallen gewählt worden.

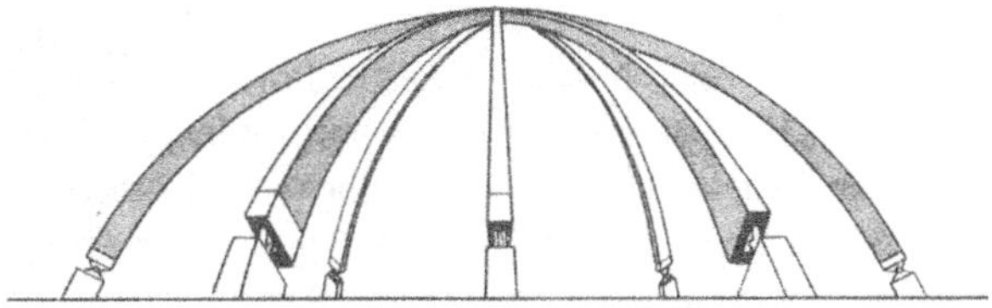

8.36 Dach mit Radialbögen

Lamellendächer bestehen aus Scharen parallel laufender, schräger und einander durchdringender Bögen, die eine genügende Lastverteilung und Steifigkeit aufweisen (Abb. 8.37). Bei diesem System fehlen die Querträger zur Verbindung der Bögen,

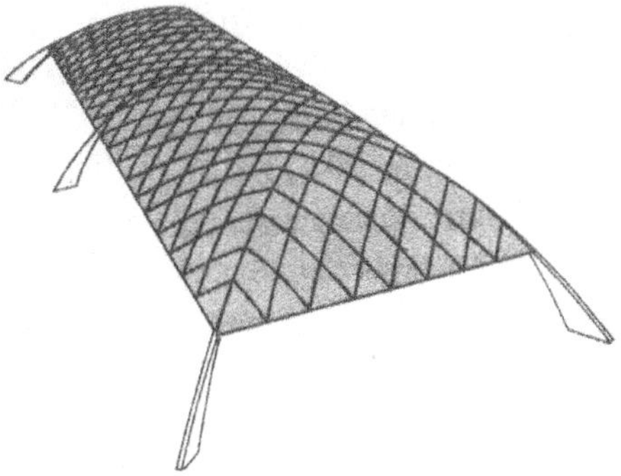

8.37 Lamellendach

entstanden ist vielmehr ein ***gekrümmter räumlicher Rahmen***. Dieser ist besonders tragfähig, wenn seine Seitenlängen sich dem Quadrat nähern; denn die Bögen in den Ecken sind wegen ihrer kurzen Spannweite sehr steif und können so die wirksame Spannweite der in sie einmündenden Bögen gleichmäßig verringern (vgl. auch Abschnitt 10.3). Tonnenförmige Lamellendächer sind aus Holz, Stahl und Beton gebaut worden. Zu den größten ihrer Art gehören Flugzeug-Hangars, wie Nervi sie in den vierziger Jahren gebaut hat. Sie überspannen Flächen von 330 auf 130 m und bestehen aus vorgefertigten Stahlbetonlamellen, deren vorstehende Bewehrung an den Lamellenknoten verflochten und vergossen wurde. Keiner dieser Hangars steht mehr, alle wurden während des Zweiten Weltkrieges gesprengt. Interessant ist aber, daß diese Dächer durch den Sturz aus 12 m Höhe nicht zerstört wurden, sondern nur an wenigen Verbindungspunkten aufbrachen. Gewölbte oder gerippte Dächer verhalten sich ähnlich wie Schalen; ihre Tragwirkung wird in Kapitel 12 eingehender behandelt.

9 Einzelheiten zum Tragverhalten

9.1 Wie einfach sind ›einfache Spannungen‹?

Die bisher behandelten Tragwerke reagieren auf äußere Lasten mit Spannungszuständen, die ›einfach‹ genannt wurden. In einem Seil entsteht ›einfacher Zug‹, in einem seilförmigen Bogen ›einfacher Druck‹, ein Balken entwickelt ›einfache Biegung‹, verbunden mit ›einfachem Schub‹. Bei genauerem Hinschauen indessen zeigt sich, daß die Spannungen, die bei Belastung auch einfachster Elemente auftreten, alles andere als einfach sind.
Soll ein Gewicht an einem durchlaufenden Kabel befestigt werden, so muß eine Verbindung zwischen Gewicht und Kabel hergestellt werden. Eine der hierbei am häufigsten gewählten Verbindungen ist die ›konische Verankerung‹. Sie besteht aus einem kurzen Zylinder mit konischer Bohrung für drei Verankerungskeile (Abb. 9.1). Das Kabel wird von den drei Segmenten gepackt, die wiederum durch die Reibung des Kabels in den Zylinder hineingezogen werden, und zwar umso tiefer je größer der Zug; dies aber erhöht wieder die Reibung. Die Verankerungswirkung ist selbsttätig.

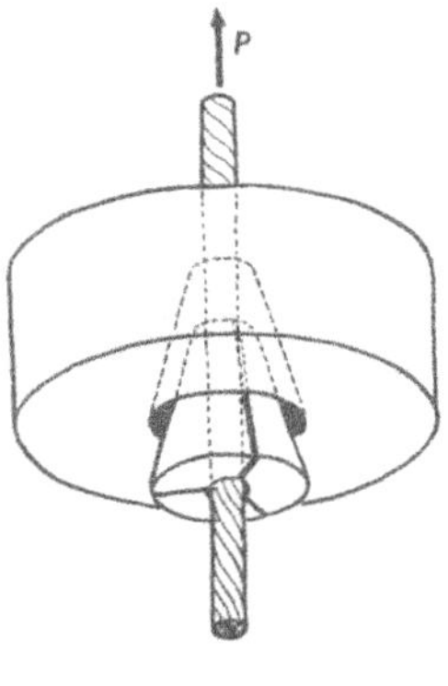

9.1 Spannkopf

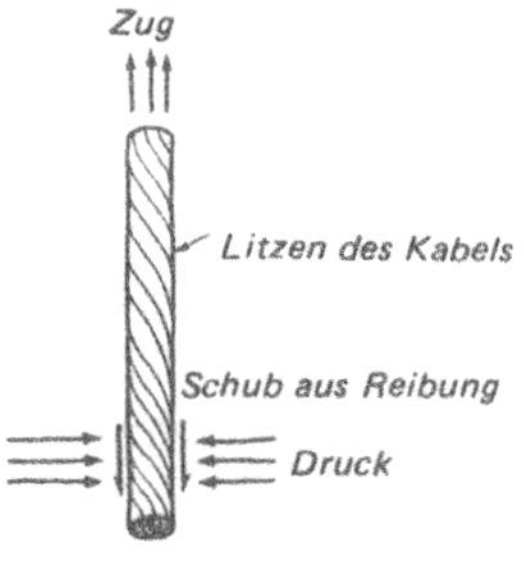

9.2 Durch den Spannkopf hervorgerufene Seilspannungen

Der in dem Konus steckende Teil des Kabels erhält Schubkräfte aus Reibung parallel zu seiner Oberfläche und Druckkräfte aus dem Konus senkrecht dazu (Abb. 9.2). Die Druckkräfte pressen das Kabel zusammen, und die Reibungskräfte leiten die

Gewichtskraft in das Zugkabel ein. Am Konus stellen die Spannungen eine komplizierte Mischung aus Druck und Oberflächenschub dar, oberhalb des Konus' aber verwandeln sie sich ***schnell*** in eine einfache Zugspannung (vgl. Abb. 9.2).
Wie der französische Ingenieur St. Venant gezeigt hat, strebt in richtig entworfenen Teilen ein komplizierter Spannungszustand dahin, sich in einen einfachen zu ***verwandeln***, womit der elementare Zugang zu Spannungen in den früheren Kapiteln dieses Buches gerechtfertigt ist. Der Verlauf der Kabelspannungen innerhalb des Konus ist kompliziert, aber in einer Entfernung vom Konus von nur dem zwei- oder dreifachen des Kabeldurchmessers tritt bereits der Zustand einfacher Spannung auf. Das Kabel ist für den einfachen Spannungszustand ausgelegt, weil kompliziertere Spannungszustände nur auf kurzen Strecken auftreten. Auf der anderen Seite ist zu berücksichtigen, daß die Spannungen im Konus viel höher als die einfache Kabelspannung sein können, und gefährlicher.

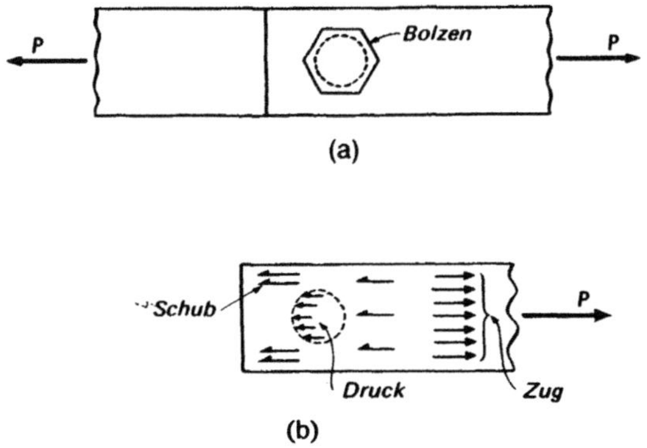

9.3 Spannungen bei einer Bolzenverbindung

Ähnliche Verhältnisse wie am Kabel treten auch an Fachwerkstäben auf. Diese sind häufig über Bolzen mit dem Knotenblech verbunden. Die Bolzen erzeugen Druck spannungen auf der inneren Oberfläche der Bolzenlöcher, der Leibung, sowie Schubkräfte aus der Reibung zwischen Fachwerkstab und Knotenblech. Außerhalb der Verbindung verwandeln sich beide Spannungsarten in eine einfache Spannung (Abb. 9.3). Fachwerkstäbe werden bemessen, als stünden sie unter einfacher Zug- oder Druckspannung, es müssen aber auch die komplizierteren Spannungsverläufe an den Knoten berücksichtigt werden.

9.2 Höchstspannungen

In Abschnitt 5.3 ist gezeigt worden, daß die reine Schub- bzw. Scherkraft in Diagonalkräfte von Druck und Zug zerlegt werden kann. Hierzu seien noch einige weitere Überlegungen angestellt.

Denkt man sich aus einem Balken ein rechteckiges Teil herausgeschnitten, so werden an seinen Seiten bei orthogonaler Stellung Schub- und Scherkräfte wirksam, bei diagonaler Stellung aber Zug- und Druckkräfte. Es stellt sich die Frage, ***welche Spannungen an der Seite AB in anderen Positionen auftreten*** (Abb. 9.4). Wenn bei waagerechter Stellung auf der Seite AB nur Schubspannungen auftreten, unter 45° aber nur Druckspannungen, fragt sich, welche Spannungen bei einer Stellung des Rechtecks unter 90° und 135° auftreten.

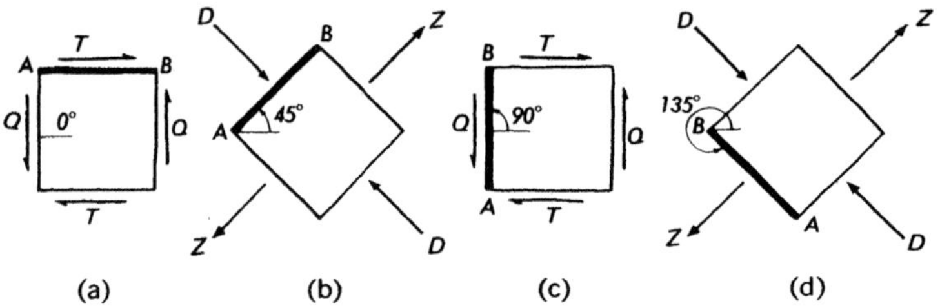

9.4 Änderung der Kräfte (Spannungen) mit der Orientierung eines ausgeschnittenen Balkenteilchens, rechtes Balkenauflager

Als allgemeine Antwort auf diese Frage stellt sich heraus, daß in jeder Position und bei *jedem Spannungszustand* gilt, daß

a) die direkten Zug- oder Druckspannungen zwischen einem Maximum und einem Minimum liegen;
b) dieses Maximum und dieses Minimum unter 90° zueinander stehen;
c) die ***Schubspannungen*** an den Stellen des ***Maximums oder Minimums der direkten Spannungen gleich Null*** sind;
d) Schubspannungen und zugleich direkte Spannungen bei allen anderen Stellungen auftreten.

Im Fall von ›einfachem Schub‹ erreicht die direkte Spannung ihr gleich hohes Maximum als Zugspannung unter 135°. Die Ebene des Minimums, der höchsten Druckspannung, liegt unter 45°. In beiden Ebenen gibt es keine Schubkraft.

Die rechtwinklig zueinander stehenden Ebenen, in denen die Zug- bzw. Druckspannungen ihr Maximum bzw. Minimum erreichen, geben die ***Hauptspannungsrichtungen*** an. Die zugehörigen Spannungen sind die ***Grundwerte.***

Über die Hauptspannungsrichtungen werden die komplexen Spannungsverläufe sichtbar gemacht. In einem entsprechenden Spannungsfeld sind die Richtungen an jeder Stelle verändert, können aber durch kleine Kreuze angegeben werden. Diese können dann mit Längs- und Querlinien, die im rechten Winkel zueinander stehen, verbunden werden (Abb. 9.5). Damit sind die ***isostatischen*** oder ***Hauptspannungslinien*** hergestellt. Diese Linien zeigen den Spannungsfluß im Bauteil; mit ihnen kann man komplexe Spannungsverhältnisse darstellen, wie sie etwa um ein Loch entstehen, wenn über einen Bolzen eine Belastung eingetragen wird (Abb. 9.5).

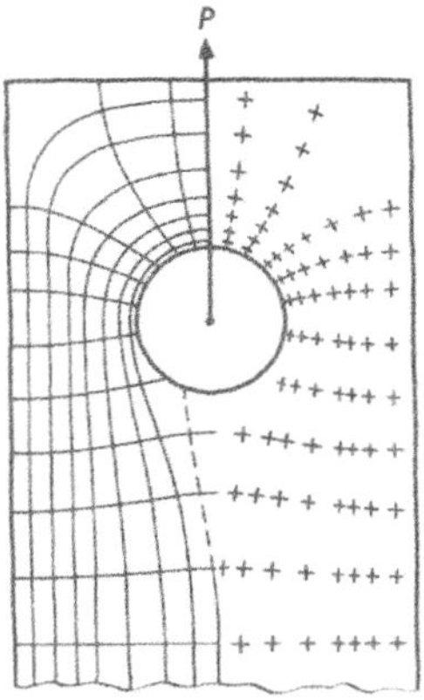

9.5 Isotatische oder Hauptspannungslinien in einem Zugglied

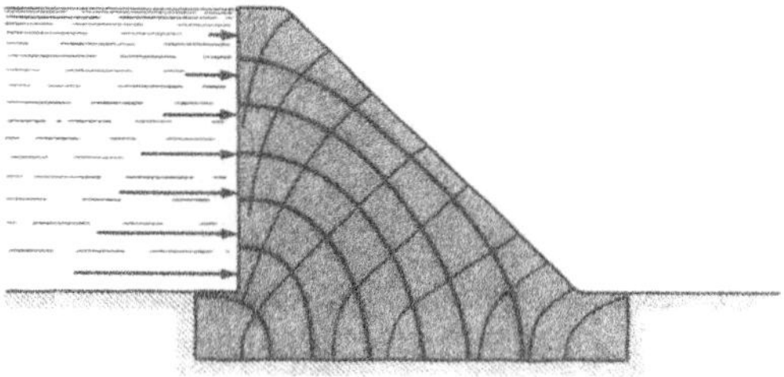

9.6 Hauptspannungslinien einer Gewichts-Staumauer

In Abb. 9.6 sind die Spannungslinien in einem Uferdamm dargestellt, auf dessen senkrechte Seite ein waagerechter Wasserdruck wirkt. Da der Wasserdruck immer senkrecht zur getroffenen Fläche wirkt, entsteht im Uferdamm kein Schub auf der senkrechten Seite. Deshalb sind die Hauptspannungsrichtungen auf dieser Seite senkrecht und waagerecht, die eine Art von Isostaten beginnt also waagerecht. Die gegenüberliegende schräge Seite des Damms ist frei von Spannungen, insbesondere von Schubspannungen. Die Neigung stellt damit selbst eine Hauptspannungsrichtung dar, die andere verläuft senkrecht zu ihr. Die dicker ausgezogenen Linien zeigen, wie der Wasserdruck über den Damm in den Boden geleitet wird. Die rechtwinklig dazu verlaufenden dünneren Linien zeigen die Zugkräfte, die bei dieser Umlenkung der Druckkräfte im Damm entstehen.

Die Spannungslinien in einem flachen Stab unter einfacher Zugspannung bilden ein Netz aus senkrechten Zugspannungen und, entsprechend dem Poisson'schen Phänomen (vgl. Abschnitt 5.1), waagerechten Druckspannungen (Abb. 9.7a). Wird in dem flachen Stab ein Loch angelegt, so können die Zugspannungslinien nicht gerade durchlaufen, sondern werden um das Loch herumgelenkt, wobei sie sich zusammendrängen. Die Biegung der Drucklinien zeigt an, daß sie weiterhin senkrecht zu ihnen stehen (Abb. 9.7b). Der Verlauf der Zugspannungen ist mit dem Fließvorgang von Wasser zu vergleichen: Sind die Ufer parallel und das Flußbett ohne Hindernisse, so sind auch die Fließlinien des Wassers parallel. Steht aber ein Pfeiler im Strom, so ist

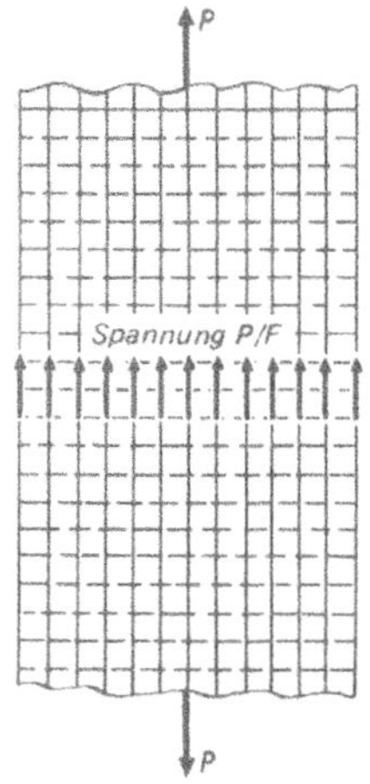

9.7a Hauptspannungslinien in einem Zugglied

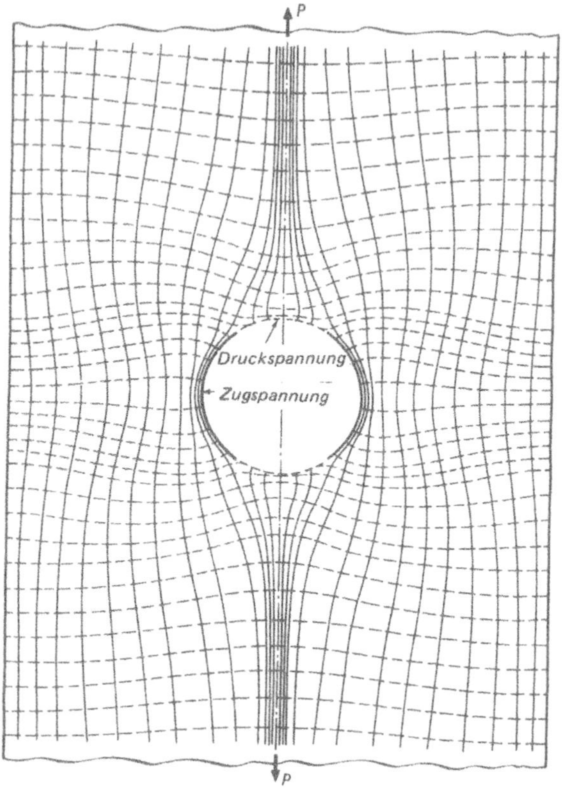

9.7b Hauptspannungslinien in Zugglied mit Bolzenloch

das Wasser gezwungen, herum zu fließen. Kraftfluß und Wasserfluß sind vergleichbar: So wie das Wasser mit erhöhter Geschwindigkeit das Hindernis umfließt, so erhöhen sich die Spannungen um das im Querschnitt des Stabes auftretende Loch. Die Spannungsverteilung in den beiden Restquerschnitten links und rechts des Loches ist nicht gleichförmig, sondern am Loch höher als am Stabrand (Abb. 9.8). Diese Spannungserhöhungen an Löchern, Kerben und anderen scharfen Änderungen des Querschnitts heißen ***Spannungskonzentrationen***. Die Höhe der Spannungen kann hier das mehrfache der sonstigen erreichen; sie kann nicht nur die Elastizitätsgrenze, sondern auch die Bruchgrenze des Materials überschreiten. Wird zum Beispiel die Kante eines Materials unter Zugspannung, das sonst kaum zu zerreißen ist, eingeschnitten, so entstehen an der Schnittstelle hohe Zugspannungskonzentrationen, die zum Reißen an der Schnittstelle führen. Ähnlich geht der Glaser vor, der die Trenn-

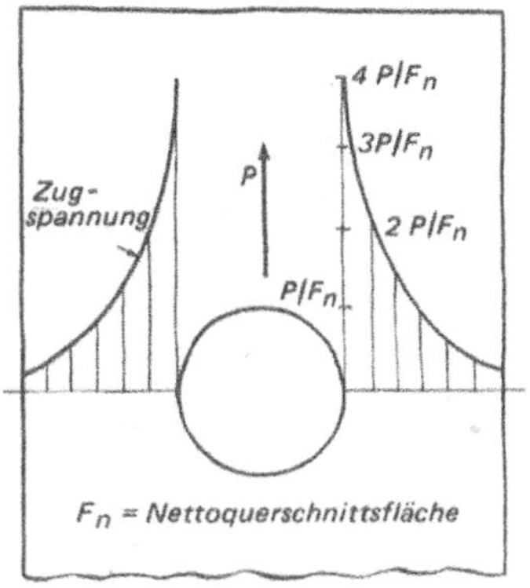

9.8 Spannungskonzentration am Bolzenloch

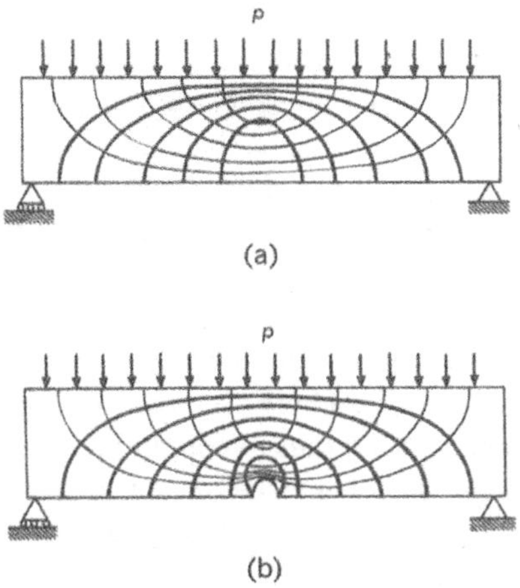

9.9 Hauptspannungslinien beim gelenkig gelagerten Einfeldbalken, ohne und mit Kerbung

linie auf der Glasscheibe nur einritzt und die Scheibe über Biegung bricht, indem er auf der eingeritzten Zugseite eine Spannungskonzentration herbeiführt.
In Abb. 9.9a sind die Spannungslinien eines gelenkig gelagerten Einfeldbalkens unter gleichförmiger Last dargestellt. Die Biege- und Schubspannungen können, wie dargestellt, als Drucklinien in Bogenform und Zuglinien in Seilform aufgefaßt werden; sie stehen jeweils rechtwinklig zueinander. Die Fasern auf der Unterseite des Balkens und in Feldmitte sind zugbeansprucht, und wenn dort eine Kerbe gemacht wird, entsteht eine Spannungskonzentration, weil die Zugspannungslinien um die Kerbe herumlaufen müssen und sich dabei verdichten (Abb. 9.9b). Besteht der Balken aus einem Baustoff mit höherer Druck- als Zugfestigkeit und wird die Belastung über den zulässigen Grenzwert erhöht, so übernimmt der Balken in Abhängigkeit von der Auflagerart umso mehr Belastung auf Druckbogenwirkung, je mehr er auf Zugwirkung verliert. Diese Spannungsumlagerung darf bei normaler Belastung allerdings nicht angesetzt werden, da sie mit schwerwiegenden Verformungen und teilweisem Versagen des Balkens verbunden ist. Es kann aber der Zusammenbruch des Tragwerks bei außergewöhnlichen Belastungen damit verhindert oder verzögert werden.

9.3 Die Bedeutung des plastischen Fließens

Wie in Abschnitt 3.1 ausgeführt, haben die meisten Baustoffe einen elastischen Spannungsbereich, darüber einen plastischen. Unter normalen Belastungsverhältnissen werden dabei die Spannungen unterhalb der Elastizitätsgrenze gehalten, um

die Summierung von dauerhaften Verformungen, wie sie bei plastischem Fließen entstehen, zu vermeiden. Das plastische Verhalten spielt auf der anderen Seite eine wichtige Rolle bei allen Tragwerken.
Beim Balken-Stützen-System liegt der Balken nach allgemeiner Ansicht mit voller Fläche und gleichmäßig verteilter Auflagerspannung auf dem stützenden Teil auf. Diese Annahme wäre richtig, wenn beide Flächen ideal eben wären. In Wirklichkeit aber sind beide uneben und besitzen unregelmäßige kleine Vorsprünge. Treffen zwei solche Vorsprünge aufeinander (Abb. 9.10), so findet die Berührung zwischen Balken und Stütze nur über eine sehr kleine Fläche statt, und die Druckspannungen sind hier möglicherweise sehr viel höher als bei Kontakt über der gesamten Auflagerfläche. Liegen diese Spannungen an den Vorsprüngen aber über der Fließgrenze, so platten sich die Erhebungen ab, die Fläche vergrößert sich, und die Spannungen verringern sich in Richtung auf zulässige Werte. Auf diese Weise werden ***Spannungskonzentrationen durch plastisches Fließen abgebaut*** und den zulässigen Rechnungswerten angenähert. Ein Balken-Stützen-System aus sprödem Material aber (vgl. Abschnitt 3.1) könnte solche Anpassung nicht vornehmen und würde sich bei Spannungskonzentrationen ggf. selbst zerstören.

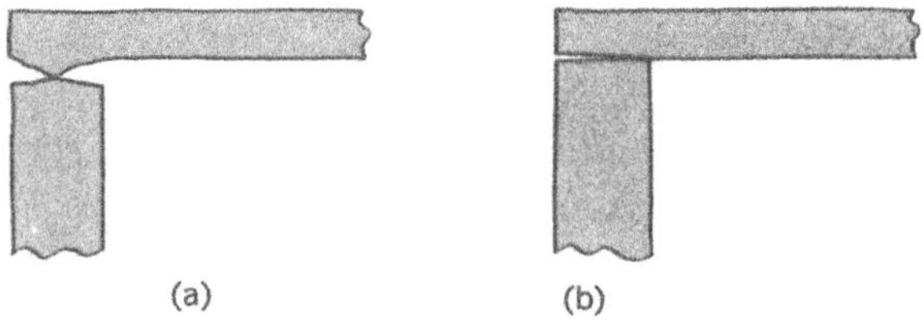

9.10 Spannungskonzentration und Fließen des Materials

Außer den unvermeidbaren Unebenheiten gibt es beim Balken-Stützen-System noch eine andere Gefahrenquelle der Spannungskonzentration, sie liegt auf der Auflagerinnenseite. Wenn Balken oder Platte sich unter ihrer Last durchbiegen, stützen sie sich wegen Verdrehung ihrer Enden auf der Innenseite des Auflagers auf (Abb. 9.11a). Wären beide Teile aus sehr hartem Baustoff, so würde die Verringerung der Auflagerfläche zu einer Erhöhung der Spannungen führen, die Stützenkante würde sich in den Balken eindrücken. In der Praxis hilft hier das Fließen des Materials. Die Verdrehung des Endquerschnitts führt zu einer Spannungskonzentration auf der Innenseite des Auflagers, und ein Fließen des Materials mindestens auf einer Seite setzt ein. Damit wird die Auflagerfläche wieder vergrößert und die Spannung soweit abgebaut, bis das Fließen aufhört (Abb. 9.11b).
Die Spannungskonzentrationen am Lochrand in waagerechter Richtung (vgl. Abb. 9.8) werden ebenfalls durch plastisches Fließen abgebaut. Das Fließen erstreckt sich soweit in das innere des Querschnitts, bis die Spannungslinien genügend große

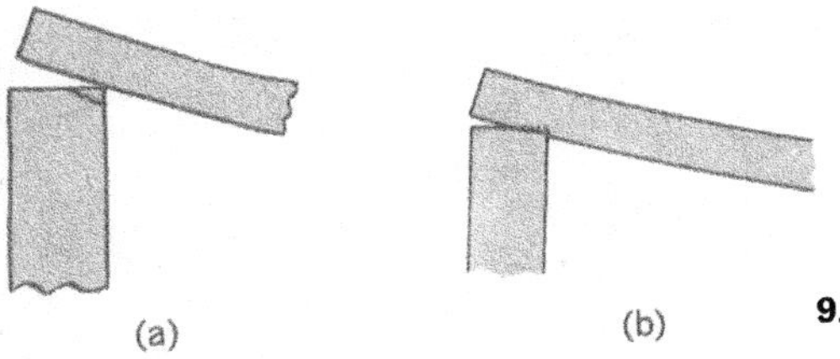

9.11 Spannungsumlagerung durch Fließen

Krümmungsradien angenommen haben und breiter verteilt sind als vorher, als sie unmittelbar am Lochrand verliefen. Die Analogie zum fließenden Wasser kann noch fortgesetzt werden: Um den Druck des Wassers auf einen Brückenpfeiler zu verringern, werden Ablenkungsvorrichtungen davorgesetzt, die den Strömungsdruck verteilen. Die plastischen Bereiche in den Zonen der Spannungskonzentration bewirken das gleiche und setzen damit die Spannungen im elastischen Bereich herab (Abb. 9.12).

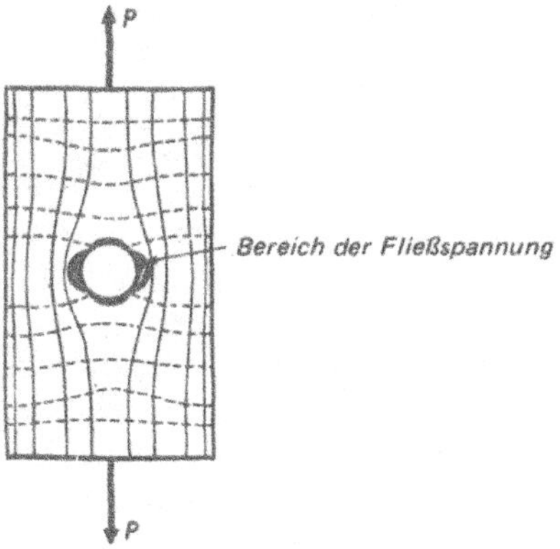

9.12 Plastisches Fließen im Randbereich eines Loches in einem Zugstab

Die Spannungsumverteilung durch plastischen Fluß bedeutet eine ***Festigkeitsreserve*** für praktisch alle auf Biegung beanspruchten Bauteile. Wie in Abschnitt 7.2 festgestellt, entsteht die höchste Biegespannung in Feldmitte bei gelenkig gelagerten Einfeldbalken unter symmetrischer Belastung. Die größte Belastung, die ein Balken sicher tragen kann, ist die, bei der die Spannungen auf seiner Ober- und Unterseite in Feldmitte den für das jeweilige Material zulässigen Höchstwert erreichen; dieser liegt gewöhnlich bei etwa 60 % der Elastizitätsgrenze. Wird die Belastung gesteigert, so erreichen die Spannungen in den äußersten Fasern die Elastizitätsgrenze, die Spannungsverteilung über die Balkenhöhe aber ist noch immer linear, und die Spannung der innenliegenden Fasern hat die Elastizitätsgrenze noch nicht erreicht (Abb. 9.13a). Wird die Belastung weiter gesteigert, so kann die Spannung in den Fasern

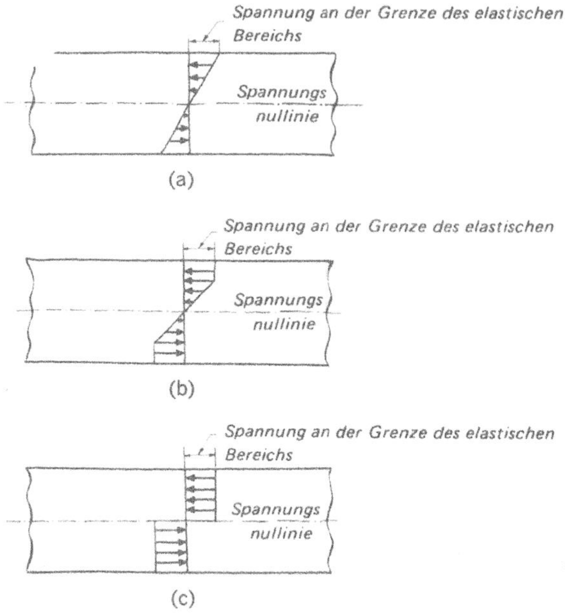

9.13 Spannungsbilder von 3 Zuständen plastischen Fließens im Rechteckquerschnitt

der Außenseiten nicht mehr zunehmen, da bei Erreichen der Elastizitätsgrenze praktisch das Fließen beginnt. Die mehr zur Mittelachse liegenden Fasern können sich nun stärker an der Lastaufnahme beteiligen, indem sich die Spannung ***in ihnen***, jeweils bis zur Fließgrenze, erhöht. Die Spannungsverteilung im Querschnitt ist nicht mehr dreiecksförmig, sondern folgt Abb. 9.13b. Denkbar ist, daß die Belastung nun weiter heraufgesetzt wird, bis alle Querschnittsfasern die Elastizitätsgrenze erreicht haben. Bei diesem Zustand wäre die Spannungsverteilung rechteckig (Abb. 9.13c), der Balken hätte seine höchste, die Bruchlast-Tragkraft erreicht. Alle Fasern befänden sich im Fließzustand, oberhalb der Mittelachse auf Druck, unterhalb auf Zug. Der Balken bricht hier zusammen, weil obere und untere Hälfte des Querschnitts in Feldmitte sich gegeneinander verdrehen, ***als hätte der Balken in der Mitte ein Gelenk***; und dieses ***plastische Gelenk*** verwandelt den Balken in einen instabilen Dreigelenk-Mechanismus (Abb. 9.14). Bei einem Rechteckquerschnitt ist die Bruchlast 50 % höher als die, bei der das Fließen beginnt. Das Fließen bedeutet also eine Festigkeitsreserve von 50 %, die bei außerordentlicher Belastung einen

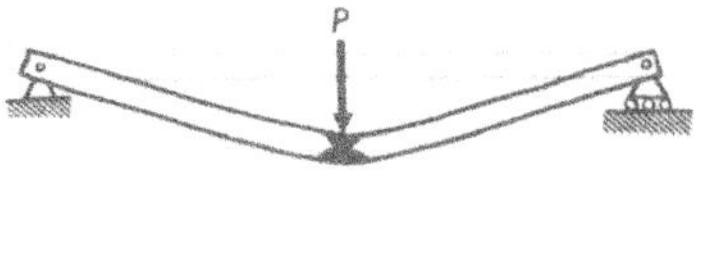

9.14 Plastisches Gelenk in gelenkig gelagertem Einfeldbalken

Zusammenbruch verhindern könnte. (Für eine weitere Festigkeitsreserve bei in Längsrichtung unverschieblich festgehaltenen Balkenenden vgl. Abschnitt 10.7.)
Der gelenkig aufgelagerte I-Träger ist bei Biegebeanspruchung effektiver als ein Rechteckbalken, besitzt aber eine geringere Festigkeitsreserve. Dies erklärt sich aus folgendem: Der I-Träger ist effizient, ***weil*** das meiste Material seines Querschnitts in dem oberen und unteren Flansch angeordnet ist, wo auch die Spannungen am größten sind. Wenn das Material aber in den Flanschen zu fließen beginnt, können zusätzliche Lasten nur durch Spannungserhöhungen im Steg aufgenommen werden; der Steg hat einen so geringen Querschnitt, daß die entsprechende Lastenvergrößerung bedeutungslos ist. Der I-Träger entwickelt das plastische Gelenk praktisch unmittelbar, nachdem in den Flanschen die Fließgrenze erreicht ist; weil die Flanschspannungen nicht umgelagert werden können, beträgt die Festigkeitsreserve bis zum Zusammenbruch nur 15 %.

Eingespannte Balken besitzen eine größere Festigkeitsreserve. Wie in Abschnitt 7.3 gezeigt, entstehen bei einem eingespannten Balken bei gleichförmig verteilter Belastung die höchsten Spannungen an den Auflagern. Wird die Belastung über die Fließgrenze hinaus gesteigert, so beginnen die Fasern dieser Querschnitte an den Einspannstellen zu fließen, bis die Spannungsverteilung nach Abb. 9.13c erreicht ist; die Querschnitte haben plastische Gelenke entwickelt ((a) in Abb. 9.15). Bei weiterer Steigerung der Belastung verhält sich nun der ursprünglich eingespannte Balken so, als wäre er beidseitig gelenkig aufgelagert. Dabei nehmen jetzt die Spannungen in dem Querschnitt in Feldmitte ((b) in Abb. 9.15) bis in den plastischen Bereich zu. Zu diesem Zustand besitzt der Balken ***drei plastische Gelenke,*** hat seine höchste, die Bruchlast-Tragfähigkeit erreicht und bricht zusammen (vgl. Abb. 9.15). Der eingespannte Balken hat somit eine zweifache Festigkeitsreserve: das Fließen an den Einspannstellen und das Fließen in Feldmitte. Die Bruchlast bei einem eingespannten Balken mit Rechteckquerschnitt ist doppelt so hoch wie die, bei der das Fließen in den äußersten Fasern der Endquerschnitte beginnt. Dieser Balken hat deshalb eine Festigkeitsreserve von 100 %.

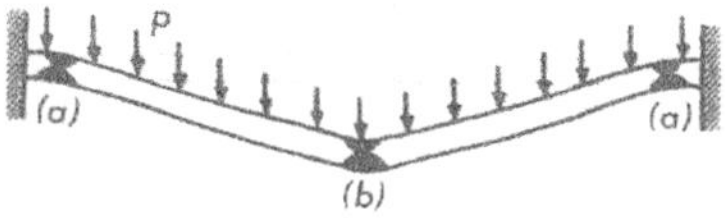

9.15 Plastische Gelenke in eingespanntem Einfeldbalken

Ein I-Träger mit in der Länge gleichbleibendem Querschnitt kann die Spannungen in ***einem Querschnitt*** nicht wesentlich umverteilen, besitzt aber als eingespannter Träger eine Festigkeitsreserve von über 33 %. Sobald die höheren Spannungen in den Flanschen der Querschnitte an den Einspannstellen die Elastizitätsgrenze überschritten und sich dort plastische Gelenke eingestellt haben, wachsen die zunächst niedrigeren Spannungen in den Flanschen in Feldmitte, bis sich dort das dritte

Gelenk gebildet hat. Die zusätzliche Belastung ist hauptsächlich über den Spannungszuwachs in Feldmitte aufgenommen worden. Die Umverteilung der Spannungen findet weniger in den einzelnen Querschnitten als vielmehr ***in der Länge zwischen Einspannstelle und Feldmitte*** statt.
Von Spannungsumlagerungen aus plastischem Fließen können auch Rahmen aller Art betroffen sein, da die Belastung bei ihnen Höchstspannungen nur in einigen kritischen Querschnitten hervorruft. Sobald irgendwo ein plastisches Gelenk entsteht, wachsen die Spannungen in anderen Querschnitten. Dabei erlaubt die Durchlaufverbindung zwischen allen Teilen des Rahmens eine Spannungsumlagerung an verschiedenen Querschnitten (Abb. 9.16). Die Durchlaufwirkung sichert also eine Festigkeitsreserve und führt zu einer Art ›demokratischem‹ Tragverhalten: Weniger belastete Querschnitte beteiligen sich stärker, wenn hochbeanspruchte Querschnitte ihre Grenzbelastung erreicht haben. Die Durchlaufwirkung ist eine der besten Sicherungen gegen Einsturz, auch wenn sie bei bestimmten Belastungen an einigen Punkten zu höheren elastischen Spannungen führt.

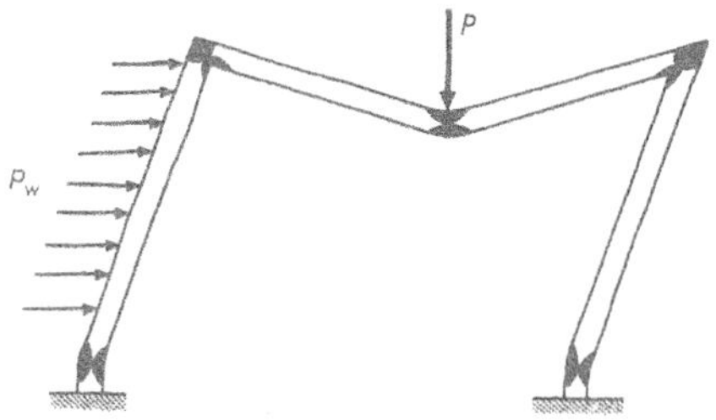

9.16 Plastische Gelenke in eingespanntem Einfeldrahmen

Fließen in stärkerem Ausmaß soll unter normalen Umständen vermieden werden, weil es eine häufig sogar noch zunehmende Dauerverformung des Tragwerks bedeutet. Örtliches Fließen in kleinem Umfang wiederum baut Spannungskonzentrationen ab, die sonst das Tragwerk gefährden könnten. Plastisches Fließen ist der Mechanismus, durch den ein Tragwerk Spannungen umlagert und sich gegen plötzlichen Einsturz sichert. Daraus folgt, daß kein Baustoff konstruktiv eingesetzt werden kann, wenn er nicht bei hoher Belastung in gewissen Grenzen fließt.

10 Roste, Platten, Faltwerke

10.1 Zweiachsige Lastabtragung

Die bis hierher betrachteten Tragwerke besaßen alle die Eigenschaft, Lasten nur in einer Achse abzutragen. Lasten auf einem Seil oder einem Balken werden nur längs der Seillinie oder der Balkenachse in Auflager eingeleitet. Bögen, Rahmen, Durchlaufträger erlauben ebenfalls nur einachsige Lastabtragung. Alle diese Tragwerke sind deshalb ***eindimensional***, sie können über eine gerade oder gekrümmte Linie beschrieben werden, entlang derer die Lasten über Spannungen abgeleitet werden. (Linien gelten als eindimensional, weil Punkte auf ihnen durch jeweils ***eine einzige*** Zahl als Abstand von anderen Punkten definiert werden können.)

Eindimensionale Tragwerke können zur Abdeckung von Rechteckflächen verwendet werden, doch ist dies gewöhnlich unpraktisch und unwirtschaftlich. Eine Reihe von Balken zum Beispiel, alle parallel zur Schmalseite eines Rechtecks angeordnet, würde diesen Zweck erfüllen. Fällt aber eine Einzellast an, so müßte sie von nur dem einem Balken unter ihr aufgenommen werden, während alle übrigen Balken unbelastet blieben (Abb. 10.1). Dieses System ist unpraktisch, weil sich nur der belastete Balken durchbiegt, alle anderen horizontal bleiben; und es ist unwirtschaftlich, weil jedes Teil für die volle Einzellast bemessen werden muß. Da die Last nur in Richtung der Balken abgetragen wird, werden nur deren Auflagerwände belastet, nicht aber die Seitenwände parallel zu den Balken. Dies mag eine angemessene Lösung sein, wenn die unbelasteten Wände für andere Aufgaben herangezogen werden; es ist aber eine unwirtschaftliche Lösung, wenn die vorhandene Fähigkeit, Lasten aufzunehmen, nicht genutzt wird.

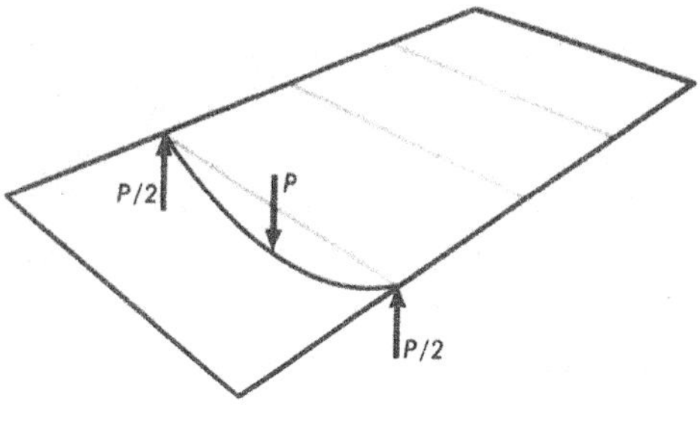

10.1 Wirkung einer Einzellast auf ein lineares Tragglied

Es ist deshalb einleuchtend, daß bei dem angeführten Beispiel eine Lastabtragung nach beiden Richtungen hin wirtschaftlicher wäre. Dies kann über ***Balkenroste*** und ***Platten*** erreicht werden, die als ***zweidimensionale Tragwerke*** in einer Ebene wirken.

10.2 Rechteckbalkenroste

Legt man zwei gelenkig gelagerte Einfeldbalken gleicher Abmessungen rechtwinklig übereinander und bringt in ihrem Kreuzungspunkt eine Einzellast an, so wird diese in ***beiden Balkenrichtungen*** zu den Auflagern abgeleitet (Abb. 10.2a). Der Mechanismus dabei ist der, daß die Belastung des oberen Balkens zu dessen Durchbiegung führt, womit der untere Balken belastet wird und sich durchbiegt. Dabei verteilt sich die Last auf beide Balken. Da der obere Balken auf dem unteren aufliegt, müssen beide die gleiche Durchbiegung erleiden, und wenn sie identisch in den Abmessungen sind, müssen sie je die Hälfte der Last aufnehmen (Abb. 10.2b). Jedes der Auflager erhält damit ein Viertel der Last; die zweiachsige Lastabtragung halbiert die Auflagerdrücke gegenüber einer einachsigen.

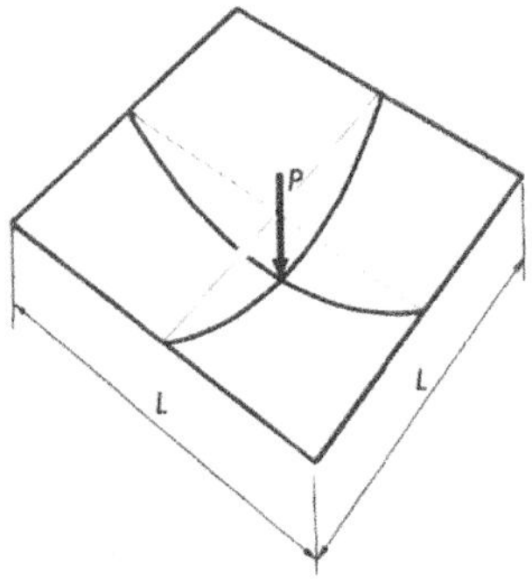

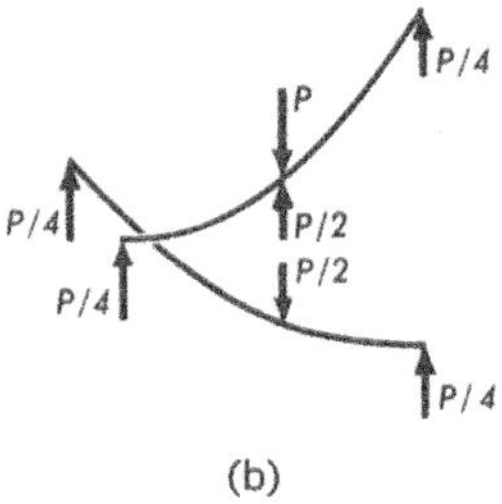

10.2 Zweiachsiale Wirkung einer Einzellast auf ein flächiges Tragelement

Die beiden rechtwinklig zueinander liegenden Balken müssen sich aber auch dann um den gleichen Betrag durchbiegen, wenn sie verschiedene Längen und/oder Abmessungen des Querschnitts haben. Um einen steiferen Balken genauso stark durchzubiegen wie einen weniger steifen ist eine entsprechend größere Last erforderlich. Das bedeutet, daß der steifere Balken einen größeren Teil der Belastung übernimmt als der weniger steife, die Belastungen sind also ungleich. Die Steifigkeit eines Balkens unter Einzellast ist umgekehrt proportional zur Länge in der 3. Potenz. Wenn also zwei Balken von gleichem Querschnitt Spannweiten haben, die sich wie

1 : 2 verhalten, dann steht ihre Steifigkeit im Verhältnis 8 : 1. Der kurze Balken übernimmt demnach $\frac{8}{9}$ der Belastung, der doppelt so lange aber nur $\frac{1}{9}$ (Abb. 10.3). Dieses Beispiel zeigt, daß der zweiachsige Lastabtrag praktisch nur stattfindet, wenn beide Balken eine angenähert gleiche Steifigkeit besitzen. Sobald aber der eine Balken erheblich steifer ist als der andere, übernimmt er den Hauptteil der Last, und der Lastabtrag verläuft nur in dieser Richtung. Soll auch bei ungleichen Spannweiten ein zweiachsiger Lastabtrag bewirkt werden, so muß der Balken in der längeren Spannrichtung entweder einen erheblich verstärkten Querschnitt erhalten, d. h. ein höheres Trägheitsmoment (vgl. Abschnitt 7.1), oder er muß über die Auflagerbedingungen steifer gemacht werden. Da als Beispiel ein eingespannter Balken mit Einzellast in Feldmitte nur $\frac{1}{4}$ der Durchbiegung eines analogen gelenkig gelagerten Balkens aufweist, und da die Durchbiegung proportional zur Spannweite in der 3. Potenz zunimmt, kann bei zwei rechtwinklig zueinander angeordneten Balken gleichen Querschnitts der Lastanteil genau halbiert werden, wenn die Spannweiten sich wie 1 : $\sqrt[3]{4}$, also wie 1 : 1,59 verhalten. Dabei ist der Balken über die längere Spannweite eingespannt, der über die kürzere gelenkig gelagert.

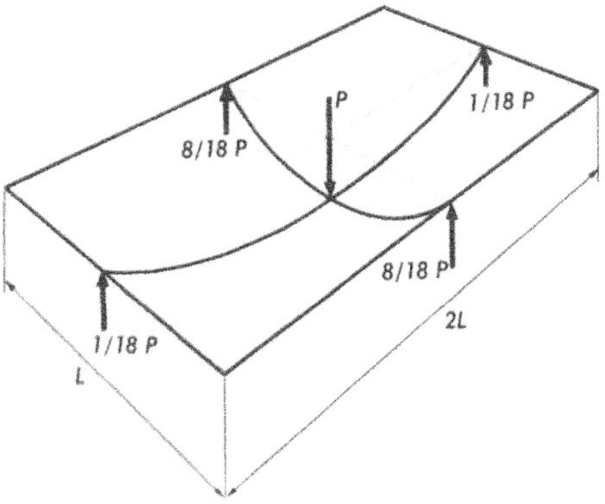

10.3 Zweiachsialer Lastabtrag bei unterschiedlichen Seitenlängen

Das Balkenkreuz kann zu einer Konstruktion erweitert werden, bei der ein Längsbalken sich mit zwei und mehr Querbalken kreuzt, mit einer Einzellast in jedem Knotenpunkt. Bei der Anordnung nach Abb. 10.4 ist die Durchbiegung des Längsbalkens in den Viertelpunkten geringer als auf halbe Länge. Dies bedeutet, daß bei gleich großer Steifigkeit der Querbalken der mittlere einen größeren Lastanteil übernimmt als die beiden seitlichen, indem er sich stärker durchbiegt. Besitzen Längs- und Querbalken die gleiche Steifigkeit und verhalten sich die Spannweiten wie 1:2, so entstehen an den Auflagern die in Abb. 10.4 angegebenen Kräfte. Klar erkennbar ist der ***größere*** Lastabtrag in Richtung der ***kürzeren*** Spannweite: Die beiden Langseiten nehmen 94 % der gesamten Belastung auf. Wäre die Steifigkeit des Längsbalkens 8 mal höher, so nähmen die Langseiten immer noch etwa 65 % auf. Die Lasten

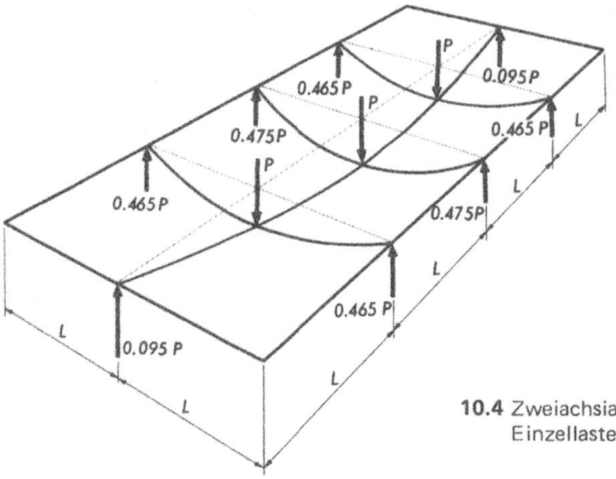

10.4 Zweiachsialer Lastabtrag bei drei Einzellasten

suchen sich den kürzesten Weg zum Auflager, und die zweiachsige Tragwirkung endet, sobald das ***Seitenverhältnis*** größer als 1 : 1,5 ist.
Man kann eine Rechteckfläche auch mit einem ***Rost*** aus sich rechtwinklig kreuzenden Balken überspannen und dabei eine zweiachsige Lastabtragung von Lasten, die in jedem Knotenpunkt anfallen, erreichen (Abb. 10.5). Liegen dabei die Balken der einen Richtung ***auf*** denen der anderen auf, so wirken die oben liegenden wie Durchlaufbalken über nachgiebigen Zwischenauflagern, welche die unteren Balken darstellen. Bei einseitiger Belastung aber entsteht auf der unbelasteten Seite eine Durchbiegung nach oben, dabei hebt sich der obenliegende Balken ab (Abb. 10.6). Ein besseres Zusammenwirken beider Balkenlagen läßt sich durch ihr ›Verweben‹ herstellen (Abb. 10.7). Der Rost wirkt jetzt nach oben und nach unten: Biegt sich ein Balken nach oben durch, so wird er durch den quer liegenden von oben festgehal-

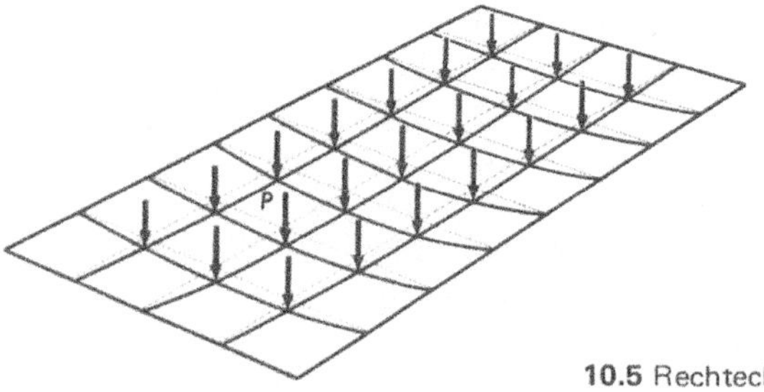

10.5 Rechteckrost

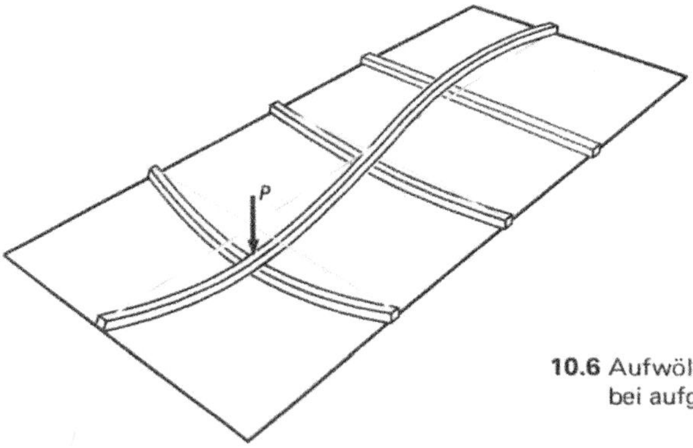

10.6 Aufwölbung (negative Durchbiegung)
bei aufgelegtem Balken

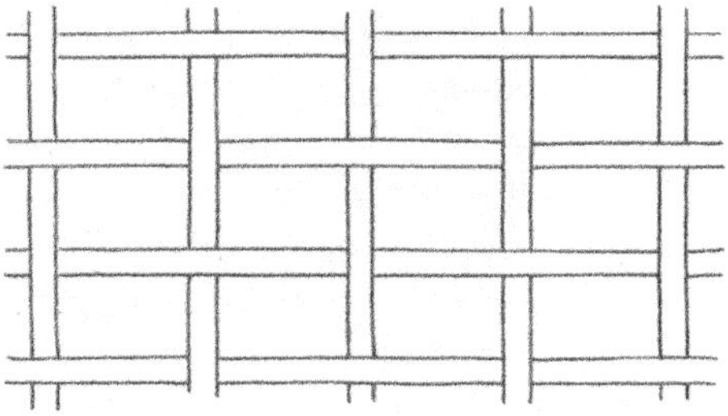

10.7 ‚Verwebter' Rost

ten; biegt er sich nach unten durch, so stützt ihn ein untenliegender. In der Praxis wird dieses Tragverhalten durch Verschweißen, Verbolzen oder Vernieten der Trägerkreuzungen erzeugt; bei Stahlbetonrosten ergibt sich die Verbindung der Balken aus der monolithischen Herstellung.
Die Träger des Rosts können in ein rechtwinkliges ***räumliches Fachwerk*** aufgelöst werden (vgl. Abschnitt 10.9). Dieses besitzt dasselbe zweiaxiale Tragverhalten. Eine steife Verbindung der beiden Lagen von Rostbalken führt eine weitere Komponente des Tragverhaltens von Rosten ein. Werden zwei rechtwinklig zueinander liegende Balken mittig belastet, so senkt sich ihre Knotenpunktverbindung, ***verdreht*** sich aber aus Gründen der Symmetrie dabei ***nicht*** (Abb. 10.8 (a)). Nicht-mittige Knotenpunkte an den Seiten aber biegen sich ebenfalls durch, und ***verdrehen*** sich dazu (b); denn die steife Knotenverbindung verwandelt die ***Durchbiegung*** des Querbalkens in eine ***Verdrehung*** des Längsbalkens. Die Steifigkeit des Rosts ist größer, wenn die Balken nicht gelenkig aufeinander aufliegen, sondern starr miteinander verbunden sind. Dies bedeutet, daß auch über das Torsionsverhalten der Balken ein gewisser Lastanteil zu den Auflagern geleitet wird; dadurch werden die Durchbiegungen des

Rosts geringer. Der Leser kann sich ein einfaches Modell eines Rosts bauen und daran feststellen, daß eine feste Knotenverbindung zu einer Verdrehung der Balken führt, zugleich aber den Rost steifer macht als eine gelenkige Knotenverbindung.

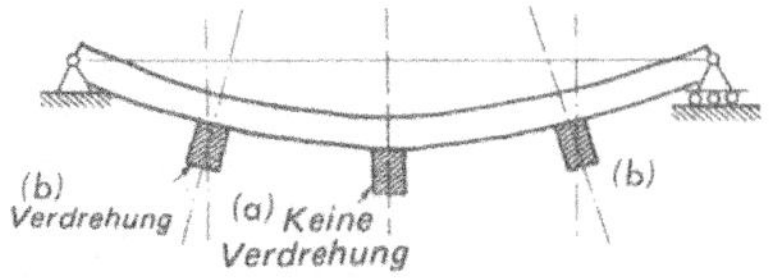

10.8 Verdrehung am Rost

Rostsysteme sind also besonders wirksam bei der Aufnahme von Einzellasten, indem ihre gesamte Struktur an der Lastübertragung beteiligt wird. Damit ist zum einen eine bessere Verteilung der Last auf die Auflager gegeben, zum anderen aber verringert sich das Verhältnis von ***Konstruktionshöhe zu Spannweite***. Bei normalen Konstruktionen mit parallelen Balken ist die Konstruktionshöhe $\frac{1}{10}$ bis $\frac{1}{20}$ der Spannweite, sie hängt auch vom Material ab. Stahlträger erlauben eine etwas geringere Konstruktionshöhe als vorgespannte Stahlbetonträger. Stahlbetonbalken sind höher, Holzbalken noch höher. Das Verhältnis von Konstruktionshöhe zu Spannweite kann $\frac{1}{20}$ kaum unterschreiten, wenn Spannungen ***und*** Durchbiegungen innerhalb zulässiger Grenzen verbleiben sollen. Rechtwinklige Roste aber mit annähernd quadratischem Seitenverhältnis kommen mit einer Konstruktionshöhe von $\frac{1}{30}$ bis hinunter zu $\frac{1}{40}$ der Spannweite aus. Bei Gebäuden mit höheren Geschoßzahlen kann eine solche Verringerung zu Kostenersparnissen führen, auch verringert sich die Gebäudehöhe.
Trotz dieser interessanten Eigenschaften ist aber daran zu erinnern, daß zweiaxiale Roste wegen ihrer teuren Knotenverbindungen selten günstiger sind als einachsige Trägersysteme.

10.3 Schrägroste

Eine weitere Verringerung der Konstruktionshöhe kann manchmal durch Schrägroste erreicht werden. Bei diesen kreuzen sich die Träger nicht im rechten Winkel (Abb. 10.9). Sie haben einen doppelten Vorzug.

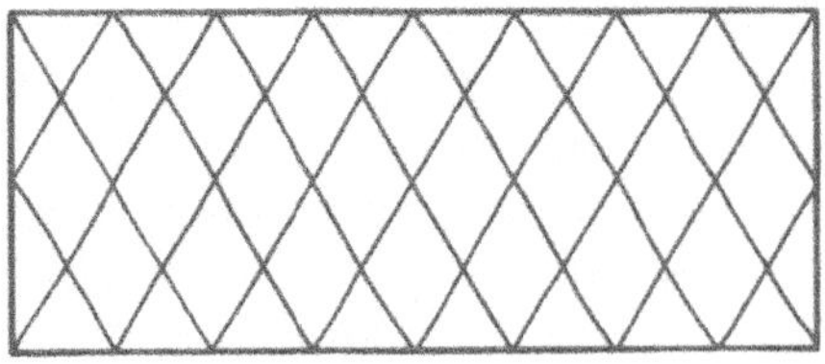

10.9 Schrägrost

Ist eine langrechteckige Fläche mit einem Rost zu überspannen, so besitzen die Träger eines Schrägrostes keine sehr unterschiedlichen Spannweiten, und der Verlust aus dem Verzicht auf die zweiaxiale Lastabtragung ist geringer. Schrägliegende Träger schneiden ferner diagonal die Ecken ab, dabei sind sie wegen der verkürzten Spannweite steifer und geben den in die Ecken laufenden Trägern eine bessere Unterstützung. Bei Lasten in Feldmitte, aber auch bei gleichförmig verteilter Belastung, bewirken diese steifen Diagonalen über Eck eine Umkehrung der Krümmung in den einlaufenden Balken, so als wären diese an den Enden eingespannt und nicht gelenkig aufgelagert (Abb. 10.10). Da die Tragfähigkeit eines eingespannten Balkens bei verteilter Belastung 120 % größer ist als bei gelenkiger Lagerung, haben Schrägroste eine etwas höhere statische Effektivität. Sie erreichen ein Verhältnis von Konstruktionshöhe zu Spannweite von 1 : 40 bis 1 : 60.

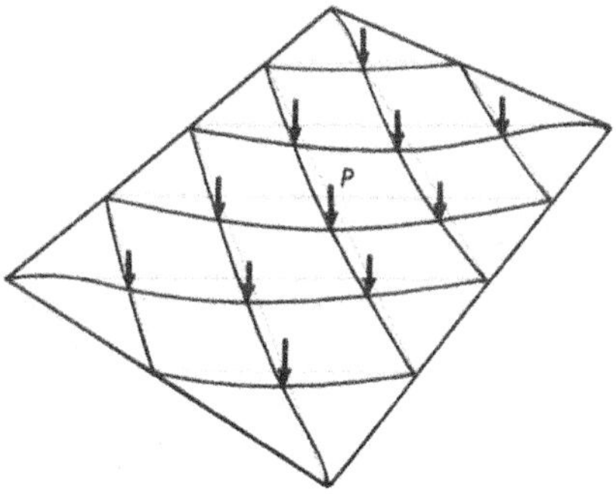

10.10 Umkehrung der Krümmung bei Schrägrosten

10.4 Das Tragverhalten von Platten

Das zweiaxiale Tragverhalten von Trägerrosten ist auf die starre Verbindung der Knotenpunkte zwischen beiden Lagen zurückzuführen. Diese Tragwirkung wird in der Praxis noch verstärkt, wenn die offenen Felder mit festangeschlossenen Platten geschlossen werden, wodurch die Dach- oder Geschoßdecke nahezu monolithisch wird. Die Vorzüge einer über die ***ganze Konstruktionshöhe*** monolithischen Konstruktion sind noch größer.
Eine ***Platte*** ist ein monolithisches Tragelement von verhältnismäßig geringer Dicke. Nimmt man an, daß eine rechteckige Grundrißfläche mit einer Platte abgedeckt werden soll, so läßt sich deren Tragverhalten zunächst als Zusammenwirken rechtwinklig zueinander liegender Längs- und Querbalken auffassen. Dabei bedeutet die Durchbiegung des einen die Verdrehung des anderen (Abb. 10.11a). Das Tragverhalten der Platte entspricht dem eines Trägerrosts mit verschweißten Knoten, bei dem

eine unendlich große Zahl von Trägern sehr dicht aneinander liegt. Ideell aber laufen bei einer monolithischen Platte Balken in ***jeder*** Richtung und verbinden dabei jeweils zwei Punkte der Auflager (vgl. Abb. 10.11b). Da bei jedem physikalischen Phänomen die Natur dem Weg des geringsten Widerstandes folgt, leiten Tragwerke Belastungen über den jeweils effektivsten Mechanismus ab. Platten wirken dabei als ***der*** verschweißte Balkenrost, der Lasten mit den ***geringstmöglichen*** Spannungen zu den Auflagern ableitet.

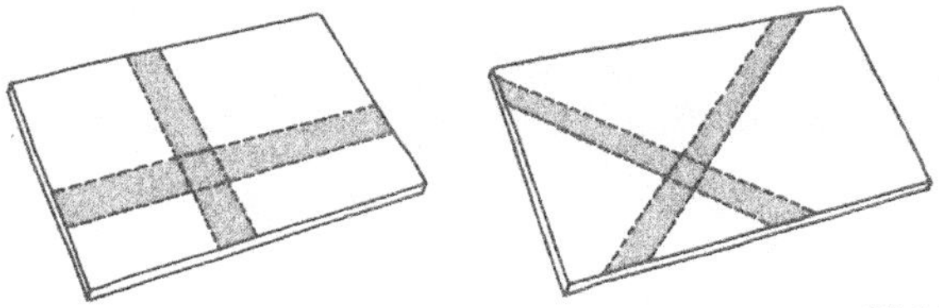

(a) (b) **10.11** Tragverhalten einer

Die Analogie mit dem Trägerrost zeigt, daß eine belastete Platte sich an jedem Punkt zugleich durchbiegt und verdreht. Bei der Durchbiegung entstehen Balkenspannungen, also Biegung und Schub. Bei der Verdrehung aber entsteht Torsionsschub (vgl. Abschnitt 5.3).

Man kann sich unschwer das Zusammenspiel von Biegung, Schub und Torsionsschub bei der Ableitung einer Einzellast über ***Plattenwirkung*** vorstellen. Bestünde die Platte aus parallelen und unverbundenen Einzelbalken, so würde nur der belastete Balken durchbiegen und über Biegung und Schub die Last zu seinen Auflagern leiten (Abb. 10.12a). Die ›Balken‹ einer Platte aber sind monolithisch miteinander verbunden, so daß der belastete Balken die benachbarten mit herabzieht und so ***einen Teil*** der Last an sie abgibt. Diese Lastübertragung geschieht über eine Schubkraft in den seitlichen Grenzflächen und erzeugt Biegung und Schub in den Nachbarbalken (Abb. 10.12b). Die beiden Nachbarbalken übertragen über Schub wiederum ***einen Teil*** der empfangenen Belastung auf die ihnen benachbarten Balken, wobei die ***Differenz*** eine Verdrehung in ihnen erzeugt (Abb. 10.12c). Auf diese Weise wird über Schub und Verdrehung die Last auch ***rechtwinklig*** zur Spannrichtung des belasteten Balkens weitergeleitet, über Biegung und Schub aber ***in*** der Spannrichtung der Balken. Da die Platte aber aus Balken nicht nur einer Richtung besteht, ergibt sich die beschriebene Lastabtragung ebenfalls ***in beiden Richtungen***.
Die Tragwirkung der Platte besteht also in der Kombination von balkenartigem Tragverhalten in beiden Richtungen ***und*** torsionssteifem Verhalten in beiden Richtungen (Abb. 10.12d).

Platten sind demnach durch Lastaufnahme auch über Torsion gekennzeichnet. Dies unterscheidet sie von Balken, aber auch von Rosten, da auch verschweißte Roste

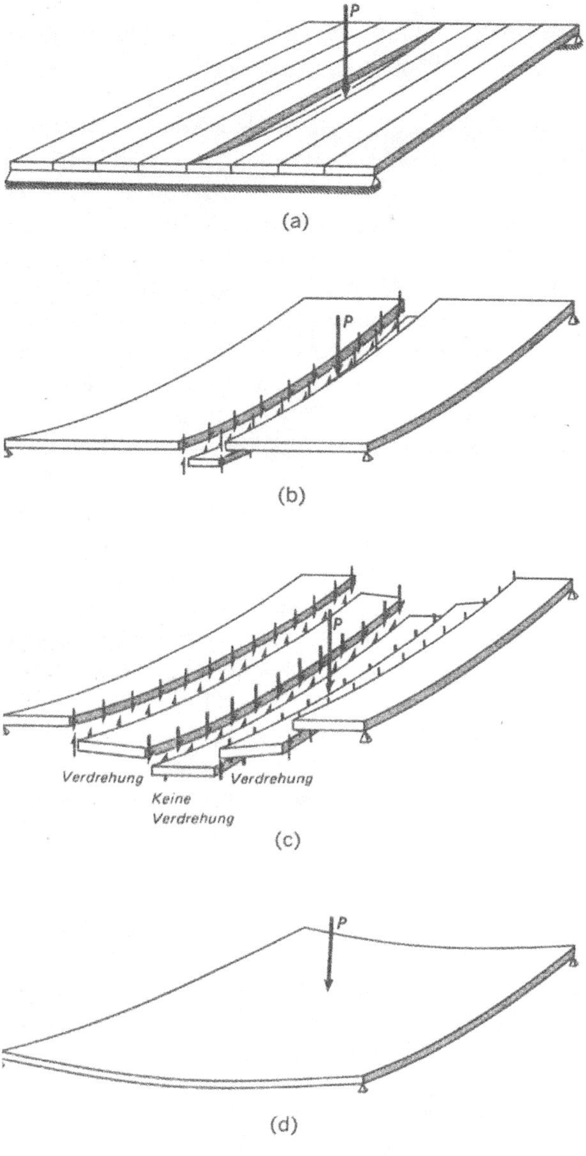

10.12 Plattenwirkung

keine ausreichende Torsion entwickeln. Es ist in diesem Zusammenhang interessant, festzustellen, daß die Torsionsfestigkeit der Platte einen beachtlichen Teil ihrer Tragfähigkeit ausmacht. Bei einer quadratischen, gelenkig aufgelagerten Platte mit gleichförmig verteilter Belastung zum Beispiel übernimmt die Torsion etwa 50 % der

Lastabtragung zu den Auflagern. Bei einem rechtwinkligen, nicht verdrehungssteifen Rost dagegen würde die Belastung zu 100 % über Balkenwirkung zu den Auflagern übertragen.
Wie bereits ausgeführt, ist eine Platte in der Lage, das Tragverhalten eines Trägerrosts in jeder Richtung hervorzubringen. Jeder Punkt einer Platte kann also als Knotenpunkt von Trägern eines rechtwinkligen Rosts angesehen werden, wobei die Zahl der Spannrichtungen in jedem Punkt beliebig hoch ist (vgl. Abb. 10.11). Dabei sind die Biegespannungen überall verschieden hoch, abhängig von der Spannrichtung des gedachten Rosts, weil die Trägerspannweiten bei jeder Spannrichtung verschieden lang sind. Untersucht man die Biegespannungen für einen ***bestimmten Punkt*** der Platte, so stellt sich heraus, daß sie, in zwei rechtwinklig zueinander liegenden Richtungen, jeweils ein Maximum und ein Minimum aufweisen, und daß jeweils in diesen Richtungen die Torsionsspannungen gleich Null sind. Diese Richtungen sind die schon erwähnten ***Hauptspannungsrichtungen*** (vgl. Abschnitt 9.2). Kennzeichnet man für jeden Punkt die Hauptspannungsrichtungen mit Kreuzchen, so ergibt ihre Verbindung die ***isostatischen*** oder ***Hauptspannungslinien***, mit denen sich der Fluß der Spannungen in der Platte darstellt. Da in ihren Richtungen keine Torsionsspannung auftritt, kann man sich die Platte auch als Rost aus ***gekrümmten*** Balken vorstellen, die sich jeweils unter rechten Winkeln kreuzen und keine Last über Verdrehung abtragen. Die isostatischen Linien für gelenkig aufgelagerte quadratische bzw. rechteckige Platten bei gleichförmig verteilter Belastung sind in Abb. 10.13a und b dargestellt.
Die Durchbiegung der Platte nach Abb. 10.13a ist in Abb. 10.14 veranschaulicht. Im Mittelfeld entspricht sie dem eines gelenkig gelagerten Balkens. Die Eckfelder dagegen sind steif, wenn ihre Seitenkanten zu waagerechtem Aufliegen gezwungen

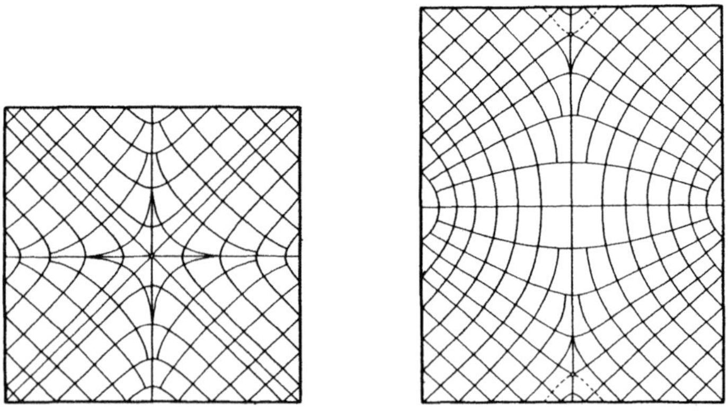

(a) (b)

10.13 Isostatische Linien gelenkig gelagerter Platten bei gleichförmig verteilter Belastung

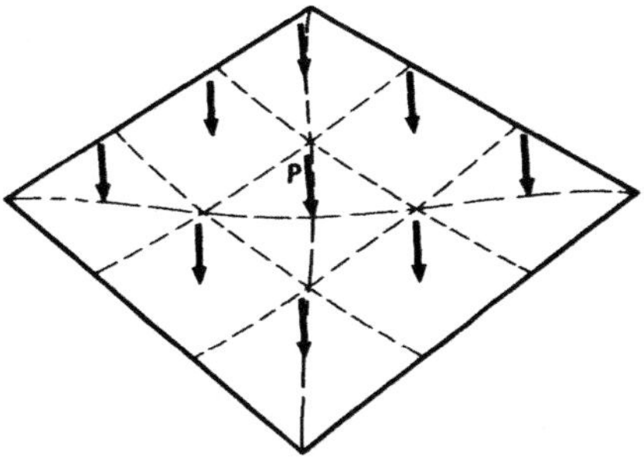

10.14 Verformung einer gelenkig gelagerten quadratischen Platte bei gleichmäßig verteilter Belastung

werden. Die Auflagerverdrehung gedachter diagonaler Plattenstreifen ist damit verhindert, diese verhalten sich vielmehr wie eingespannte Balken, ihre Biegelinie kehrt sich um.

Die Besonderheit zweiachsig gespannter Platten zeigt sich an den Ecken. Nehmen bei einfacher Auflagerung der Platte die Auflager nur senkrecht ***nach unten*** wirkende Kräfte aus der Platte auf, so hebt diese sich an den Ecken ab (Abb. 10.15a). Soll die Platte aber durchgehend aufliegen, so müssen an den Ecken zusätzliche Einzellasten aufgebracht werden. Greift in der Mitte einer quadratischen Platte eine Kraft P an, so erreichen die Kräfte, die zum Niederhalten der Ecken erforderlich werden, die Größe von 50 % dieser Kraft (Abb. 10.15b).

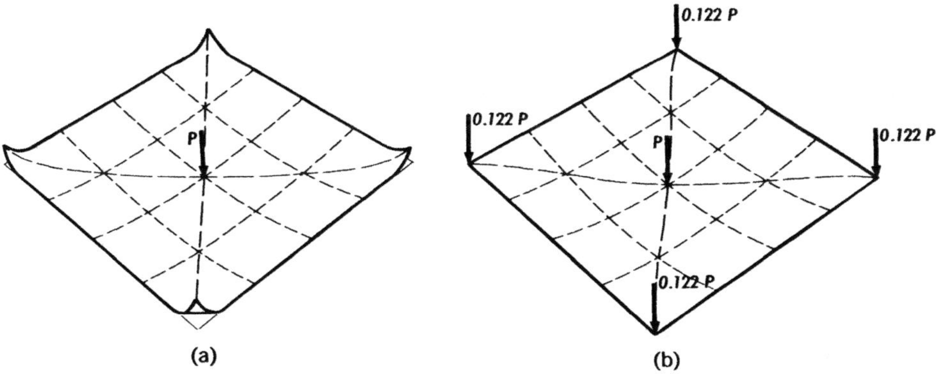

10.15 Aufwerfen der Plattenecken und ihr Niederhalten

Man kann die Steifigkeit einer solchen quadratischen, gelenkig aufgelagerten Platte mit der von Balken gleicher Länge und Auflagerbedingung vergleichen. Die Mittendurchbiegung der Platte beträgt dann nur 42 % von der des Balkens, und die Biegespannung ist 29 % geringer. Die Spannungen aus dem negativen Biegemoment in den Plattenecken sind zweieinhalb mal geringer als die, welche in diagonal angeordneten Balken auftreten würden. Obwohl die Verteilung der Biegespannung ***über die Dicke*** der Platte der linearen Verteilung des Balkens entspricht und als solche nicht das Ideal an Effektivität ist, liegen doch die Spannungshöchstwerte bei der zweiachsig gespannten Platte erheblich niedriger.

Für die Verteilung der Bewehrung in Stahlbetonplatten ist es erforderlich, daß die entgegengesetzten Maxima und Minima der Biegespannungen und die Richtung des Torsionsschubmaximums bekannt sind. Die Hauptschubrichtung liegt immer unter 45° zur Hauptspannungsrichtung. In der oberen Hälfte der Plattenecken verläuft der Schub wie in Abb. 10.16a dargestellt. Die Bewehrung zur Aufnahme der Zugkraft sollte wie in Abb. 10.16b dargestellt, eingelegt werden.

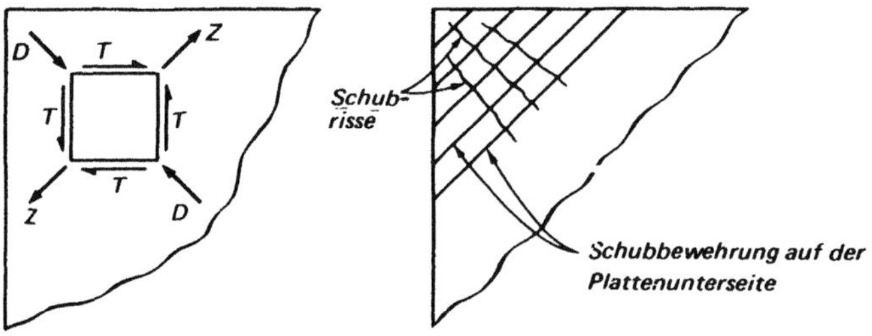

10.16a Schubkräfte in den Ecken vierseitig gelagerter Platten

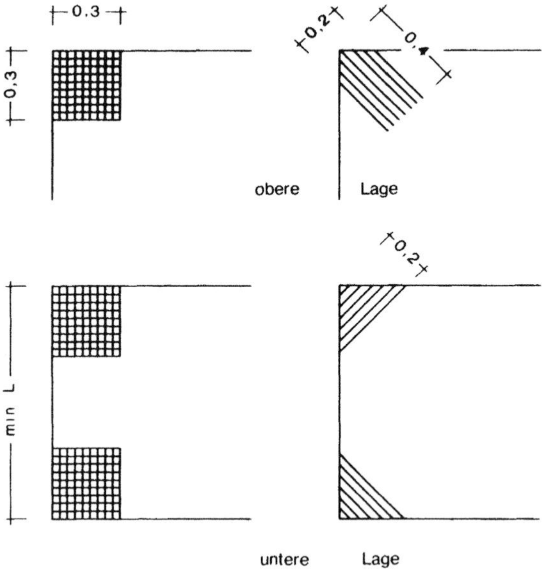

10.16b Eckbewehrung (Drillbewehrung) zur Aufnahme der Schubkräfte nach DIN 1045 20.1.6.4 Die angegebenen Längen beziehen sich auf die kleinere Stützweite (min *l*)

In Abschnitt 10.2 ist festgestellt worden, daß rechtwinklige Balkenroste ihr zweiachsiges Tragverhalten praktisch verlieren, wenn eine Seite erheblich länger ist als die andere. Dasselbe gilt für Platten, wie sie Abb. 10.17 am Beispiel einer Platte mit einem Seitenverhältnis von 1 : 2 darstellt. Die Mittendurchbiegung der Platte ist hier nur 15 % geringer als die eines Balkens über die kurze Spannweite, während sie bei quadratischen Platten 42 % niedriger war. Der höchste Spannungswert liegt nur 20 % unter dem eines entsprechenden Balkens. Da die Platte in der kurzen Spannrichtung erheblich steifer ist, werden hierüber zwei Drittel der Last abgetragen.

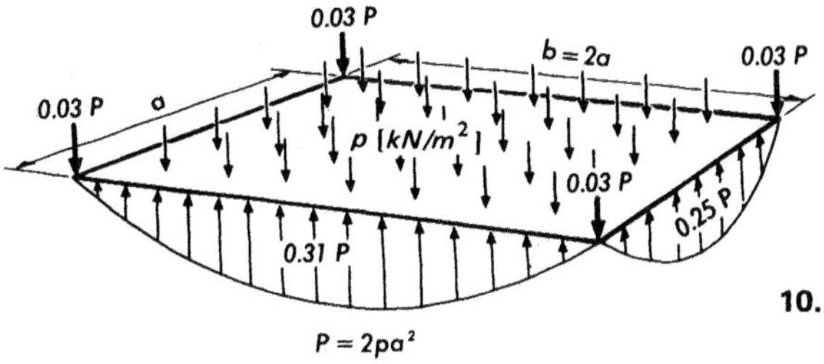

10.17 Lastabtrag bei gelenkig gelagerter Rechteckplatte

Was für die gelenkig gelagerte Platte festgestellt wurde, gilt auch für die eingespannte, nur sind solche Platten steifer und dem eingespannten und verschweißten Rechteckrost vergleichbar.

10.5 Die Verwendung von Platten

Platten werden in verschiedenen Formen und mit unterschiedlichen Auflagerungsbedingungen im Bauen eingesetzt.

Die Auflagerungsbedingungen können an allen vier Seiten unterschiedlich sein. Eine Platte kann an zwei einander gegenüberliegenden Seiten gelenkig aufgelagert, an den

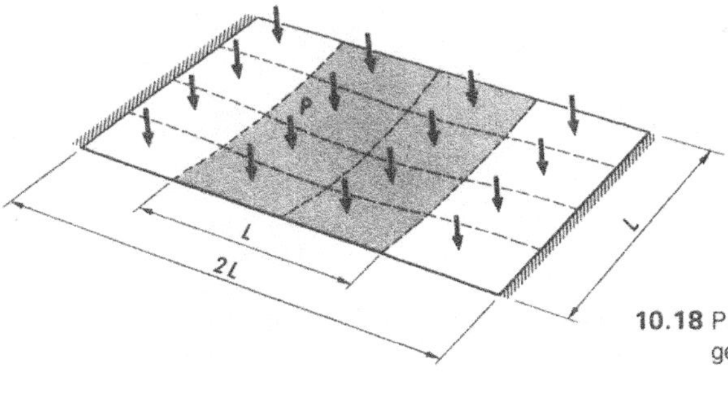

10.18 Platte mit jeweils gegenüberliegenden gelenkig bzw. steif gelagerten Rädern

beiden anderen eingespannt sein. Ist das Seitenverhältnis der Platte ungleich, so kann eine Einspannung über die lange Seite dies kompensieren; die Platte entwickelt dann ein zweiachsiges Tragverhalten, dem einer quadratischen, gelenkig aufgelagerten ähnlich (Abb. 10.18). Eine Platte kann aber auch an zwei benachbarten Seiten gelenkig aufgelagert und an den beiden anderen Seiten als frei kragend ohne Auflagerung ausgebildet werden. Ein zweilagiger, unverbundener Balkenrost könnte auf diese Weise natürlich nicht gebaut werden, weil die untere Lage auf der einen Seite ohne Auflager wäre. Ein verbundener Balkenrost würde die Belastung hauptsächlich über Verdrehung aufnehmen, eine Platte täte dasselbe (Abb. 10.19).

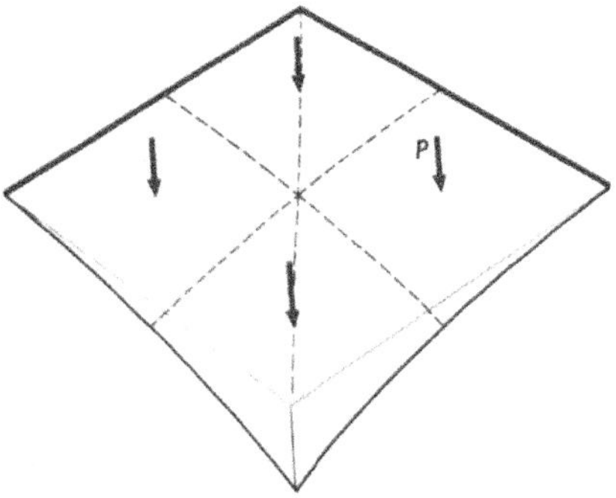

10.19 Platte mit anliegenden gelenkig gelagerten bzw. freien Rändern

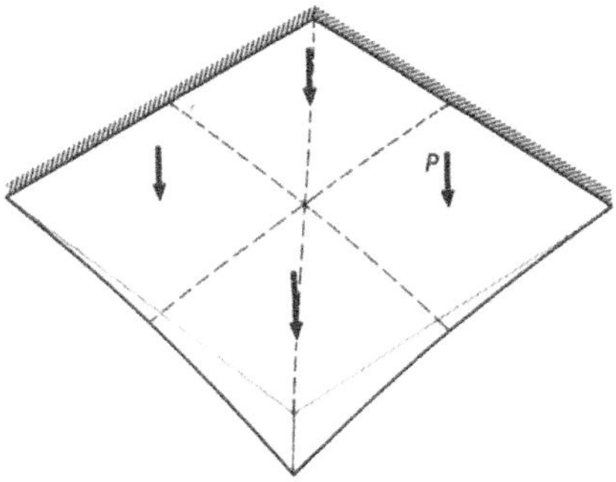

10.20 Platte mit anliegenden steif gelagerten bzw. freien Rändern

Werden bei einer Platte mit zwei freien Seiten die gegenüberliegenden eingespannt, so ist sie steifer (Abb. 10.20). Bei einem rechtwinkligen Balkenrost würden die Balken in beiden Richtungen auskragen; in dieser sogenannten ***Eckbalkonplatte*** überwiegt wieder die Beanspruchung auf Biegung.

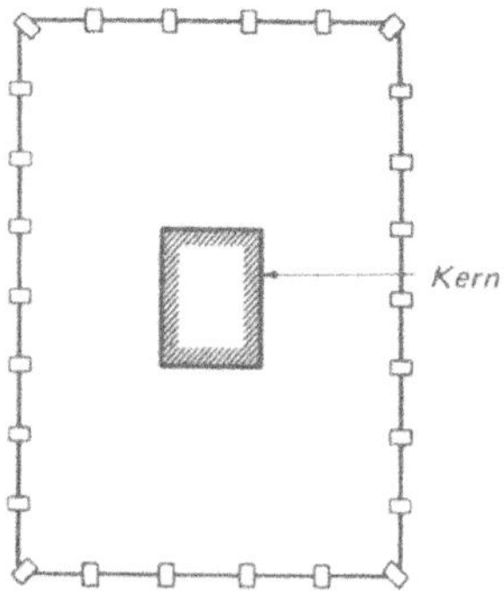

10.21 Geschoßdecke mit Rand- und Innenstützung durch Kern

Rechteckplatten werden nicht immer nur an ihren Außenseiten aufgelagert. Im modernen Bürobau ist es üblich, die Geschoßdecken an den Außenseiten auf Wände oder gereihte Stützen abzusetzen, im Inneren aber auf den ›Kern‹, in dem Aufzüge, Klimaversorgung und alle anderen Installationen untergebracht sind (Abb. 10.21). Auf diese Weise entsteht eine freie Geschoßfläche. Platten müssen nicht rechteckig sein, sie können verschiedene andere Formen haben, schief, polygonal, kreisförmig. Das Tragverhalten einer kreisförmigen, gelenkig aufgelagerten Platte unterscheidet sich nicht wesentlich von dem einer gelenkig gelagerten umschriebenen quadratischen Platte (Abb. 10.22a), weil die Ecken der quadratischen Platte steif sind, und bemerkbare Durchbiegung nur in Feldmitte auftritt. Das Tragverhalten einer kreisförmigen Platte mit eingespannten Rändern ist dem einer einbeschriebenen quadratischen Platte ähnlich (Abb. 10.22b).

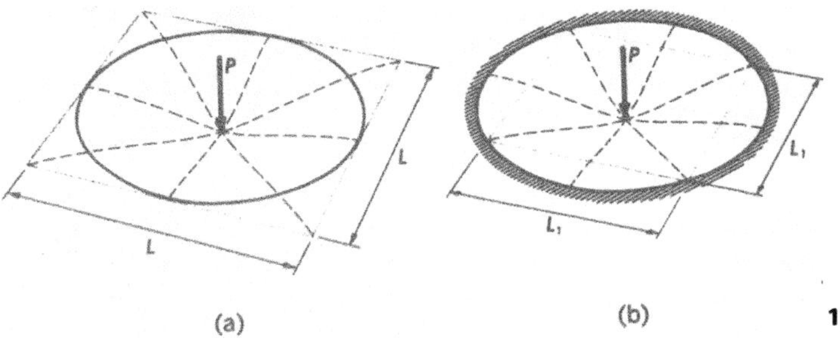

10.22 Kreisplatten

Ringförmige Platten überspannen die Fläche zwischen einem Innen- und einem Außenkreis gleichen Mittelpunkts. Ist die Spannweite der Platte in radialer Richtung im Vergleich zum mittleren Gesamtradius gering, so besitzt diese Platte bei gleichförmig verteilter Belastung kaum noch ein zweiachsiges Tragverhalten. Es treten dann vielmehr Spannungen der gleichen Art und Größe auf wie bei einer Balkenlage zwischen Innen- und Außenkreis. Platten können auch ›punktförmig aufgelagert‹ werden, auf Stützen, und zwar gelenkig oder eingespannt. Das Auflager der Platte muß so ausgebildet werden, daß die Durchstanz-Spannungen aufgenommen werden. Dabei können Kapitelle oder druckverteilende Auflagerplatten erforderlich werden (Abb. 10.23). Um solche Auflagerverstärkungen zu vermeiden, werden zur Überleitung der Kräfte aus der Platte in die Stütze auch schubfeste Träger eingelegt (Abb. 10.24). Platten oder ***Dielen*** als Geschoßdecken besitzen den Vorzug, eine ebene Unterseite aufzuweisen. Dies erlaubt eine unbehinderte Unterbringung von Kanälen, Leitungen, Rohren usw. Die Ersparnisse, die sich aus der Vermeidung von Krümmungen und Durchführungen ergeben, führen oft zur Wahl ebener Deckensysteme. Flachdecken und Stützen gehören zu den wirtschaftlichsten Stahlbetonsystemen bei Gebäuden mit begrenzten Spannweiten; sie sind im Apartment-Hochhausbau in der ganzen Welt zu finden.

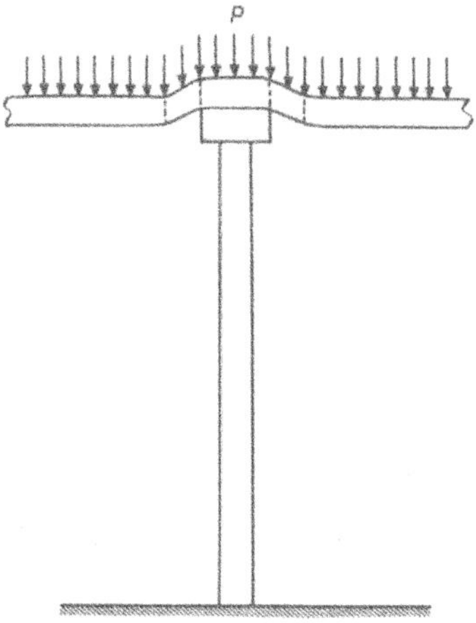

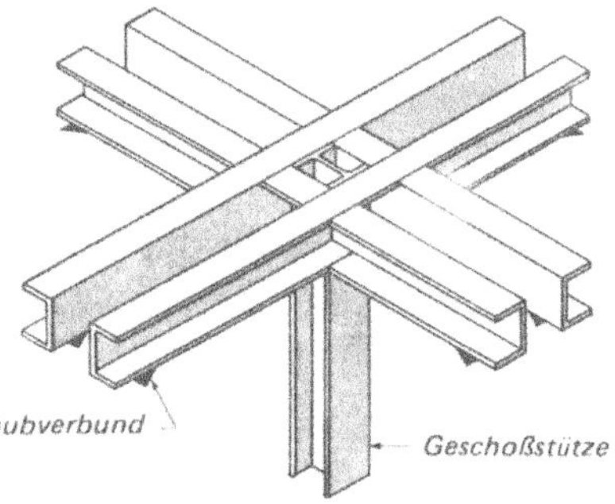

10.23 Stanzwirkung bei balkenloser Deckenauflagerung auf Geschoßstütze

10.24 Formstahleinbau zur Schubaufnahme

Stahlbeton-Flachdecken auf Stahl- oder Stahlbetonstützen sind auf ebenen Schalungsflächen leicht herzustellen. Schalungsarbeit kann gespart werden, wenn die Geschoßdecken am Boden und aufeinander hergestellt werden, und anschließend über hydraulische Zugvorrichtungen an den Stützen gehoben werden. Mit dieser ›Lift slab‹-Technik sind schon Bauwerke mit hohen Geschoßzahlen errichtet worden. Eine wichtige Möglichkeit, Wand- und Deckentafeln herzustellen, bietet die Vorfertigung. Die Tafeln werden im Werk hergestellt und auf der Baustelle zusammengefügt. Es ergeben sich Ersparnisse an Arbeitskraft und Bauzeit, und dies besonders, wenn elektrische und Sanitärinstallation bereits mitgeliefert werden. Die verschiedenen bisher erfundenen und patentierten Systeme unterscheiden sich hauptsächlich in den Plattenverbindungen. Bei der ***Raumzellenbauweise*** werden die einzelnen Zellen im Werk aus Tafeln zusammengestellt und auf der Baustelle aufeinandergesetzt.

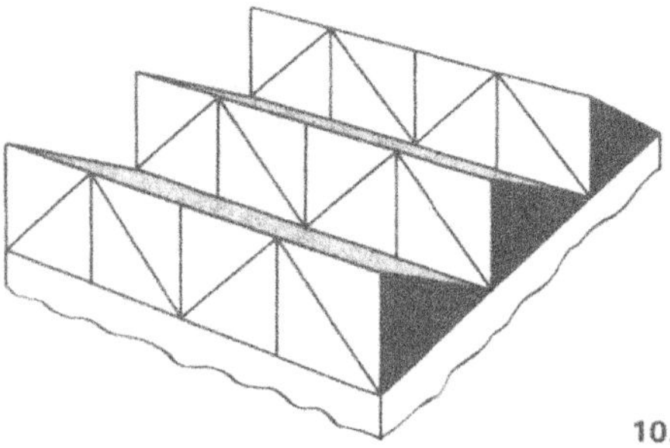

10.25 Platten bei Shed-Dächern

Die Raumzellenbauweise ist in der UdSSR schon in den fünfziger Jahren eingesetzt worden. Safdi hat 1966 in Montreal seine Habitat-Apartments in diesem System errichtet.
Geneigte Platten werden bei Dächern, besonders bei Shed-Dächern verwendet. Sie liegen jeweils auf dem oberen und dem unteren Flansch von Fachwerkträgern auf (Abb. 10.25). Die Fachwerksebene wird verglast, sie ist meist nach Nord orientiert, weil Fabriksäle und Studios das gleichmäßige Nordlicht brauchen. Schrägliegende Platten finden sich oft bei Lagerbehältern und anderen Teilen des Industriebaus (Abb. 10.26). Diese Platten nehmen einen Teil ihrer Belastung als Zug bzw. Druck in ihrer Gefälleebene auf, den anderen über Plattenwirkung senkrecht dazu.

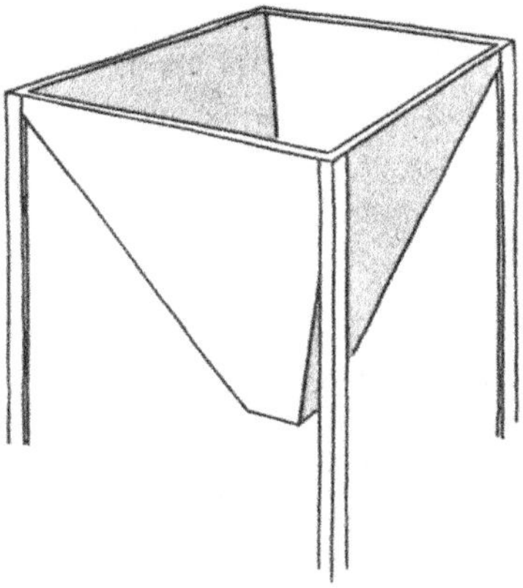

10.26 Schrägplatten bei Behältern

10.6 Rippenplatten

Die Effektivität im Tragverhalten der Platten ist wegen der über die Dicke linearen Spannungsverteilung begrenzt. Nur die Fasern auf der Ober- und der Unterseite der Platte und im ***stärkstbeanspruchten Bereich*** und der entsprechenden ***Richtung*** können die höchstzulässigen Spannungen entwickeln. Bei Balken wurde dieser Schwäche dadurch begegnet, daß man soviel Querschnittsmaterial wie möglich auf den Außenseiten, im Abstand von der Nullachse anordnete. Damit ergaben sich der I- und der T-Querschnitt. Das gleiche ist auch bei Platten möglich. Ein Teil des Materials kann aus der ***neutralen Mittelebene*** herausgenommen werden, wodurch Rippen entstehen, die in einer, zwei, oder soagr drei Richtungen laufen können (Abb. 10.27). Die Rippenplatte vereint die Vorzüge der durchlaufenden Platte und der hohen Stege. Andererseits ist die Unterseite der Rippenplatte nicht eben und benötigt meist eine Unterdecke. Rohre und Leitungen werden nicht um die Rippen heraum gebogen, sondern gewöhnlich frei unter ihnen geführt. Bei der ***Stahl-Verbundbauweise*** wird eine Stahlbetonplatte mit darunterliegenden Stahlträgern fest verbunden, dabei macht der Träger die Platten, die wiederum als Druckflansch des Trägers dient, steif.

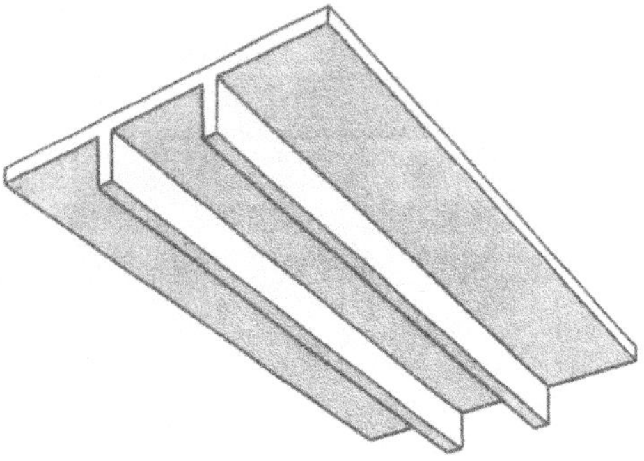

10.27 Rippenplatte

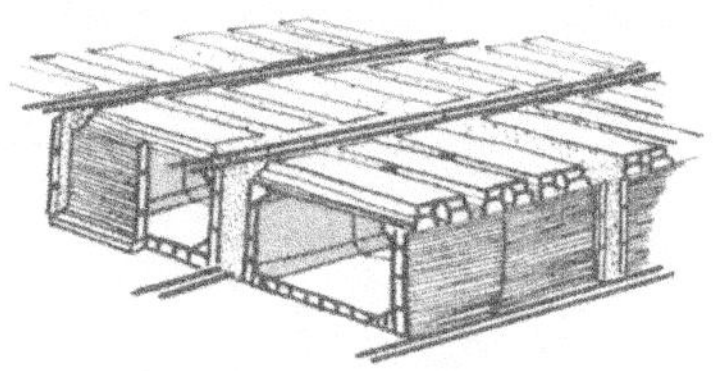

10.28 Rippendecke mit Schalungskörper

Außerhalb der USA wird bei Rechteckplatten mit nicht zu großer Spannweite die wirtschaftliche Lösung einer Kombination von Stahlbeton mit Ziegeln verwendet. Hohlziegel werden hierbei auf einem waagerechten Schalungsgerüst verlegt und bilden die Schalungskörper für die parallelen Rippen. Die Bewehrungsstähle der Rippen werden in den Zwischenräumen eingelegt (Abb. 10.28), danach wird der Beton eingebracht. Nach Abbinden des Betons stellt die Decke eine ein- oder zweiachsig gespannte Rippendecke dar, die, durch die Ziegelkörper, eine glatte Untersicht besitzt. Bis zu bestimmten Spannweiten* darf der Querschnittsanteil der Ziegelkörper bei der Ermittlung der Plattenfestigkeit in der Druckzone miteingesetzt werden. Leichte Blöcke aus Schlacke oder anderem Material können statt der Hohlziegel als Formsteine für Stahlsteindecken verwendet werden.

In den USA werden in Stahlbauten häufig Betondecken auf einer ***Stahlschalung*** hergestellt, die auf den Stützen aufgelagert ist und zugleich als Deckenbewehrung dient. Die Stahlschalung besteht aus galvanisch verzinkten Trapezblechen, die zusammen mit dem Beton einachsige Rippendecken bilden.

Eine Betonplatte mit Rippen senkrecht zueinander in zwei Richtungen ist eine ***Kassettenplatte***. Quadratische Kassettenplatten erlauben eine gleiche Ausführung der Rippen in beiden Richtungen. Sind die Spannweiten aber unterschiedlich, können die Rippen in der längeren Spannweite höher ausgebildet, oder mit stärkerer Bewehrung versehen werden (Abb. 10.29). Als Schalung werden Einzelkassetten auf einem Schalungsgerüst in Rasterform ausgelegt, die Abstände zwischen ihnen wer-

* vgl. DIN 1045 20.2.6.1

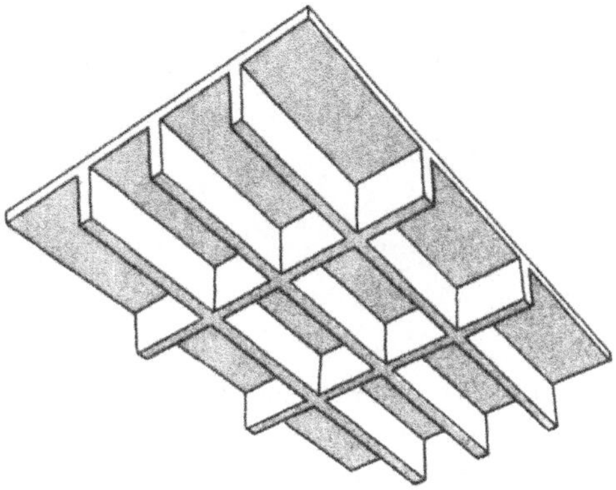

10.29 Kassettenplatte

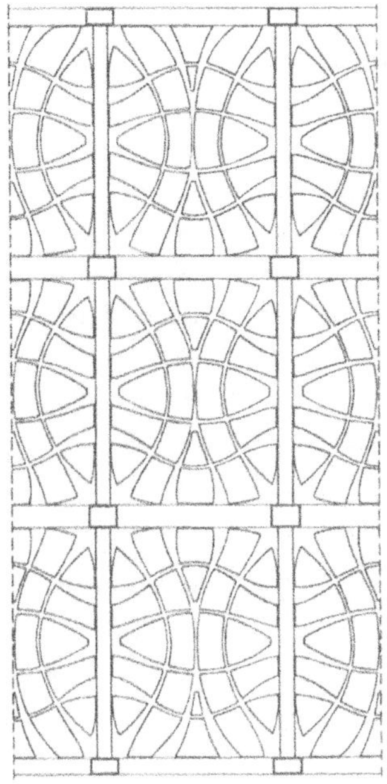

10.30 Rippenführung nach Hauptspannungslinien

den in beiden Richtungen mit Bewehrung versehen, das Ganze wird mit Beton aufgefüllt. Kassettenformen aus Stahlblech können viele Male eingesetzt werden.

Eine unverkleidete Untersicht von Rippenplatten erlaubt der Vorschlag des italienischen Ingenieurs Arcangeli, nach welchem die Rippen nach den isostatischen Linien der Platte geformt sind (vgl. Abschnitt 10.4). Das Rippenmuster hängt von den Auflagerungsbedingungen des Plattenrandes und von der Belastung ab. Bei gelenkiger Auflagerung und gleichförmig verteilter Belastung entspricht der isostatische Verlauf dem in Abb. 10.13, der auch von Nervi für verschiedene Decken verwendet wurde (Abb. 10.30). Diese gekrümmten Rippen benötigen allerdings aufwendige Formen, die wirtschaftlich nur bei einer höheren Zahl von Einsätzen möglich sind.

Analog zum I-Träger können auch zweilagige Stahlbetondecken hergestellt werden. Dabei wird zunächst auf einer flachen Schalung eine Betonplatte geschüttet; auf dieser werden Kassetten ähnlich, verlorene Schalungskörper ausgelegt, worauf ein zweiter Betoniergang folgt. zweilagig sind auch ***Sandwichplatten*** mit hohem Verhältnis von Festigkeit zu Gewicht; hierbei werden zwei auf Abstand gelegte dünne Tafeln aus Sperrholz, Gips, Aluminium oder Kunststoff mit einem Kunststoffschaum mit ausreichender Schubfestigkeit ausgefüllt. Der Kunststoffschaum bildet das leichte zweidimensionale Verbindungsgitter, die Deckplatten auf beiden Seiten

aber nehmen die Biegespannung auf. Diese Sandwichplatten haben außerdem gute Eigenschaften in bezug auf Wärmedämmung und Schallschutz. Sandwichplatten aus stehenden Papierwaben und Kartondecks werden dort verwendet, wo es auf Verringerung des Gewichts ankommt, wie etwa im Flugzeugbau, in der Verpackung und anderswo.
Stahlplatten werden als Stege von ***Blechträgern*** bei hohen Trägern im Brückenbau oder anderen großen Tragwerken verwendet. Ihre Beulfestigkeit wird durch senkrechte oder durch längslaufende Aussteifungen erheblich erhöht, indem diese die Knicklänge der Stegabschnitte verkürzen (vgl. Abschnitt 7.1). Die Stegbleche solcher Träger sind deshalb oft verstärkt, womit sich nicht nur direkt ihre Tragfähigkeit erhöht, sondern auch ihr Beulwiderstand (vgl. Abb. 7.25).

10.7 Die Tragreserve von Platten

Platten sind als ***zweidimensionale lastaufnehmende Struktur*** bezeichnet worden, weil zur Festlegung eines Querschnitts in ihr zwei Zahlen gebraucht werden; bei Rechteckplatten sind diese Zahlen die Abstände des Querschnitts von den beiden Auflagerseiten, der eine gemessen jeweils parallel zur anderen Seite.
Ein Kennzeichen zweidimensionaler Tragwerke ist deren hohe Tragreserve. Diese hat zwei Ursachen, die ***Spannungs-Umverteilung*** und die ***Membranwirkung*** (vgl. auch Abschnitt 11.2).
Wie in Abschnitt 9.3 gezeigt, kann ein gelenkig gelagerter Rechteckbalken Spannungen nur über die Höhe seines meistbeanspruchten Querschnitts verteilen. Bei dem eingespannten Balken erfolgt die Umverteilung ebenfalls zuerst in den höchstbeanspruchten Querschnitten, erfaßt danach aber andere, weniger beanspruchte Querschnitte. In einer Platte treten Spannungsspitzen, Maxima der ***Haupt***spannungen, nur in einem oder sehr wenigen Querschnitten auf; alle anderen Querschnitte aber stehen nicht unter voller Spannung. Nimmt die Belastung zu, so findet die Spannungsumverteilung zunächst über die Höhe der meistbeanspruchten Querschnitte statt, während in allen anderen Querschnitten die Spannungen zunehmen. Ist in einem Querschnitt die Fließgrenze erreicht, so folgen der Reihe nach die anderen hochbelasteten Querschnitte, bis die Querschnitte einer ***ganzen Linie*** fließen und eine ***Fließgelenklinie*** bilden (Abb. 10.31). Hat die Platte soviele Fließgelenklinien gebildet, daß sie beweglich wird, so kann sie keine weitere Belastung aufnehmen. Spannungsumlagerungen können an Balken nur in einem oder in wenigen Querschnitten stattfinden, bevor der Bruch eintritt. In einer Platte aber kann sie sich entlang einer ganzen Reihe von Querschnitten ereignen. Die Tragreserve eines zweidimensionalen Elements wie der Platte ist deshalb größer als die eines eindimensionalen. Die Tragreserve einer quadratischen, gelenkig gelagerten Platte bei gleichförmig verteilter Belastung beträgt 80 %, die eines gelenkig gelagerten Balkens 50 %.

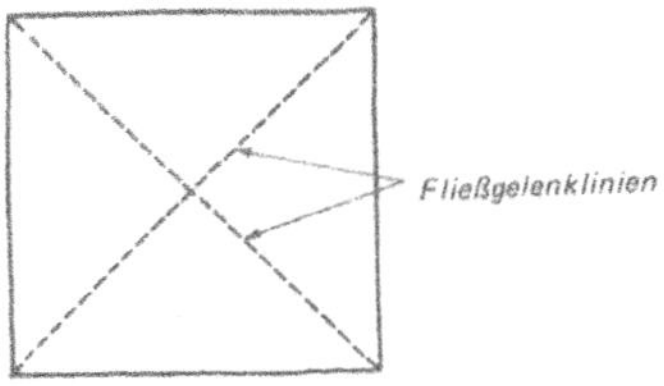

10.31 Fließgelenklinien bei gelenkig gelagerter Quadratplatte

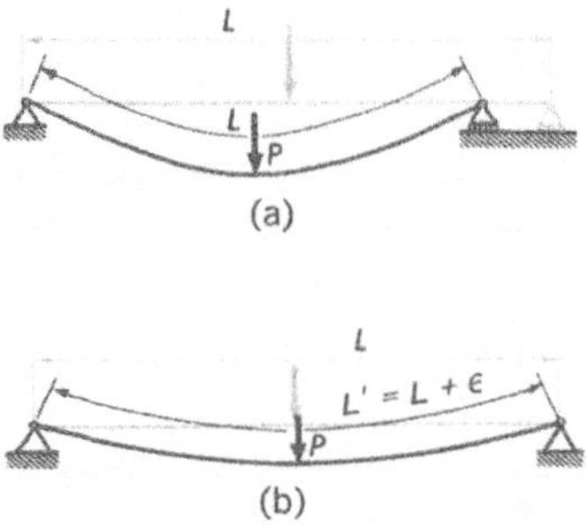

10.32 Seilwirkung eines Balkens bei verhinderter Längsbewegung

Bei der Behandlung der Spannungsumlagerung in Balken (vgl. Abschnitt 9.3) wurde betont, daß die Endquerschnitte sowohl des gelenkig gelagerten wie auch des eingespannten Balkens frei sind, sich in der ***Längsrichtung*** zueinander zu verschieben, so daß bei der Durchbiegung die neutrale Achse ihre ***Länge nicht ändert*** (Abb. 10.32a). Sind die Endquerschnitte aber daran gehindert, sich aufeinander zuzubewegen, so führt die Durchbiegung des Balkens bei Belastung zu einer Verlängerung der Mittelachse, womit eine Zugspannung in den Balken eingeführt ist (Abb. 10.32b). Die Verhinderung der Längsverschiebung der Endquerschnitte führt bei zugfestem Material in gewissem Ausmaß eine ***Seilwirkung*** ein, die aus der zusätzlichen Längsspannung resultiert. Ein Balken mit in Längsrichtung unbehinderten Auflagerenden nimmt eine Belastung ausschließlich über Biegung und Schub, also über ***Balkenwirkung*** auf. Ein Balken mit in Längsrichtung festgelegten Auflagerenden dagegen nimmt Belastungen teils über Balkenwirkung, teils über Seilzug auf. Der Balken mit festgelegten Auflagerenden besitzt deshalb eine zusätzliche Tragreserve. Wenn dieser Balken in bestimmten Querschnitten die Fließgrenze erreicht hat und zusätzliche Belastungen nicht mehr über Biegung aufnehmen kann, vergrößert sich das Durchhängen des Balkens, und die zusätzliche Belastung wird über Seilwirkung aufgenommen. Diese Seilwirkung kann nicht in unbehinderten Balken auftreten, weil deren Gelenke sich aufeinander zubewegen können ***ohne*** Streckung der Mittelachse.

Eine Rechteckplatte, gelenkig aufgelagert in ***einer Richtung***, und ohne Auflager in Querrichtung dazu, verhält sich praktisch wie eine Lage paralleler Balken; da die gelenkig gelagerten Balkenenden sich in Längsrichtung aufeinander zubewegen können, kann die ganze Lage keine Seilzugspannungen entwickeln. Dies ist nur möglich bei unverschieblich gehaltenen Auflagern.

Eine quadratische Platte, gelenkig aufgelagert an ***allen vier Seiten***, erhält bei der Durchbiegung unter gleichförmig verteilter Belastung eine Form, bei der die Mittelebene ***gedehnt*** ist, ***obwohl*** die Seiten in der Längsbewegung unbehindert sind (vgl. Abb. 10.14). Diese sphärische Form ist ***nicht abwickelbar***, sie kann in einer Ebene nur über entsprechende Radialschnitte dargestellt werden (vgl. Abb. 12.4). Ein Zylinder dagegen besitzt eine abwickelbare Oberfläche, die ohne Verzerrung oder Schnitte geebnet werden kann (vgl. auch Abschnitt 12.2). Eine Rechteckplatte, die in einer Richtung gelenkig aufgelagert, in der anderen frei ist, entwickelt keine Seilwirkung, ihre Durchbiegung unter Last ist eine Zylinderfläche.

Die Durchbiegungsflächen von Platten sind meist nicht-abwickelbar. Die ***Mittelebene*** kann ihre Durchbiegungsform also nur über Streckung erlangt haben; die dabei entwickelten Spannungen bedeuten eine gewisse Lastaufnahme über ***Membranwirkung***. Die Menbranwirkung ist eine Seilwirkung in zwei Dimensionen, sie entsteht in der dünnen Schicht eines biegeweichen Stoffes, etwa einer Textilschicht (vgl. auch Abschnitt 11.2). Membranwirkung stellt sich schon ein, wenn die Ränder einer Platte beweglich sind; erheblich größer ist sie aber bei bewegungsbehinderten Rändern.

Wie immer die Auflagerbedingungen, eine zweiachsige Platte entwickelt ganz allgemein Membranwirkung, sobald sie belastet wird und sich verformt; ihre Tragfähigkeit beruht auf der Plattenwirkung und auf der Membranwirkung. Bei zunehmender Belastung findet in der Platte zunächst eine Umverteilung der Biegespannungen statt; ist diese Reserve erschöpft, entwickelt die Platte Membranwirkung. Erst wenn die Membran-Zugspannungen die Fließgrenze erreichen, ist der Bruchzustand nahe. Es folgt daraus, daß, soweit die Platte bei der Durchbiegung wegen ihrer Zweidimensionalität eine nicht-abwickelbare Oberfläche erlangt, ihre Kontinuität im Material ihr eine größere innere Tragreserve gibt.

10.8 Faltwerke

Die Tragfähigkeit von Platten läßt sich erhöhen, wenn diese durch Rippen ausgesteift werden. Dabei wird Material aus der Nähe der Mittelebene eliminiert oder, umgekehrt, das Trägheitsmoment erhöht. Das gleiche Ergebnis wird durch Auffalten der Platte erreicht. Ein an einer Seite festgehaltenes Blatt Papier hängt unter

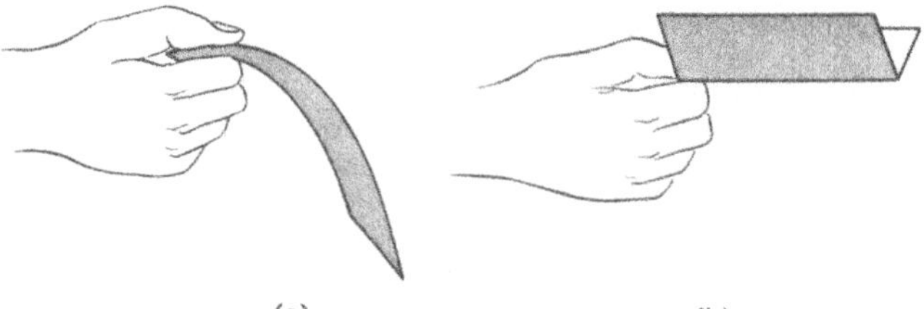

(a) (b) **10.33** Steifheit durch Faltung

seinem eigenen Gewicht stark durch, weil seine sehr geringe Dicke keinen für die Aufnahme der Biegespannungen ausreichend großen inneren Hebelarm ermöglicht (Abb. 10.33a). Das Falten des Papiers erzeugt Querschnittsflächen entfernt von der Mittelebene, der innere Hebelarm für die Biegespannungen wird auf die Höhe der Faltung vergrößert (Abb. 10.33b). Das Trägheitsmoment zweiter V-förmig angeordneter Platten ist so groß wie das eines Rechteckquerschnits gleicher Höhe und summierter Plattenbreite, ***waagerecht*** gemessen (Abb. 10.34).

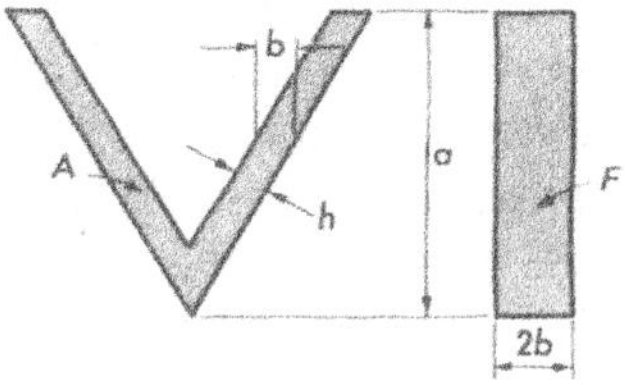

10.34 Querschnitte gleicher Fläche

Faltwerke über 30 m und mehr können aus Holz, Stahl, Aluminium, oder Stahlbeton hergestellt werden. Faltwerke aus Stahlbeton sind wirtschaftlich besonders günstig, weil sie unter Verwendung ebener Schalungstafeln hergestellt werden können. Die Plattenstreifen können aber auch auf dem Boden vorgefertigt werden; sie werden dann gehoben, die vorstehenden Bewehrungen verschweißt und die Kanten betoniert. Der größte Teil der Schalarbeit ist so vermieden.

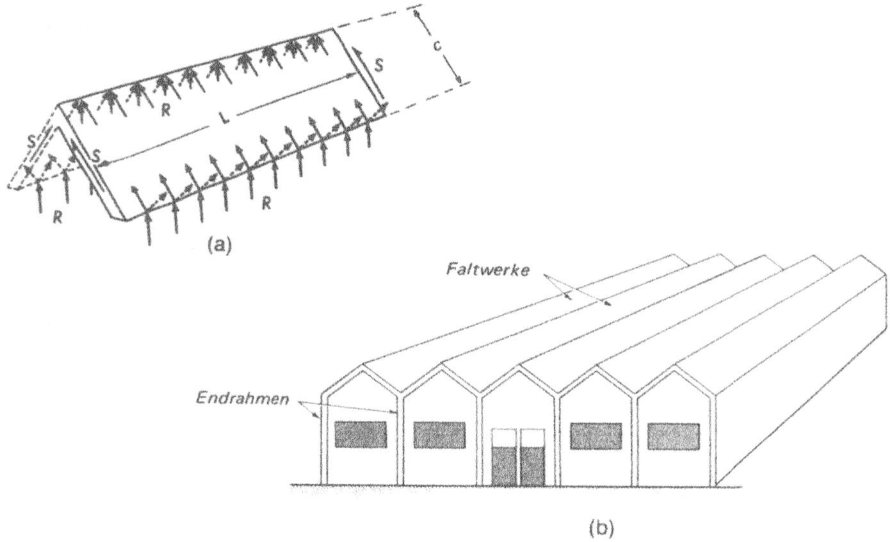

10.35 Balkenwirkung eines Faltwerks in Längsrichtung

Die ***Tragwirkung*** des Faltwerks setzt sich aus einer Balkenwirkung im Längs- und Quersinne zusammen. Da die Länge erheblich größer ist als die Breite (Abb. 10.35a), verhalten sich die einzelnen Plattenstreifen wie Platten mit großem Seitenverhältnis, sie entwickeln eine einachsige Balkenwirkung nur in Querrichtung (vgl. Abschnitt 10.4). Diese in Querrichtung verlaufende Balkenwirkung leitet die Belastung der Flächen zu den Faltkanten, so daß jeder gedachte Plattenstreifen wie ein Durchlaufbalken mit gleichen Spannweiten wirkt, steif gelagert an den Faltkanten (Abb. 10.36a). In Wirklichkeit sind die Faltkanten nur in der Nähe der Auflager des Faltwerks steif, etwa, wenn sie mit steifen Endrahmen verbunden sind (Abb. 10.35b). Gegen Faltwerksmitte aber sind die Faltkanten tatsächlich weich. Wenn aber bei gleichförmig verteilter Belastung alle Falten um den gleichen Betrag durchbiegen, senken sich die gedachten Querstreifen überall gleich und die Faltkanten verhalten sich in Querrichtung, als wären sie steif. Die Auflagerkräfte der gedachten Querstreifen an den Faltkanten können, wie bei einem Fachwerk, in ihre Komponenten zerlegt werden (Abb. 10.36b). Damit werden die Plattenstreifen longitudinal in ihrer eigenen Ebene belastet. Diese Längskräfte werden zu den Auflagern des Faltwerks geleitet, indem die Plattenstreifen als hohe Rechteckbalken wirken (vgl. Abb. 10.35a). Auf diese Weise wird die Faltwerksbelastung zunächst zu den Faltkanten übertragen, wobei gedachte Plattenstreifen in Querrichtung wie Balken wirken, und dann durch Balkenwirkung der Platten des Faltwerks in Längsrichtung zu den Endrahmen des Auflagers: Jede Einheit eines Querstreifens wirkt wie ein eingespannter Balken von Einheitsbreite und -höhe h, und jede Faltwerksplatte wirkt in Längsrichtung wie ein Rechteckbalken mit der Breite b und der Höhe a (vgl. Abb. 10.34,35,36).

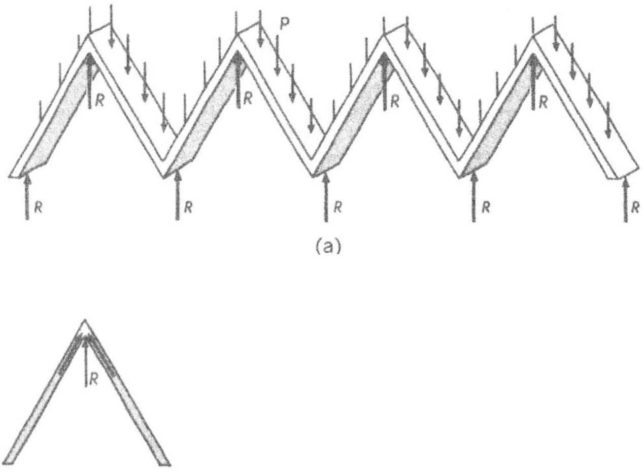

10.36 Querwirkung als Durchlaufbalken

Ein Faltwerk mit einer größeren Zahl von Falten entwickelt bei gleichförmiger Belastung, als Dach, die gleichen Durchbiegungen in allen Platten, ausgenommen die auf beiden Seiten. Bei den inneren Falten senken sich die gedachten Querstreifen alle um den gleichen Betrag; sie verhalten sich wie Durchlaufbalken mit ***steifen*** Auflagern, da die gleichmäßige Senkung aller Auflager bei Durchlaufbalken keine Zusatzspannungen entstehen läßt. Die außenliegenden Faltwerksfalten aber haben unterschiedliche Verdrängungen nach innen und nach außen hin, und müssen mehr Querbiegung aufnehmen als die innenliegenden Falten. Um eine daraus entstehende Spannungsüberschreitung zu vermeiden werden an den Außenseiten zusätzliche seitliche Plattenstreifen angeordnet; die fehlende Stützung durch eine anschließende Falte wird auf diese Weise kompensiert (Abb. 10.37).

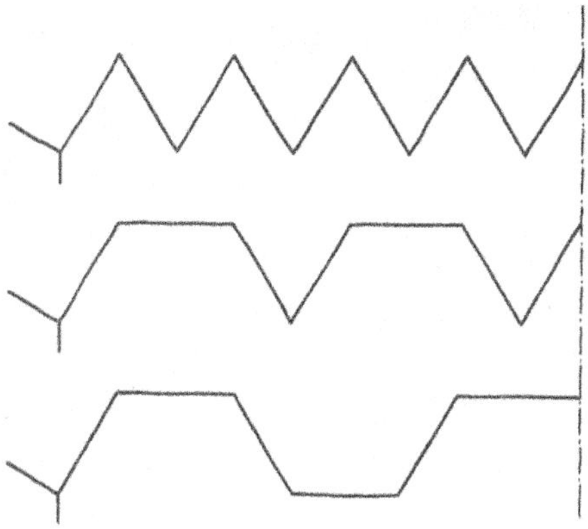

10.37 Mögliche Querschnittsformen

Faltwerke können in verschiedenen Querschnittsformen ausgebildet werden. Einige der häufiger verwendeten zeigt Abb. 10.37. Faltwerke sind auch dann steif, wenn ihre Faltungen nicht längsparallel verlaufen. Mit polygonaler Faltung können kreisförmige Flächen überspannt werden; in diesem Fall wird die Mitte, an der die Falten auslaufen, angehoben (Abb. 10.38a). Damit aber entwickelt jede Faltwerksfläche

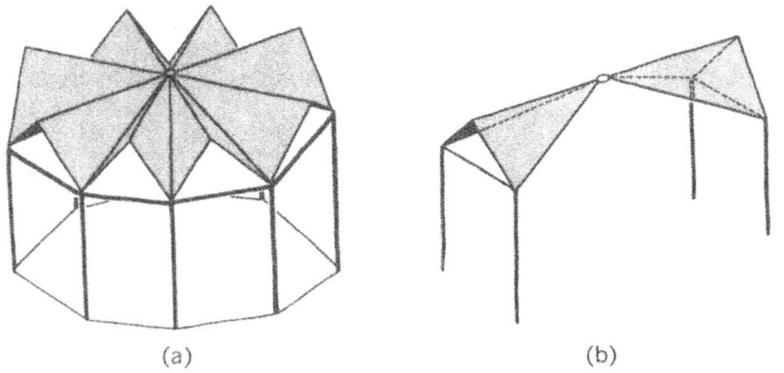

10.38 Polygonale Faltung

einen Schub, der meist über einen ringförmigen Zuganker aufgenommen wird. Die geringe Faltwerkshöhe im Zentrum verhindert ein Auftreten von Biegespannungen, der Mittelpunkt ist vielmehr als Gelenk anzusehen (Abb. 10.38b).

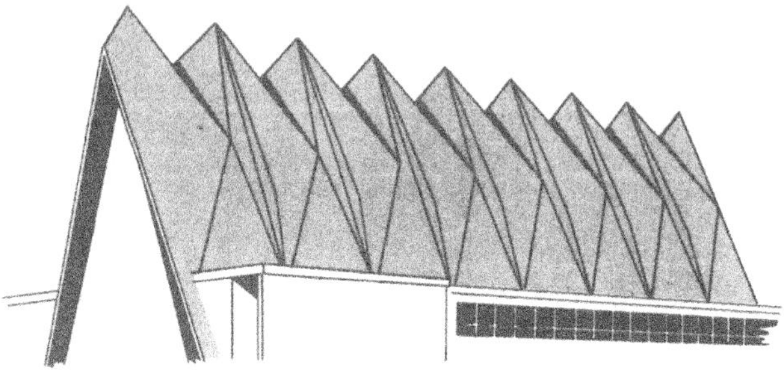

10.39 Faltwerkskonstruktion

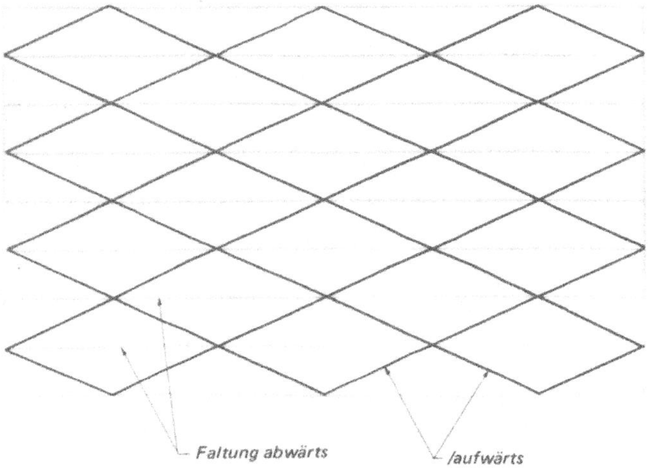

10.40 Papiermodell

Faltwerke aus ebenen Flächen werden meist als Dachwerke eingesetzt; sie könnten aber auch als Geschoßdecken Verwendung finden, wenn ihre Zwischenräume für Installationen genutzt werden. Faltwerke können aber auch senkrecht aufgestellt werden, um sowohl senkrechte als auch waagerechte Lasten aufzunehmen. Faltwerkskombinationen sind schon zur Überspannung größerer Räume entwickelt worden (Abb. 10.39). Der Leser möge Versuche mit diesem Konstruktionstyp anstellen, indem er ein Blatt Papier, wie in Abb. 10.40 dargestellt, faltet. Das tonnenartige Tragwerk, das man so erhält, nimmt eine beachtliche Belastung auf, obwohl das Papier nur ein Zehntel Millimeter dick ist (Abb. 10.41). Das Papier-Faltwerk bricht aber zusammen, wenn eine Seitenbewegung nicht verhindert wird. Der Zusammenbruch erfolgt meist durch Beulung dort, wo Druckspannungen auftreten.

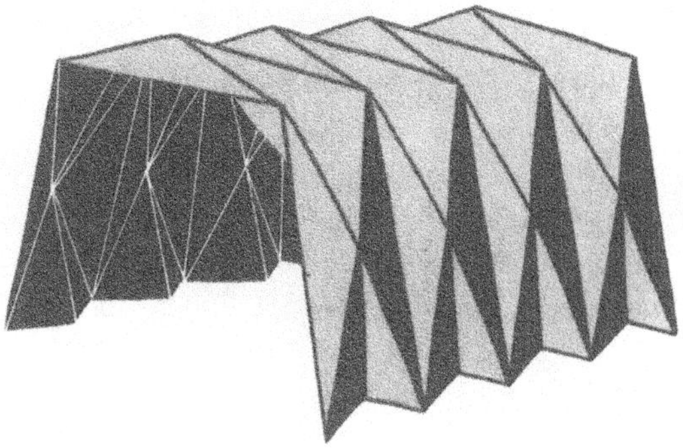

10.41 Faltwerkstonne

10.9 Räumliche Stabwerke der Ebene

Der zweiachsige Lastabtrag von rechtwinkligen und schrägen Rosten kann dazu benutzt werden, größere Flächen mit Fachwerken statt Balken zu überspannen. Wegen der geringeren Torsionsfestigkeit von Fachwerken weisen Stabwerksroste einen geringeren Traganteil aus Verdrehung auf (Abb. 10.42).

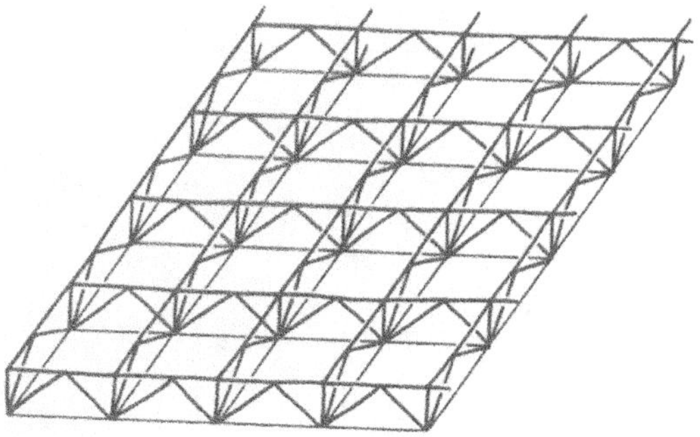

10.42 Rechtwinkliges Fachwerksrost

Der Traganteil aus Verdrehung kann bei solchen Dachwerken aber erheblich vergrößert werden, wenn schrägliegende Fachwerksebenen gewählt werden (Abb. 10.43). Das Fachwerkssystem wird damit räumlich und verhält sich wie eine dicke Platte, allerdings aus einem anderen, einem Leichtmaterial. Diese Fachwerkssysteme sind ***räumliche Stabwerke***.

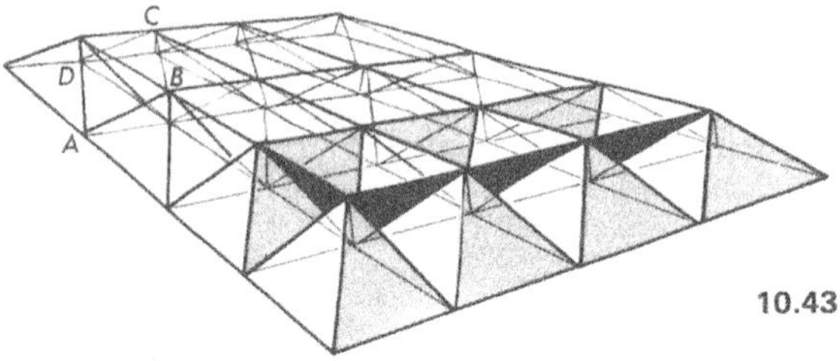

10.43 Räumliches Dreiecks-Fachwerksrost

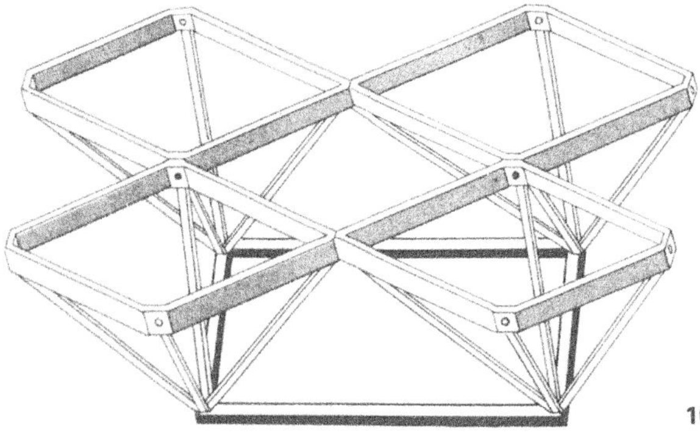

10.44 Fachwerksrost von Takenaka

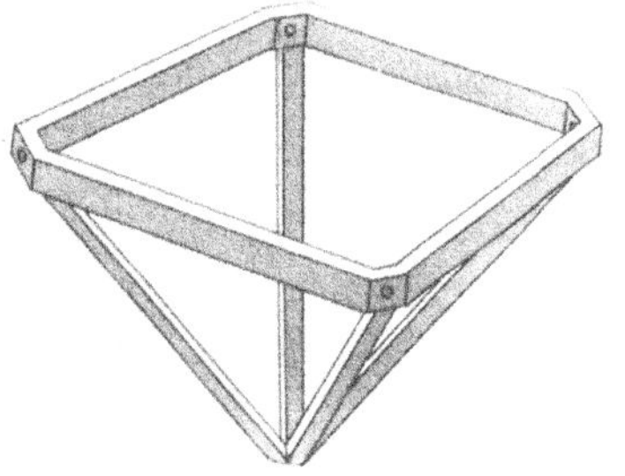

10.45 Montageelement

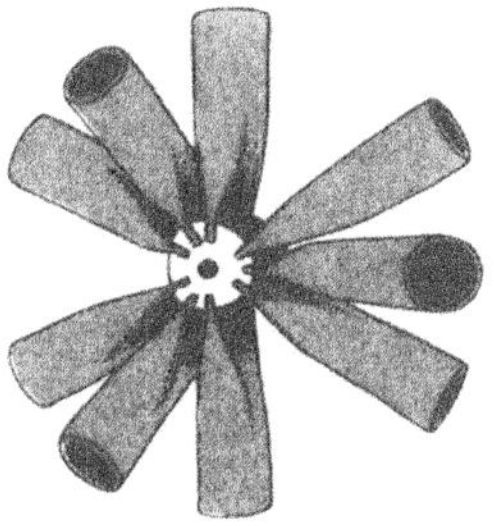

10.46 Schlitzverbinder

Obwohl ganze Stabwerke schon durch Verschweißen oder Verbolzen von Gurten und Stäben am Boden hergestellt und dann an die richtige Stelle gehoben wurden, werden sie doch meistens aus vorgefertigten Elementen und gleich an Ort und Stelle errichtet; die Verbindung erfolgt über Standard-Knoten. Das sehr effektive Takenaka-System (Abb. 10.44) besteht aus druckbeanspruchten Elementen auf einem diagonal laufenden Zugnetz, dessen Maschenweite um $\sqrt{2}$, also um 1,41 größer ist als die des oberen Gitters. Du Chateau hat Stabwerke des Takenaka-Typs mit standardisierten vorgefertigten Pyramiden entworfen und gebaut; dabei wurden die Pyramiden an den Ecken mit hochfesten Bolzen verbunden (Abb. 10.45). Räumliche Tragwerke sind auch aus Stahlrohr gebaut worden; dabei wurden die Rohrenden zusammengequetscht und in den Schlitzen eines Verbinders festgepreßt (Abb. 10.46). Wie die Forschungen von Makowski zeigen, können rechtwinklige und schräge räumliche Stabwerke wegen des plattenartigen Tragverhaltens mit einem Spannweiten-Höhen-Verhältnis von 30–40 bzw. 40–60 gebaut werden.

11 Membranen

11.1 Membranwirkung

Eine Membran ist eine Art Blatt, das so dünn ist, daß in allen praktisch vorkommenden Fällen in ihr nur Zugspannungen auftreten. Schichten aus Stoff oder Gummi stellen gute Beispiele dar. Filme aus Seifenblasen gehören zu den dünnsten herstellbaren Membranen, sie sind nur einige Tausendstel Millimeter dick, können über schiefwinklige Grenzlinien gespannt sein und besitzen die bemerkenswerte Eigenschaft, gegebene Grenzen jeweils mit einer Minimalfläche zu verbinden (Abb. 11.1). Diese Membranen sind zugleich die glattesten Flächenverbindungen zwischen den Punkten einer Grenzlinie.

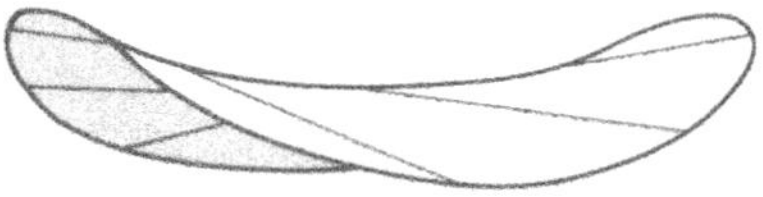

11.1 (Minimalfläche bei einer Membrane)

Obwohl eine Membran ein zweidimensionales Tragwerk ist, kann sie keine bemerkbaren Plattenspannungen, Biegung und Schub entwickeln, weil ihre Dicke im Verhältnis zur Spannweite sehr gering ist (vgl. Abschnitt 10.4). Die Tragfähigkeit von Membranen beruht deshalb allein auf ihrer Zugfestigkeit.

In Abschnitt 6.1 ist ausgeführt worden, daß sein Seil Lasten über Zug aufnimmt, indem es sich anpaßt; Seile sind ferner als Tragwerke effektiv, weil die Zugspannung sich gleichförmig über den ganzen Querschnitt verteilt. Auf gleiche Weise, jedoch zweiachsig, nimmt eine Membran Lasten auf; auch die Effektivität ist vergleichbar. Eine Platte entwickelt, wegen ihres zweidimensionalen Tragverhaltens, neben ihrer Balkenwirkung auch noch Torsion. Aus dem gleichen Grunde entwickelt eine Membran neben ihrem Verhalten als Seil auch noch eine Schubwirkung, womit eine zusätzliche Tragfähigkeit entsteht.

In Abb. 11.2 ist ein Ausschnitt aus einer gekrümmten Membran mit Lasten ***senkrecht*** zu ihrer Fläche dargestellt. Aus der Durchbiegung der Membran entsteht eine ***Krümmung*** in beiden Richtungen; der Ausschnitt kann deshalb als Kreuzungspunkt zweier Seile angesehen werden. Beide Seile nehmen ihren Anteil an der Belastung auf, die Gesamtlast entspricht der Summe der beiden Seillasten. Wegen ihrer ***ge-***

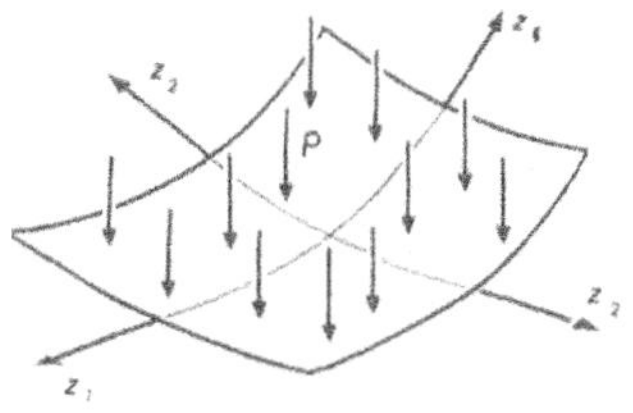

11.2 Seilwirkung in einer Membran

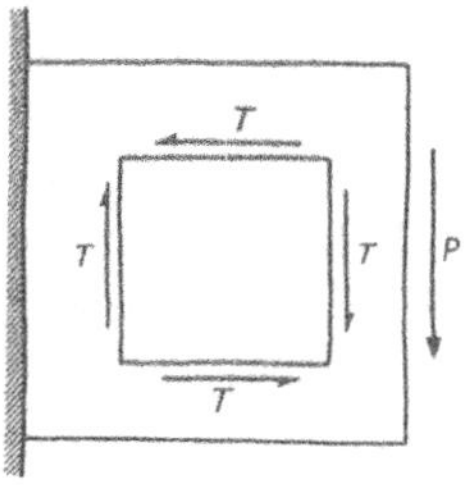

11.3 Schub in der Membranfläche

krümmten Fläche entwickelt eine Membran also ›Seilwirkung in beiden Richtungen‹, die der Geometrie ihrer Krümmung entspricht. Es soll nun gezeigt werden, daß mit dem zweiaxialen Charakter der Membran noch ein weiterer Tragmechanismus verbunden ist: der aus der Schubwirkung ***in*** der Membranfläche. Um festzustellen, daß eine dünne Schicht eines Stoffes Schubspannungen in ihrer Fläche aufnimmt, lege man ein Blatt Papier auf den Tisch, halte es an einer Seite fest, und versuche, es an der gegenüberliegenden Seite zu verschieben. Es zeigt sich, daß das Blatt die Belastung ***in seiner eigenen Ebene*** über ***Tangential***spannungen aufnimmt (Abb. 11.3). Aber genauso, wie eine waagerechte Zugkraft in einem Seil keine senkrecht stehenden Lasten aufnehmen kann, so können auch die Schubkräfte in der Ebene des Papierblattes keine senkrecht dazu stehenden Lasten aufnehmen. Die Tragwirkung der Membran über Tangentialschub leitet sich deshalb auf einem Umweg, aus ihrer Geometrie ab.

In Abb. 11.4 ist ein rechtwinkliger Ausschnitt aus einer Membranfläche dargestellt. Es zeigt sich, daß hier im allgemeinen die vier Seitenkanten nicht parallel, sondern räumlich verzogen sind. Gegenüberliegende Seiten besitzen eine ***unterschiedliche*** Neigung, und dies bedingt, daß die sie verbindenden, querliegenden Seiten ebenfalls untereinander eine verschiedene Neigung besitzen. Der Neigungsunterschied gegenüberliegender Seiten pro Abstandseinheit ist die ***geometrische Verdrehung*** der Membran. Die zusätzliche Krümmung der Membran entsteht aus der laufenden Veränderung ihrer Verdrehung. Das geometrische Verhalten der Membranfläche ist durch Verdrehung und Krümmung gekennzeichnet (vgl. Abschnitt 11.2).

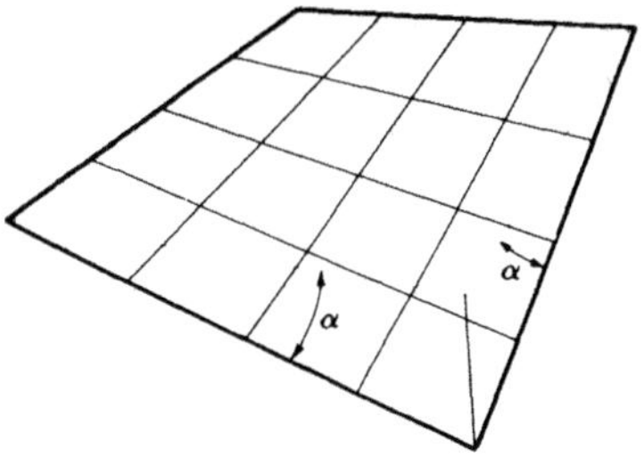

11.4 Geometrische Verdrehung der Membran

Die beiden Schubkraftpaare an den vier Seiten eines Membranausschnittes sind grundsätzlich im Drehgleichgewicht (vgl. Abschnitt 5.3), wie in Abb. 11.3. In einer Membran aber sind gegenüberliegende Seiten unterschiedlich verdreht; die Schubkraft erzeugt deshalb auf zwei Seiten eine ***zusätzliche*** aufwärts gerichtete Komponente (Abb. 11.5). Diese zusätzliche Kraft stellt mit der senkrechten Belastung ein Gleichgewicht her, sie gibt der Membran ***über Schubkräfte*** in ihrer Fläche ihre Tragwirkung.

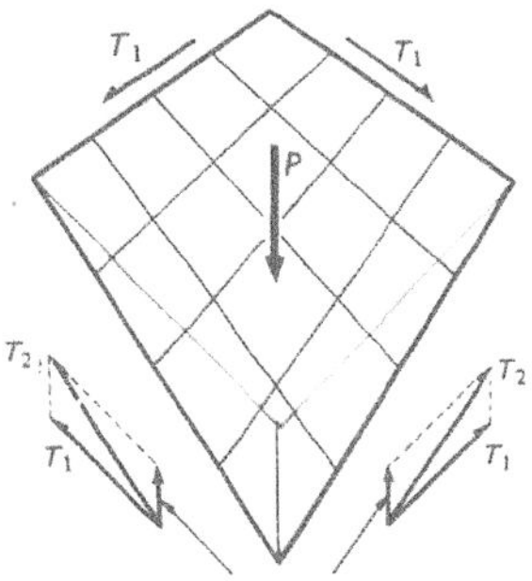

11.5 Teil der senkrecht auftreffenden Last, der durch Schubkräfte in der Membranfläche aufgenommen wird

Da Schub sich aus Druck und Zug zusammensetzt, kann eine Membran diese zusätzliche Tragwirkung nur entwickeln, solange der Druckanteil aus Schub kleiner ist als der Zug in der Membran aus Seilwirkung. Wäre die Druckkraft stärker, so müßte die dünne Membran beulen. Tritt dieser Fall ein, so ändert die Membran ihre Form und trägt nur noch auf Seilwirkung.

Beulfreie Membranen mit konstanter Form tragen demnach senkrecht wirkende Belastungen über drei verschiedene Mechanismen: Seilwirkung in der einen Krümmungslinie, Seilwirkung im rechten Winkel dazu, und Schub aus der Verdrehung der Membranfläche. Jede dieser Tragwirkungen hört auf, wenn die entsprechende Krümmung oder Verdrehung entfällt.

11.2 Hauptkrümmungs- und Hauptspannungslinien von Membranen

Membranwirkung ist, wie im vorangegangenen Abschnitt dargestellt, durch zweierlei gekennzeichnet:

(a) ***Membranspannungen*** aus Zug und Schub, die immer in der Membranfläche selbst entstehen, nie aber rechtwinklig dazu wirken;

(b) Membranform, Verdrehung und Krümmung, von denen die Membranwirkung wesentlich abhängt.

Zur Darstellung des Krümmungsverlaufs einer Fläche schneidet man sie mit einer Ebene senkrecht dazu. Als Beispiel ist in Abb. 11.6 ein Zylinder gezeigt. Eine Ebene senkrecht zu seiner Oberfläche und parallel zu seiner Längsachse schneidet den Zylindermantel in einer geraden Linie, also fehlt eine Krümmung in dieser Richtung. Eine senkrechte Schnittebene rechtwinklig hierzu erzeugt einen großen Krümmungsbogen, bei Schnitten in jeder anderen Richtung ist die Krümmung ***schwächer***.

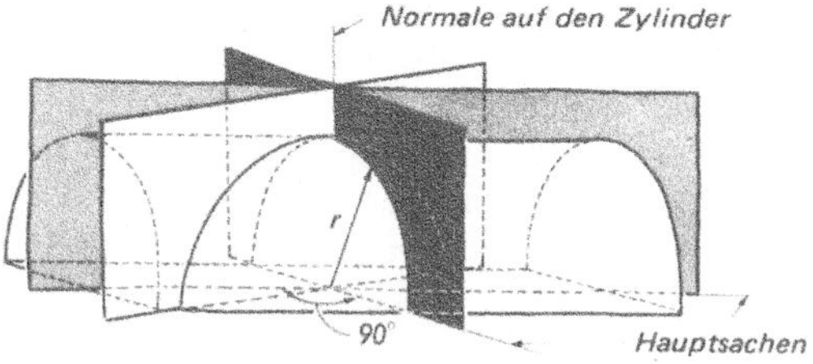

11.6 Zylinderschnitte

Läßt man die Schnittebene um eine Normale zur Zylinderachse rotieren, so verändern sich die Krümmungen der Schnittlinien von Null in der einen Richtung bis zu einem Maximum in der Richtung rechtwinklig dazu. Die beiden rechtwinklig zueinander stehenden Richtungen mit dem Maximal- und dem Minimalwert (der Minimalwert in diesem Beispiel ist gleich Null) sind die ***Hauptkrümmungsrichtungen*** der Membranfläche. Schneidet man aus einer Zylinderfläche einen Teil mit Seitenkanten parallel zu den Hauptkrümmungsrichtungen aus, so besitzt dieser Ausschnitt ***keine Verdrehung***: Parallelen zu der horizontalen Seitenkante bleiben horizontal (Abb. 11.7a). Ein Ausschnitt aus der Zylinderfläche, dessen Seitenkanten nicht parallel zu den Hauptkrümmungsrichtungen verlaufen, weist dagegen eine Verdrehung auf (Abb. 11.7b). Oberflächen können deshalb Verdrehung in bestimmten Richtungen besitzen, während sie in anderen Richtungen fehlt. Die einzige Fläche ohne Verdrehung in irgendeiner Richtung ist die Kugeloberfläche, da ***alle*** Ausschnittsflächen zwischen Paaren von Parallelen mit gleichen Abständen miteinander identisch sind.

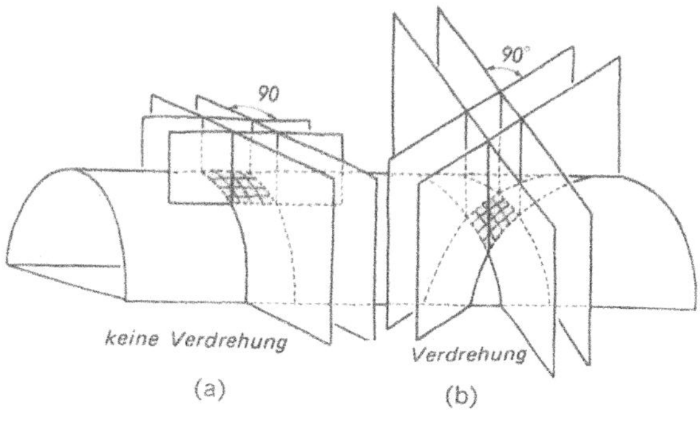

11.7 Verdrehung bei Zylinderflächen

Die Eigenschaften der Mantelfläche eines Zylinders in Bezug auf Krümmung und Verdrehung sind nicht auf diesen Körper beschränkt, sie gelten vielmehr allgemein. ***Alle Oberflächen***, die von Ebenen normal geschnitten werden, weisen zwei rechtwinklig zueinanderstehende Richtungen auf, bei denen die Krümmungen Maximal- bzw. Minimalwerte erreichen. Unter diesen beiden Richtungen ist die Oberfläche frei von Verdrehung. Häufig werden die Hauptkrümmungsrichtungen umgekehrt über das Fehlen von Verdrehung ermittelt.
Man kann die Richtungen der Hauptkrümmungslinien mit kleinen Kreuzen auf der Oberfläche bezeichnen wie an früherer Stelle bei den Hauptspannungen. Dabei ergibt sich ein Netz von ***Hauptkrümmungslinien***. Für den Zylindermantel ergibt sich ein Rechtecknetz parallel zu den Seiten. In Abb. 11.8 sind die Hauptlinien einer allgemeineren Fläche dargestellt.

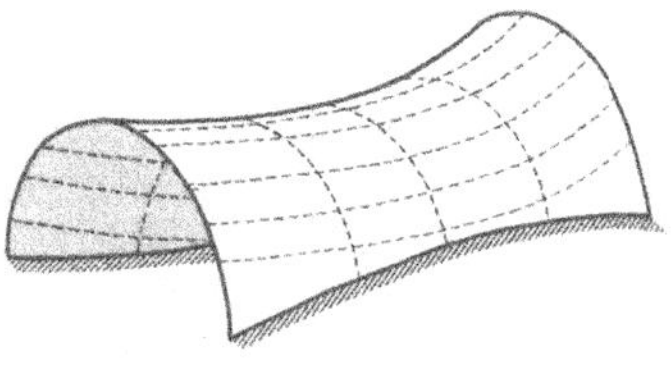

11.8 Hauptkrümmungslinien

Die Zugspannungen an einem Punkt der Membranfläche haben, wie die ebenen Spannungen in den Zugstäben in Abschnitt 9.2, je nach Richtung unterschiedliche Werte. Dreht man die Betrachtungsebene um diesen Punkt, so ergeben sich Maximal- und Minimalspannungen in zwei Richtungen, die rechtwinklig zueinander stehen, den ***Hauptspannungsrichtungen***. Die Membranflächenquerschnitte entwickeln in diesen Richtungen ***keinen*** Schub. Zwischen diesen beiden Richtungen aber, bei 45°, liegt das Maximum der Schubspannung. In den Hauptspannungsrichtungen wirkt die Membran wie aus zwei rechtwinklig zueinander angeordneten Seilscharen gebildet; dabei entsteht in der einen Richtung das Zugspannungsmaximum, in der anderen das Minimum. Schubspannung dagegen entsteht in jeder anderen als diesen beiden Krümmungsrichtungen.

Verbindet man die Kreuzchen mit den Hauptspannungsrichtungen für jeden Punkt miteinander, so erhält man den Verlauf der ***Hauptspannungslinien*** der Membranfläche. Während die Hauptkrümmungslinien geometrischer Art sind, hängen die Hauptspannungslinien auch noch von der Belastung und den Randbedingungen ab (vgl. Abb. 11.9a,b). In besonderen Fällen von Symmetrie fallen geometrische und Spannungslinien ausnahmsweise zusammen, wie bei einer Kugelfläche oder einem Zylinder mit Innendruck (vgl. Abb. 11.9b). Die Untersuchung der Seilwirkung hatte gezeigt, daß die Höhe der Spannung sich mit dem Pfeilverhältnis, dem Verhältnis von Durchhängung zu Spannweite ändert (vgl. Abschnitt 6.1). Nimmt man für das Seil eine ***zulässige Höchstspannung*** an, so kann andersherum die Belastung umso

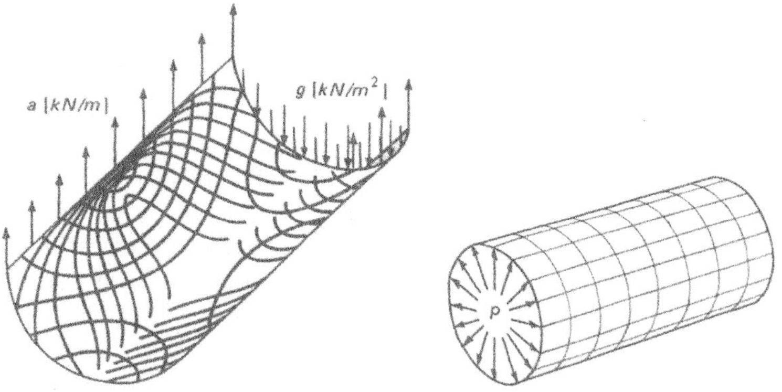

11.9 Hauptspannungslinien bei zylindrischen Membranflächen
a) Belastung durch Eigengewicht b) Belastung durch Innendruck

größer werden, je tiefer das Seil durchhängt. Übertragen auf die Seilwirkung der Membran in ihren Hauptspannungsrichtungen bedeutet dies, daß in der Richtung des größeren Pfeilverhältnisses, also der stärkeren Krümmung, mehr Last abgetragen wird als in Richtung der schwächeren Krümmung, des kleineren Verhältnisses von Durchhängung und Spannweite. Bei einer Kugeloberfläche ist die Krümmung in allen Richtungen gleich, diese Fläche trägt deshalb die Hälfte der Belastung über Seilwirkung in der einen Richtung ab, die andere Hälfte in der anderen rechtwinklig dazu. Bei einem Zylindermantel mit gleichförmiger, normal auftreffender Belastung werden die geraden Mantellinien zur Lastaufnahme nicht herangezogen, weil sie keine Seilkrümmung aufweisen; die gesamte Belastung wird vielmehr über Spannung in den Umfanglinien im rechten Winkel dazu aufgenommen. Diese Spannungen wie in einem Sprengreifen sind doppelt so hoch wie die in einer Kugelfläche über dem gleichen Durchmesser.

Wenn sich die Verteilung der Last auf einer Membran ändert, ändern sich auch die Spannungen in ihr. Die Membran ändert dabei ihre Form nicht, solange der neue Spannungszustand nicht zum Ausbeulen führt. Während die Seilform sich für jede Lastkombination neu einstellt, besitzt die Membran eine Seilform für verschiedene Lastzustände, weil sie die Belastung zwischen ihren zweidimensionalen Zug- und Schubwirkungen auf verschiedene Weise verteilen kann. Eine Membran ist deshalb ihrem Wesen nach im Gegensatz zu Seilen steif; sie wird erst bei beulender Belastung unstabil. In diesem Fall verändert sie ihre Form und nimmt die Belastung nur noch über Zugspannungen auf.

Membranen müssen im allgemeinen stabilisiert werden, hauptsächlich, weil ihre Seilkurve für waagerechte Belastung sich nicht mit der für senkrechte deckt. Die Stabili-

sierung wird durch ein inneres Skelett erreicht; möglich ist auch Vorspannung durch äußere oder innere Kräfte. Vorspannung erlaubt der Membran, bei Belastung Druckspannungen zu entwickeln, die die Höhe der durch Vorspannung eingeschlossenen Zugspannungen erreichen. Neben größerer aerodynamischer Stabilität wird auch die Tragfähigkeit über den Schubmechanismus vorteilhaft erhöht.
Es ist noch festzuhalten, daß die Zugspannungen in Membranen gleichförmig über die Querschnittsdicke verteilt sind; die Materialausnutzung ist damit optimal. Außerdem sind Zugspannungen immer klein im Vergleich zu Biegespannungen, so daß Membranen sich bei Belastung nur wenig verformen. Diese Verformungen als Durchbiegungen dürfen allerdings nicht mit ***Formänderungen*** aus ***veränderter*** Belastung verwechselt werden. Membranen sind, wegen ihres Tragprinzips, leicht und steif bei ständiger Belastung. Will man sie aber in formbeständige Strukturen einbauen, so muß, wie gezeigt, ihre ›Mobilität‹ berücksichtigt werden, diese kann durch Vorspannung verringert, nicht aber aufgehoben werden.

11.3 Membranarten

Schon vor undenkbar langer Zeit hat das technische Geschick des Menschen Mittel und Wege gefunden, Membranen wegen ihrer Leichtigkeit und trotz ihrer Instabilität für bauliche Zwecke zu nutzen. Das Nomadenzelt, eine Membran, überspannt mehrere Meter. Dabei sind die Zeltflächen mit Druckpfosten versehen und mit Spannseilen stabilisiert (Abb. 11.10). Zirkuszelte können mit der gleichen Technik

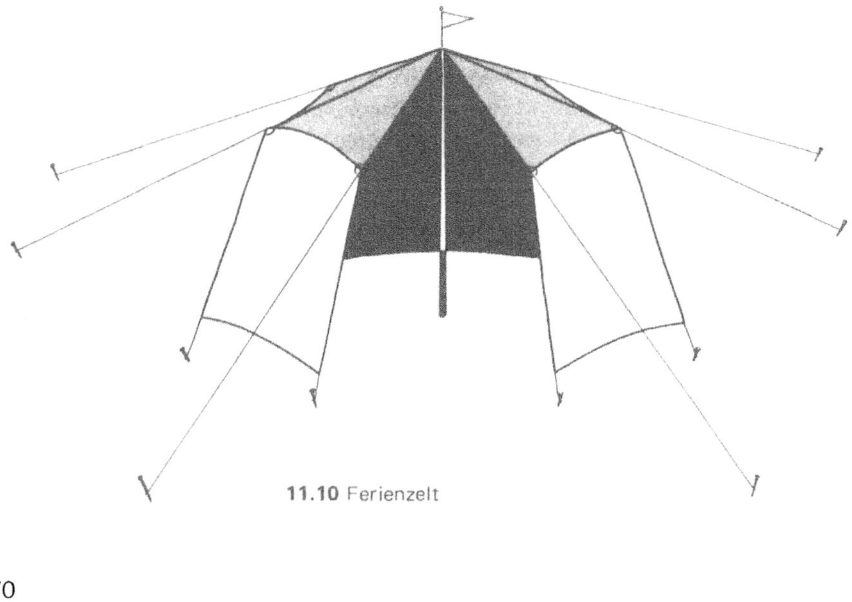

11.10 Ferienzelt

hundert Meter überspannen. Das Zelt hält der Windbelastung stand, besitzt aber auch bei idealen Bedingungen noch den Nachteil, auf Laständerungen mit einer gewissen Formänderung zu antworten. Außerdem kann ein Zelt, wegen seines geringen Gewichts, bei wechselnden oder sogar bei stetigen Winden vibrieren oder ›flattern‹. Zelte sind gut als provisorische Abdeckungen, als dauerhafte Dächer aber kaum zu gebrauchen, es sei denn hochgradig vorgespannt.

Das Tragverhalten von Membranen wird erheblich verbessert, wenn sie vor der Belastung gespannt werden. Feuerwehrmänner halten ein großes rundes Tuch gespannt, um Menschen, die aus großer Höhe herabspringen, aufzufangen. Die dünne Bahn nimmt das Gewicht des fallenden Menschen auf, biegt elastisch durch und rettet ihn durch ihre Nachgiebigkeit und Festigkeit. Durch die Verbindung von Membran und äußerem Ring sind bereits vor der Belastung Spannungen eingeschlossen, wie sie in Abschnitt 2.5 beschrieben wurden. Die Sprungtücher der Feuerwehr sind typische vorgespannte Membranen; die Zugkraft in ihnen und die Druckkraft im äußeren Ring entstehen durch den radialen Zug des Seils, das beide verbindet.

Der Regenschirm ist ein weiteres Beispiel einer vorgespannten Membran mit eingeschlossener Spannung. Der Korb von Stahlrippen, der geöffnet und mit Druckspreizen gegen den Schirmstock abgestützt wird, spannt die Schirmfläche und gibt ihr eine gekrümmte, für die Lastaufnahme geeignete Form. Der Regenschirm kann in Grenzen, Belastungen von oben und von unten aufnehmen: Die Membran bleibt in beiden Fällen unter Zugspannung, die Spannungen im Korb aber werden im letzteren Fall abgebaut (Abb. 11.11). Das Kajak der Eskimos besteht aus einer Membran aus Seerobbenfell, die über ein Gestell aus Latten und Ringen gespannt ist. Unsere modernen Faltboote bestehen aus über einem inneren Rahmen gespannten Material. Diese Boote besitzen eine solche Festigkeit, daß sie, bei einer Länge von fünf und einer Breite von weniger als einem Meter, schon den Atlantik bezwungen haben.

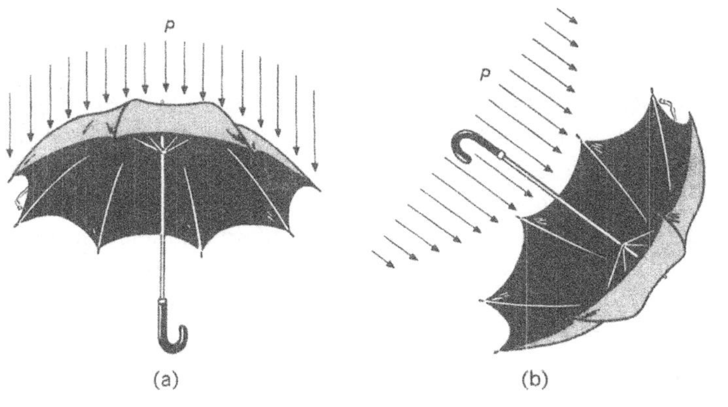

11.11 Vorgespannte Membran bei einem Regenschirm

Interessante Dachformen können mit Membranen erzeugt werden, die unter Vorspannung durch äußere Kräfte stehen. Abb. 11.12 zeigt ein sattelartiges Zelt, entworfen von Frei Otto. Das Zelt ist zwischen zwei Pfählen gespannt und wird durch bodenverankerte Querseile stabilisiert (vgl. Abschnitt 6.2). Abb. 11.13 zeigt ein Zeltdach von Horacio Caminos, bei dem ein kreisförmiges Tuch in einem Druckring durch die Wirkung der Druckpfosten gespannt wird. Vorgespannte Membranen sind steifer und stabiler als ungespannte; sie flattern oder bewegen sich nicht so leicht bei Veränderung der Belastung.

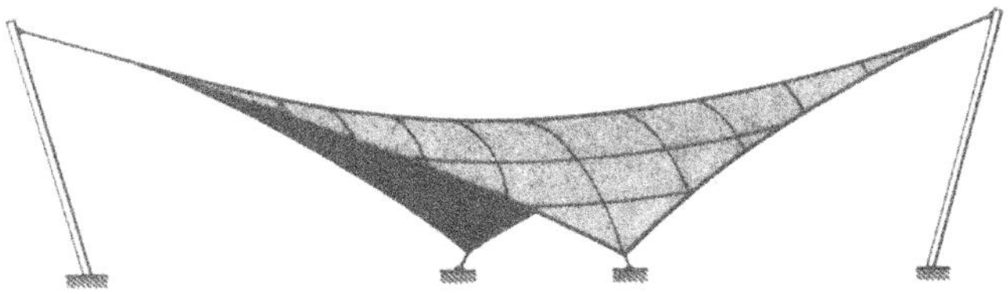

11.12 Membranzelt

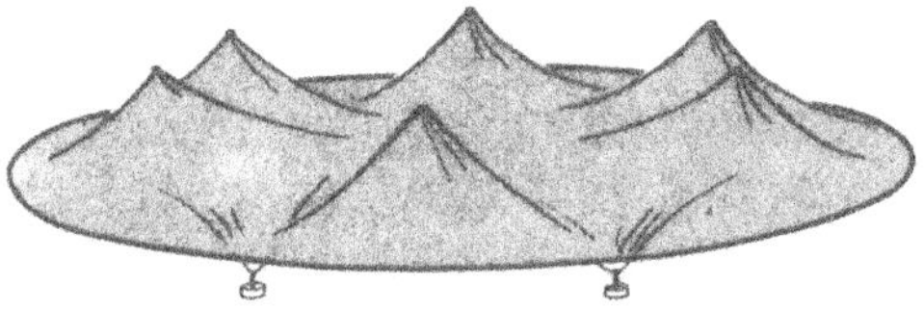

11.13 Vorgespannte kreisförmige Membran

Die Stabilisierung der Hülle von Zeppelin-Luftschiffen wurde auf zweierlei Weise erreicht. Die Membran wurde von einem Skelett im Inneren gehalten und durch Einblasen von Wasserstoff vorgespannt. Die so erreichte Steifigkeit machte es der Hülle möglich, auch schwere dynamische Belastungen aus Luftlöchern und Turbulenzen aufzunehmen.

Membranen können auch nur durch Innendruck vorgespannt werden, wenn sie einen oder mehrere Innenräume vollständig einschließen. Damit entstehen ***pneumatische Tragwerke***. Membranen mit abgeschlossenem Innenraum sind zum Beispiel Schlauchboote: Der aufgeblasene äußere Schlauch ist steif genug, als Druckring für die ungespannte Membran, die den Boden des Schlauchkörpers bildet, zu dienen. Ein aufblasbares Flugzeug ist nach demselben Prinzip gebaut worden, mit aufblasbaren Flügeln und aufblasbarem, in mehrere Abschnitte unterteiltem Rumpf; es wurde von einem leichten Motor angetrieben.

Längliche Luftballons werden, aufgeblasen, so steif, daß sie auch auf Druck und Biegung wirken. Der Innendruck in den zylindrischen Ballons läßt Zugspannungen in Längs- und Querrichtung entstehen, die in Querrichtung entsprechen wieder denen in Faßreifen. Ein aufgeblasener Zylinder nimmt als Druckglied in Längsrichtung Drucklasten bis zu dem Punkt auf, an dem sie so groß sind wie die Zugkraft der Hülle in Längsrichtung, die aus dem Innendruck entsteht. Nähert sich die Last diesem Wert, so beginnt die Membran zu beulen.

Ähnlich nimmt ein Ballon als waagerechter Balken senkrechte Lasten bis zu dem Punkt auf, an dem die Druckspannungen aus Biegung auf der Oberseite mit den Zugspannungen aus dem Innendruck gleich groß geworden sind. Der Leser kann sich leicht davon überzeugen, daß der Balken auf der Oberseite beult, wenn die Druckspannung sich diesem Wert nähert.

Nach diesem Prinzip ist 1970 auf der Weltausstellung von Osaka der Fuji-Pavillon von Murata errichtet worden. Mit aufgeblasenen Rohren aus Kuststoff-Bahn wurde ein gekrümmter Dachkörper hergestellt, der 50 m überspannt. Der Innendruck konnte variiert werden, um die Stabilität des Bauwerks mit der Windgeschwindigkeit zu erhöhen (Abb. 11.14). Sportplätze, Lager, und Versammlungsräume sind nach demselben Prinzip überdacht worden.

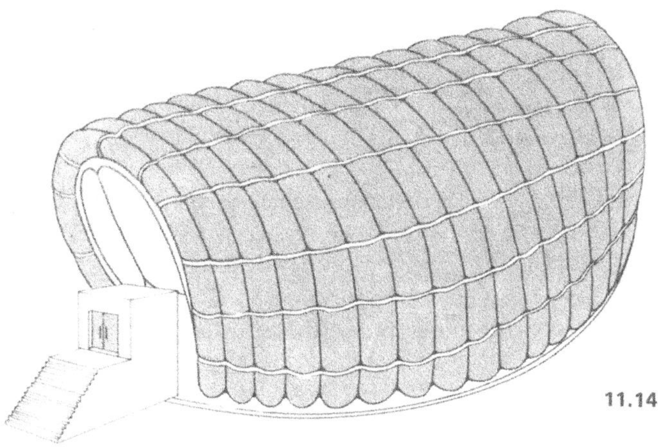

11.14 Fuji-Pavillon auf der Weltausstellung in Osaka

Abb. 11.15 zeigt ein von Koch und Weidlinger entworfenes Ballondach über einem Sommertheater. Der Ballon spannt in Form einer Linse über 46 m, er wurde mit einer Pumpe auf einen inneren Überdruck von 0,5 kN/m^2 (50 kp/m^2) gebracht. Der Ballon hatte oben eine kreisförmige Öffnung, und frische Luft wurde beständig nachgepumpt, um eine Überhitzung und eine dadurch bedingte Formänderung aus Volumenänderung zu vermeiden. Die Abdeckung konnte in die Höhe des als Auflager vorgesehenen Stahlringes gehoben und in weniger als 20 Minuten aufgeblasen werden. Die Dachform war unempfindlich gegen stetigen Wind; der Ballon besaß nicht die Tendenz wegzufliegen. Der aufgeblasene Ballon wurde zuletzt als Schalung für eine Betonkuppel benutzt, die aufgesprüht wurde.

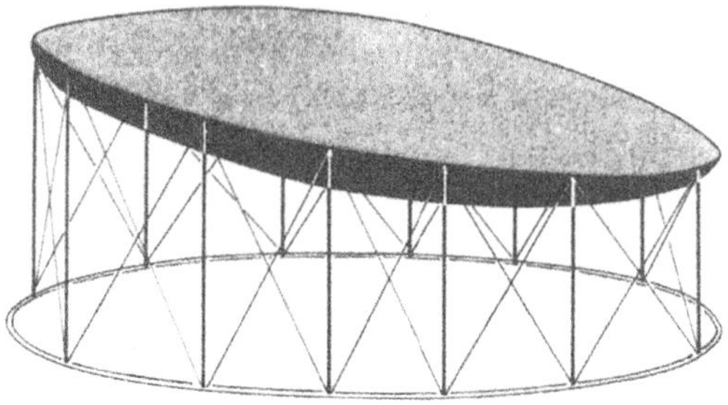

11.15 Ballondach

Aufgeblasene Kunststoff-›Matratzen‹, den am Strand und beim Baden benutzten ähnlich, sind schon als Dächer, Wände und schräge Decken, zum Beispiel im Theater verwendet worden.

Alle bisher besprochenen pneumatischen Tragwerke waren geschlossene Membranen. Einige der interessantesten und bedeutendsten Beispiele pneumatischer Tragwerke gehören aber in die Kategorie der luftgestützen Dächer, der ***Traglufthallen*** oder Blasen.

Hüllen aus Kunststoffbahn können über Swimming-Pools oder sonstigen Anlagen mit wenig Druck aufgeblasen werden und ergeben eine feststehende Überdachung (vgl. Abb. 11.16). Diese Tragwerke benötigen einen Überdruck von nur hundert Gramm pro cm^2 zum Stehen; der Innenraum kann über normale Türen betreten werden, da der Druckverlust wegen des großen eingeschlossenen Raums auch bei häufigem Türöffnen nicht ins Gewicht fällt. Diese Druckverluste werden, gesteuert durch eine Meßvorrichtung, in Abständen ausgeglichen. Nach diesem Prinzip sind auch große Kuppeln über Radar-Installationen (Radome) errichtet worden. Hierbei werden extrem dünne Kunststoffmembranen verwendet, die Empfang und Ausstrahlung elektromagnetischer Wellen nicht behindern. Radome werden mit Durch-

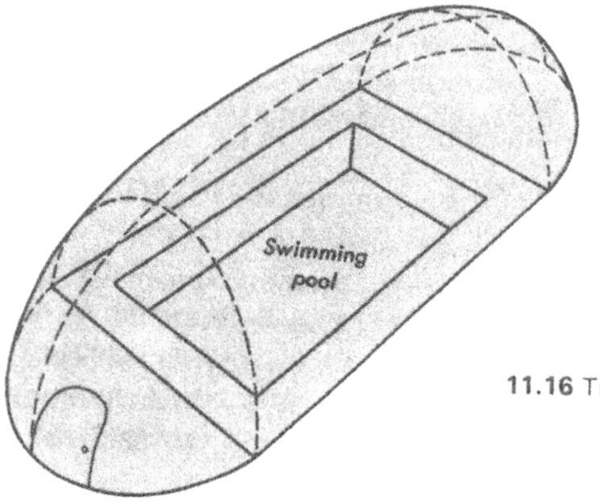

11.16 Traglufthalle

messern bis zu 50 m gebaut, wobei hochfeste Membranen mit zulässigen Höchstspannungen von 50–150 N/mm (5–15 kp/mm) eingesetzt werden.
Ballons als Schalungsformen für Beton wurden beim Bau der ›Igloo-Häuser‹ verwendet, die von Neff erfunden und von Noyes und Salvadori geplant worden sind (Abb. 11.17). Der aufgeblasene Ballon stützt ein Bewehrungsnetz, auf das eine Schicht von rund 2,5 cm Beton aufgesprüht wird. Nach Abbinden des Betons wird die Luft aus der pneumatischen Form abgelassen und diese schließlich durch die Türöffnung aus dem Haus herausgezogen.

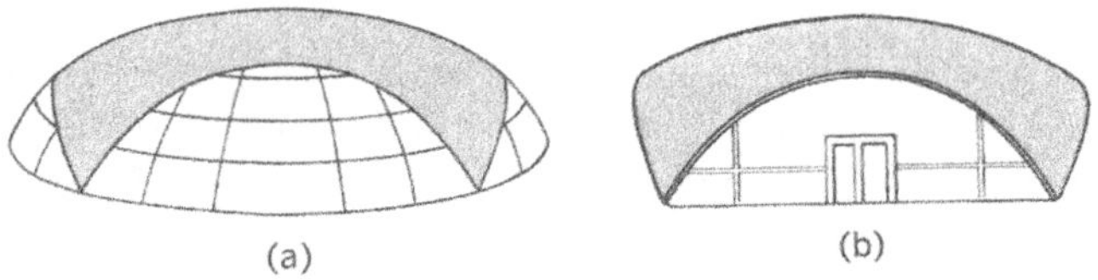

11.17 Pneumatische Schalung

Die Technik, die Bini zur Herstellung seiner ›Binischalen‹ erfunden hat, stellt eine Verbesserung der Idee von Neff dar. Auf dem noch nicht aufgeblasenen Ballon wird eine besondere Art von verschieblicher Bewehrung ausgelegt und dünnflüssiger Beton eingebracht. Bewehrung und Beton heben sich, wenn der Ballon aufgeblasen wird; der Beton wird durch Stahlfedern am Abfließen gehindert und nach dem Aufblasen gerüttelt. Beton mit Stahlfaserbewehrung könnte die Binitechnik noch weiter vereinfachen. Binischalen mit bis zu 36 m Spannweite sind bereits gebaut worden, technisch und wirtschaftlich möglich sind noch größere Spannweiten.
Nimmt die Spannweite luftgestützter Dächer zu, so überschreitet die Spannung in der Membran schließlich deren Festigkeit, und eine Bewehrung wird erforderlich. Diese besteht meistens aus Stahlseilen. Bei solchen Systemen spannt die Membran nur zwischen den Seilen und kann dünner, leichter und wirtschaftlicher ausgebildet werden. Bei den Birdair-Kuppeln, die Spannweiten bis zu 300 m erreichen, sind

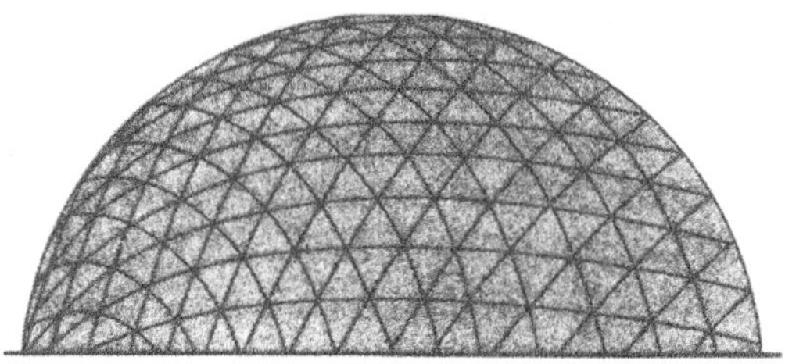

11.18 Luftgestützte Birdair-Kuppel

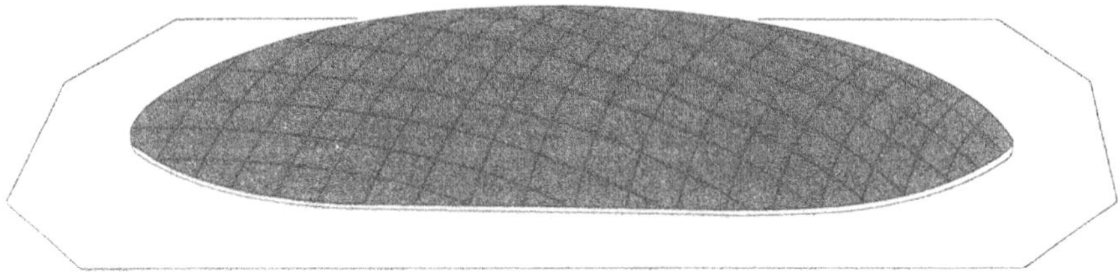

11.19 Pavillon der USA auf der Weltausstellung in Osaka

Stahlseile in einem Dreiecksraster mit etwa 3 m Seitenlänge angeordnet (Abb. 11.18). Eine temporäre Traglufthalle aus PVC-Bahn ist auf dem Campus des Antioch-College in Columbia, Maryland, aufgebaut worden. Sie mißt 55 auf 55 m, ihre Stahlseile liegen in einem Quadratraster, sind mit der Hülle fest verbunden und alle 6 m im Boden verankert. Bei dem US-Pavillon auf der Weltausstellung in Osaka, 1970 von Geiger entworfen, waren die Stahlseile in einem Schrägraster von 6 m Seitenlänge ausgelegt und in einem rechteckigen Druckrahmen aus Beton von 80 auf 140 m verankert (Abb. 11.19). Der Überdruck im Innenraum betrug nur 210 N/m^2 (21 kp/m^2), weil die flache Steigung des Daches (7 m) und eine Erderhebung ringsum zu einem Windsog über fast der ganzen Dachfläche führten. Luftgestützte Überdachungen dieser Art sind bisher über Flächen von bis zu 30 000 m^2 vorgenommen worden.
Studien von Weidlinger Associates und anderen haben ergeben, daß bereits heute luftgestützte, seilbewehrte Überdachungen mit Spannweiten von 2000 m Flächen von bis zu 250 ha möglich sind. Die Entwicklung von stärkeren und beständigeren Membranen würde erlauben, Hüllen für ganze Städte zu bauen.
Innerhalb großflächiger Abdeckungen haben luftgestützte die geringsten Kosten pro Fläche. Ihr Verhalten im Brandfall ist besser als zunächst vorausgesagt und dem anderer Großkonstruktionen überlegen. Transparente, transluzente, opake Membranen, glasfaserverstärkt und vinyl-, hypalon- oder teflonbeschichtet erlauben eine vielfältige natürliche Beleuchtung, unterschiedliche Temperaturverteilung, und eine abgestufte Privatheit. Sie schaffen eine künstliche, dem Menschen angepaßte Umgebung praktisch an jeder Stelle der Erde und helfen, Energie zu sparen. Luftgestützte, seilbewehrte Hüllen stellen einen Durchbruch in großflächigen Überdachungen dar, der unser ganzes Konzept eines ›controlled environment‹ nach Größen und Qualitäten revolutionieren könnte.
Membrandächer sind nicht nur aus Gewebe und Kunststoff, sondern auch aus Stahl, Aluminium und Stahlbeton gebaut worden. Stahlmembranen mit gutem Tragverhalten auf Zug sind für beständige, steife, kreisförmige Dächer verwendet worden. Betonmembranen können so bewehrt oder vorgespannt werden, daß sie zur Aufnahme von Zugspannungen geeignet sind: Das kreisförmige Dach von Viera kann als

vorgespannte Betonmembran gelten (vgl. Abb. 6.15). Das Dach der Raleigh-Arena von Nowicki ist eine Seilmembran mit Metalleindeckung (vgl. Abb. 6.13). Wie in Abschnitt 6.2 erwähnt haben leichte Metalldächer die Tendenz zu flattern, schwerere Betonmembranen aber nicht. Es kann deshalb sinnvoll sein, die Dicke einer an sich schon ausreichend festen Membran heraufzusetzen, womit diese in gewisser Weise Plattencharakter annimmt. So wie Platten bei Durchbiegung unter Last auch ein Membranverhalten aufweisen (vgl. Abschnitt 10.7), so besitzen auch Membranen mit ihrer zwar geringen, aber vorhandenen Dicke ein bestimmtes Plattenverhalten. Innerhalb von Form und zulässiger Formänderung sollte wegen der höheren Membranwirkung (vgl. Abschnitt 11.1) die Dicke der Membran so gering wie möglich gehalten werden.

12 Schalen und räumliche Stabwerke

12.1 Tragende Formen

Ein einfach gehaltenes Blatt Papier ist weich und biegt unter seinem eigenen Gewicht durch. Wenn man dasselbe Blatt knifft und etwa aufwölbt, nimmt es sein eigenes Gewicht und noch eine zusätzliche Belastung auf (Abb. 12.1). Diese erhöhte Tragfähigkeit wird dem Papier nicht durch Querschnittsverstärkung, sondern durch eine andere Form verliehen. Steifigkeit und Tragfähigkeit des auskragenden Blattes werden erhöht, weil mit der Aufwölbung Querschnittsflächen entfernt von der Neutralachse angeordnet werden. Als Balken betrachtet, ist die Biegefestigkeit somit erheblich erhöht. Zum selben Ergebnis kommt man, wenn man dem Papier durch Falzen eine unvermittelte Neigungsänderung oder ***konzentrierte Krümmung*** gibt (vgl. Abschnitt 10.8).

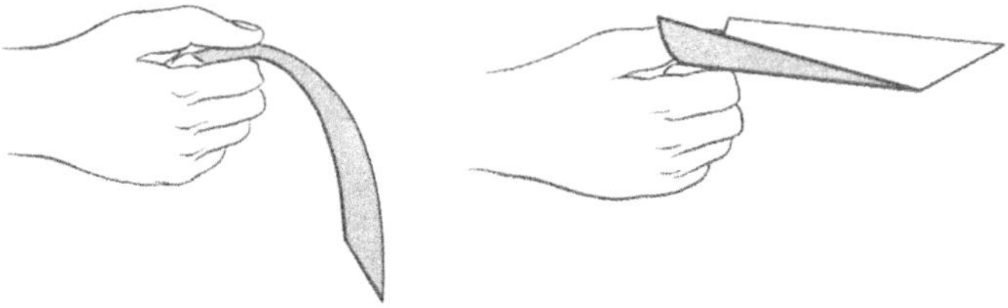

12.1 Steifheit durch Krümmung

Tragwerke, deren Festigkeit dadurch erreicht wird, daß sie entsprechend ihrer auftretenden Belastung geformt werden, sind formtragend. Membranen (vgl. Kapitel 11) nehmen ihre Belastung über Krümmung und Verdrehung auf, sie gehören zu den formtragenden, nur zugbeanspruchten Tragwerken. Kehrt man die Unterseite einer solchen Membran nach oben, so würden in ihr bei gleicher Belastung nur noch Druckkräfte entstehen. Die Membrane wäre jetzt die ***zweidimensionale umgekehrte Seillinie*** für diese Lasten (vgl. Abschnitt 6.1).
Formveränderung und die mangelnde Fähigkeit, Druckspannungen aufzunehmen, schränkt die Verwendung von Membranen ein (vgl. Abschnitt 11.1). Mit ***dünnen Schalen*** aber lassen sich die Nachteile des Membranenverhaltens vermeiden, und die Vorteile dabei weitgehend erhalten. Dünne Schalen sind formtragend; sie sind dünn

genug, keine wesentlichen Biegespannungen zu entwickeln, aber dick genug, Belastungen nicht nur über Zug und Schub, sondern auch über Druck aufzunehmen. Schalen sind aus Holz, Stahl und Kunststoff gebaut worden, das ideale Material aber ist der Stahlbeton. Mit Schalen lassen sich Kuppeln und andere gekrümmte Dächer verschiedener Art wirtschaftlich und mit außerordentlicher Festigkeit bauen. Schalen gehören zu den kompliziertesten Ausdrucksformen modernen Entwerfens.

Wie Membranen, so verdanken auch Schalen ihre Tragwirkung der Krümmung und der Verdrehung. Um das Tragverhalten von Schalen zu verstehen, muß man als erstes ihre Geometrie kennen.

12.2 Krümmungen

Wie in Abschnitt 11.2 gezeigt, läßt sich die Krümmung einer Fläche in einem Punkt ermitteln, indem man durch die Normale auf diesen Punkt eine gleichlaufende Ebene legt. Bei einer Drehung dieser Schnittebene um die Normale ändert sich auch die Krümmung, sie kann in allen Stellungen der Schnittebene aufwärts, abwärts oder teils aufwärts, teils abwärts verlaufen. Außerdem hat eine Fläche im allgemeinen auch eine Verdrehung, indem sich das Gefälle ändert, wenn man die Schnittebene parallel verschiebt. Alle Schnittebenen, die durch eine Normale auf eine Kuppel verlaufen, haben ***abwärts*** weisende Krümmungen. Bei kugelförmigen Kuppeln sind die Krümmungen in allen Schnitten identisch (Abb. 12.2). Bei allen anderen Kuppeln wechseln die Krümmungen beim Drehen der Schnittebene zwischen einem Maximum und einem Minimum (Abb. 12.3). Die Krümmungen eines Tellers weisen dagegen alle nach oben. Flächen wie von Kuppeln oder Tellern, bei denen die Krümmung um einen Punkt zwar ihre Werte ändert, immer aber nach oben oder unten gerichtet bleibt, sind ***synklastisch*** (griech. *syn* = mit, ***klastos*** = gebrochen).

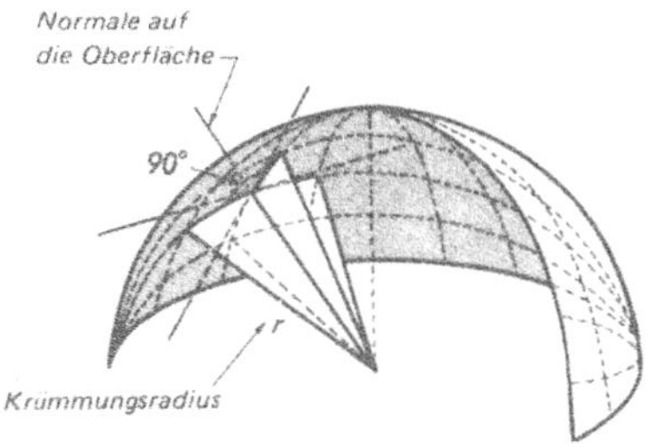

12.2 Krümmungsradien bei Kugelkuppel

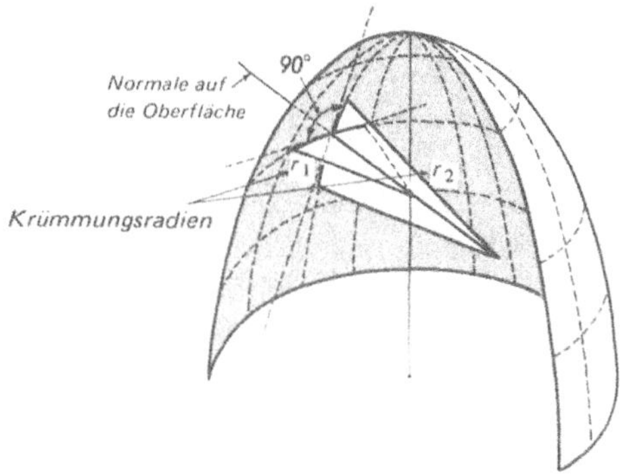

12.3 Krümmungsradien einer Kuppel

Man hat sich darauf geeinigt, Krümmungen abwärts als positiv, aufwärts als negativ zu bezeichnen. Damit haben Kuppeln positive, Teller negative Krümmungen in allen Richtungen. Flächen mit positiven oder negativen Krümmungen an allen Stellen sind ***nicht abwickelbar,*** weil sie ohne Streckung nicht eben gemacht werden können, es sei denn, sie werden in eine, gewöhnlich unendliche Zahl von Sektionen aufgeschnitten (Abb. 12.4). Die Steifigkeit und Festigkeit dieser Formen stammt größtenteils aus ihrem Widerstand, eben gemacht zu werden, also ihre Krümmung aufzugeben.

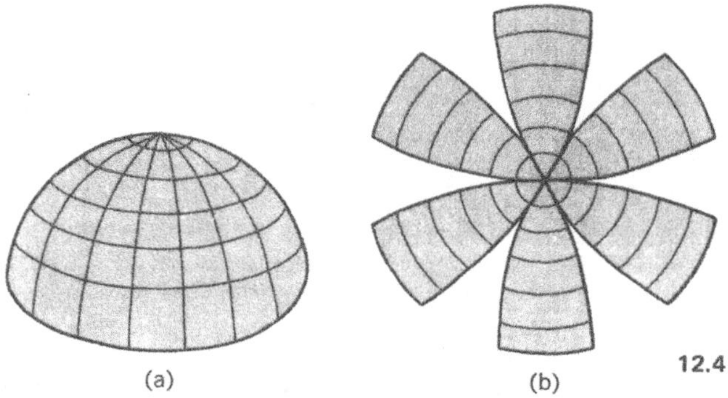

12.4 Angenäherte Glättung einer synklastischen Kuppelfläche

Je geringer eine Krümmung in einer Richtung wird, desto mehr nähert sich die Fläche der Zylinderform. Die Krümmung in der Zylinderlängsachse, eine der beiden Hauptkrümmungen, ist gleich Null (vgl. Abb. 11.7). Flächen wie die von Tonnendächern oder von Abwasserkanälen, die immer eine positive oder negative Krümmung besitzen, die aber in einer Richtung Null wird, sind ***abwickelbare*** Flächen; sie können ohne Streckung oder Aufschneiden eben gemacht werden. Abwickelbare Flächen sind erklärlichermaßen weniger steif und fest als synklastische.
Ein Pferdesattel hat eine Krümmung abwärts ›quer zum Pferd‹, eine Krümmung aufwärts ›mit dem Pferd‹. Schneidet man den Sattel mit einer senkrechten drehbaren Ebene, so wechselt die Krümmung nicht nur den Wert, sondern auch ihr Vorzeichen. Dasselbe geometrische Verhalten zeigt ein Bergpaß (Abb. 12.5). Dreht man die Schnittebene um ihre Achse, so wechselt die Sattelkrümmung ***allmählich*** von positiven zu negativen und wieder zu positiven Werten. Dies bedeutet, daß die Krümmung in zwei Richtungen ***gleich Null*** wird. Sattel- oder ***antiklastische*** Flächen haben in der Regel zwei Richtungen mit Null-Krümmungen, d. h. zwei Richtungen in denen ***in*** der Fläche eine Gerade liegt (vgl. Abb. 12.5). Außerdem sind sie nicht abwickelbar. Diese Hauptkrümmungslinien von Sattelflächen sind in Abb. 12.6 dargestellt. Man kann von dem ›höchsten Punkt der Kuppel‹ sprechen, vielleicht auch von dem höchsten Punkt eines Zylinders, der aus einer Kante oder einer Fläche besteht; der höchste Punkt einer Sattelfläche aber ist schwer zu definieren. Der

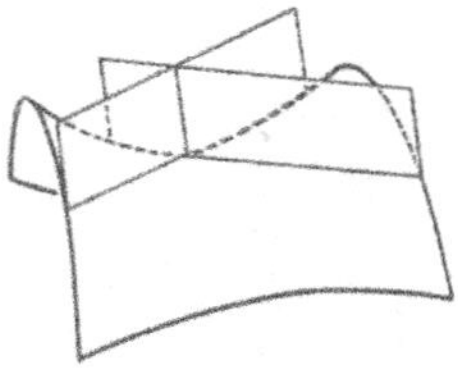

12.5 Sattelfläche

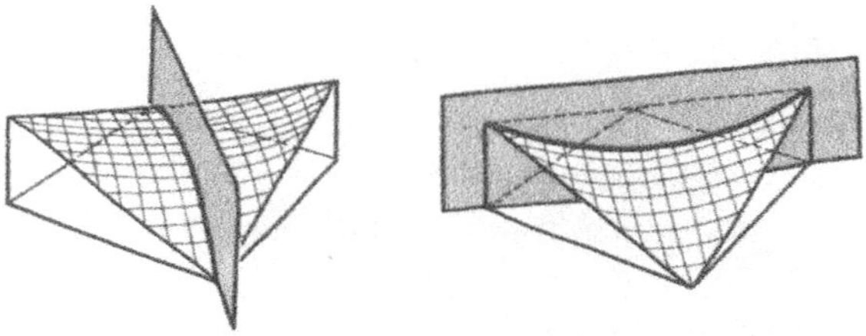

(a) (b)

12.6 Hauptkrümmungslinien einer Sattelfläche

höchste Punkt des Passes gilt für jemanden, der aus dem Tal kommt; er ist zugleich der tiefste für den, der die seitlichen Berge hinabsteigt.

Flächen, die in ***mehr*** als zwei Richtungen durch einen Punkt Null-Krümmungen aufweisen, lassen sich leicht finden. Eine Fläche mit einer Geraden in drei Richtungen ist der sogenannte ***Affensattel***; mit diesem Sattel kann der Affe sich mit gespreizten Beinen setzen und seinen Schwanz heraushängen lassen (Abb. 12.7). Eine Fläche mit mehr als drei Linien mit Null-Krümmung ist muschelartig.

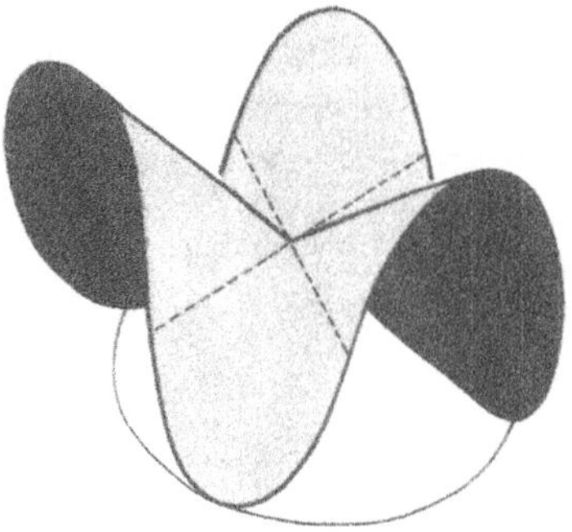

12.7 Der Affensattel

12.3 Rotationsflächen

Schalenflächen sind in Abschnitt 12.2 nach ihren Krümmungen ***in einem Punkt*** eingeteilt worden. Im Schalenbau ist noch eine andere Einteilung wichtig, die nach der Form; sie wird später bei der Untersuchung des Tragverhaltens der häufigsten Schalendächer gebraucht.

Rotationsflächen entstehen bei der Drehung einer ebenen Kurve um eine senkrechte Achse (Abb. 12.8). Die ebene oder ***Meridiankurve*** kann verschiedene Formen ha-

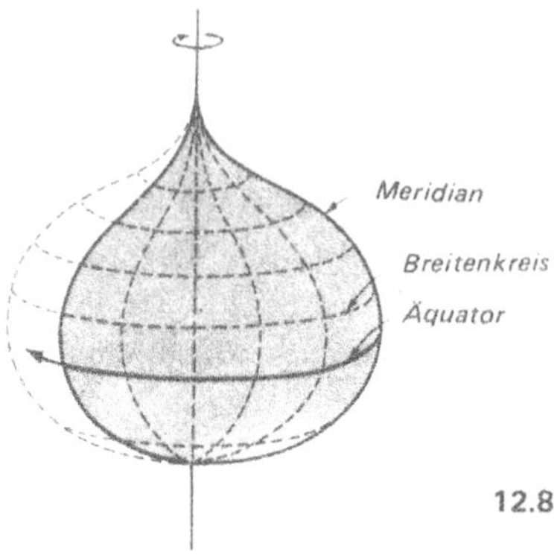

12.8 Rotationsfläche

ben, wodurch sich eine Vielzahl von Kuppelformen ergibt, die zur Abdeckung kreisförmiger Flächen geeignet sind. Die am meisten verbreitete Kuppelform ist die Kugel; sie entsteht, wenn ein Kreisbogen um eine senkrechte Achse gedreht wird. Die senkrechten Mittenschnitte durch Rotationsschalen sind die ***Meridiane***, die waagerechten, alle in Kreisform, die ***Parallelen***. Die Parallele mit dem größten Umfang ist der ***Äquator***.

Volle, auf einem Ring oder auf Stelzen aufgelagerte Kugeln werden oft als Metalltanks für flüssige Chemikalien verwendet (Abb. 12.9). Container für Flüssigkeiten werden auch als Rotationsflächen in Tropfenform gebaut. Da das Wasser in einem Tropfen durch die Kapillarspannung von dessen Oberfläche zusammengehalten wird und diese kontinuierlich ist, besitzen Container in Tropfenform eine gleichbleibende Wandspannung und sind sehr effektiv für die Lagerung von Flüssigkeiten.

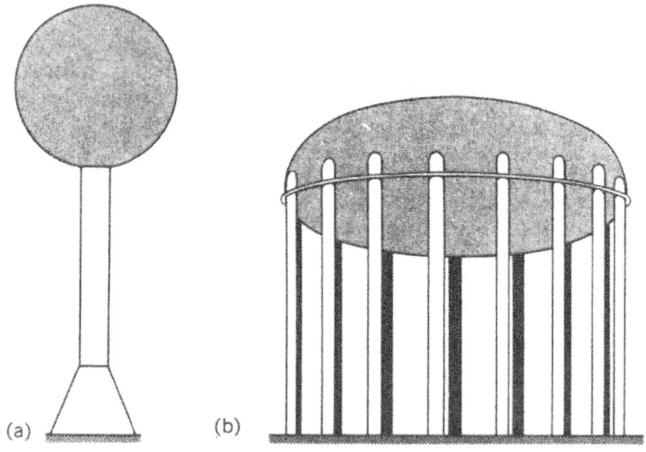

12.9 Schalentank als Flüssigkeitsbehälter

Elliptische Kuppeln entstehen, wenn eine halbe Ellipse um ihre senkrechte Achse rotiert (Abb. 12.10a). Sie sind im Tragverhalten nicht so wirksam wie Kugelkuppeln, weil mit der Abflachung auf der Oberseite eine Beultendenz auftritt. Die parabelförmige Kuppel dagegen (Abb. 12.10b) besitzt im Scheitel eine stärkere Krümmung und damit statische Vorzüge auch im Vergleich mit der kreisförmigen (Kugel-)Kuppel.

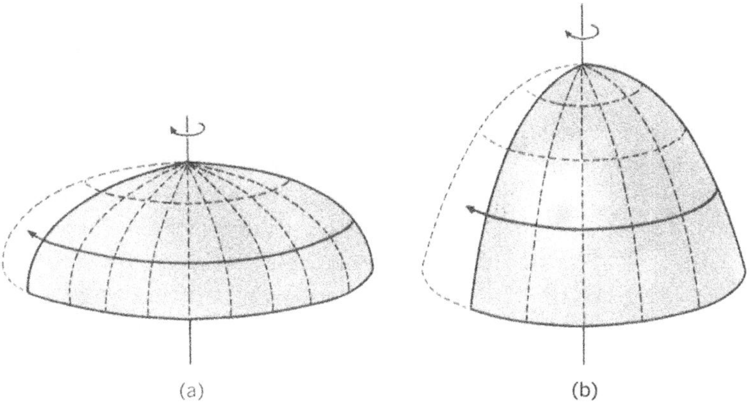

12.10 Elliptische und Parabel-Rotationsfläche

Dreht man eine schrägliegende Gerade um eine senkrechte Achse, so entsteht ein Kegel. Kegelflächen werden nach Art eines Regenschirms durch Mittenstützung verwendet, nach Art einer Kuppel bei Randstützung (Abb. 12.11). Das Fehlen einer Krümmung in radialer Richtung macht bei Ausbildung des Kegels in Beton die Schalarbeit leichter als bei echten Kuppeln.

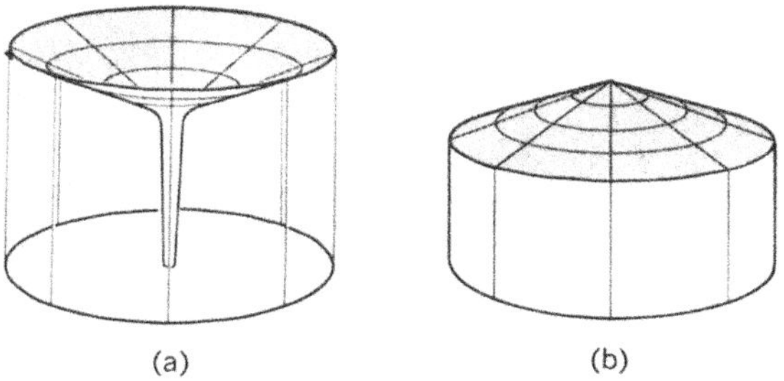

12.11 Konische Flächen

In Längsrichtung kreisförmig verlaufende Tonnen erhält man durch Drehen eines Halbkreises um eine senkrechte Achse, wobei ***diese nicht geschnitten*** wird. Diese Pufferform-Fläche, der ***Torus***, ist geeignet zur Überdachung ringförmiger Flächen (Abb. 12.12).

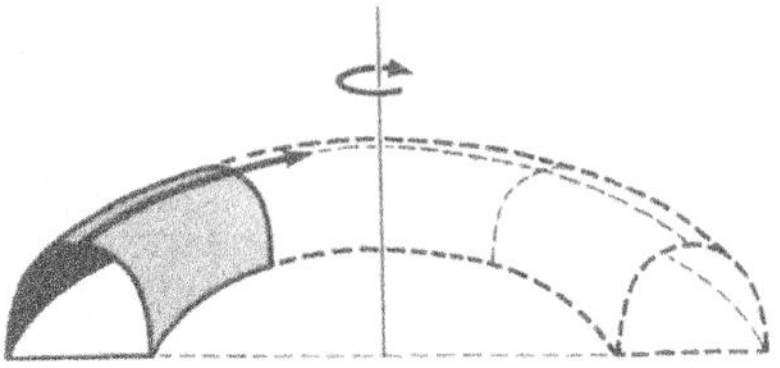

12.12 Torus (Ringfläche)

12.4 Translationsflächen

Die Fläche einer ***Translationsschale*** läßt sich erzeugen, indem eine ebene, senkrecht gehaltene Kurve auf einer anderen, gewöhnlich rechtwinklig dazu verlaufenden, entlanggeführt wird. Läßt man eine waagerechte Gerade eine senkrechte Kurve entlanglaufen oder eine senkrechte Kurve entlang einer waagerechten Geraden, so entsteht ein Zylinder. Je nach Kurve kann dieser Zylinder kreis-, parabel- oder ellipsenförmig sein (Abb. 12.13). Ist die Gerade geneigt, so entsteht ein geneigter Zylinder; dieser wäre etwa für die Überdachung eines Treppenlaufes nach Art eines Tonnengewölbes geeignet.

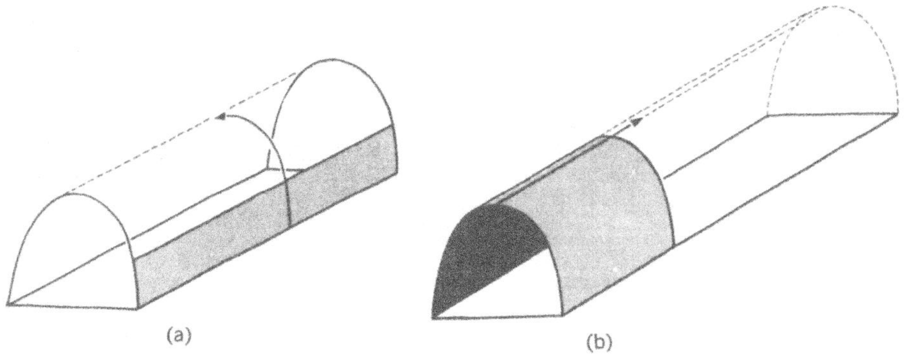

12.13 Zylinderflächen

Das Entlangführen (die Translation) einer senkrecht stehenden Parabel mit fallender Krümmung auf einer anderen rechtwinklig zu dieser angeordneten Parabel, ebenfalls mit fallender Krümmung, läßt ein ***elliptisches Paraboloid*** über einer Rechteckfläche entstehen. Waagerechte Schnitte durch die Fläche ergeben Ellipsen, senkrechte Parabeln (Abb. 12.14). Sind die erzeugenden Parabeln identisch, so entsteht ein Paraboloid über einer quadratischen Fläche, und waagerechte Schnitte ergeben Kreise. Die erste je gebaute dünne Schale war ein elliptisches Paraboloid (1907).

Ein ***hyperbolisches Paraboloid, ›Hypar‹***, entsteht, wenn eine Parabel mit fallender Krümmung auf einer Parabel mit steigender Krümmung entlanggeführt wird (Abb.

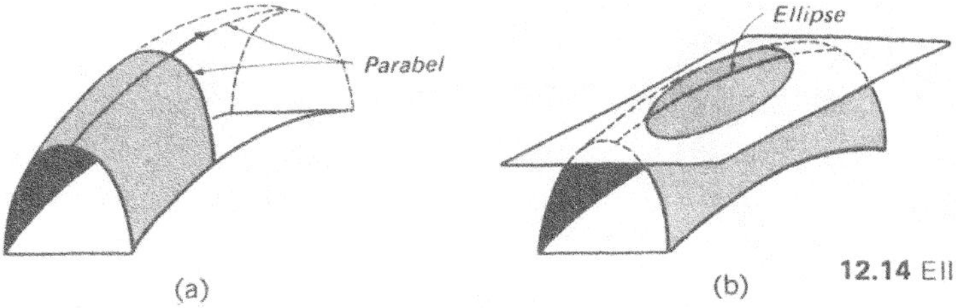

12.14 Elliptisches Paraboloid

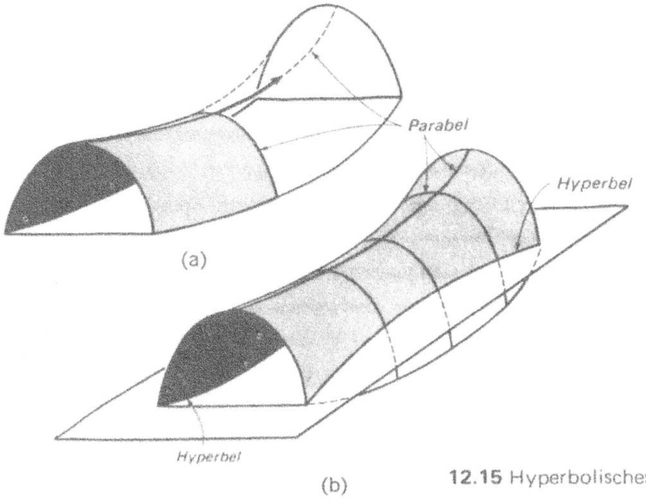

12.15 Hyperbolisches Paraboloid

12.15a). Diese Fläche hat die Form eines Sattels; horizontale Schnitte ergeben die beiden Äste einer Hyperbel, senkrechte Schnitte in der Hauptrichtung ergeben Parabeln (Abb. 12.15b). Wie bei allen anderen Sattelflächen, wird die Krümmung des hyperbolischen Paraboloids für zwei Richtungen gleich Null. Bei einem hyperbolischen Paraboloid aber gelten diese Richtungen ***für alle Punkte*** der Fläche. Dies bedeutet, daß senkrechte Schnitte parallel zu diesen Richtungen ***immer Geraden*** ergeben, daß also das hyperbolische Paraboloid eine ***zweifache*** Lage von Geraden ***in seiner Fläche*** besitzt. Diese Geraden sind die Erzeugenden. Die Fläche des Hypars kann also auch über Geraden erzeugt werden, deren Enden auf zwei Geraden mit entgegengesetzter Neigung entlanggeführt werden (Abb. 12.16). Die Ausführung dieser Fläche ist bei Stahlbeton ziemlich einfach, weil die Schalbretter als Gerade in Richtung der Erzeugenden angeordnet werden können.

Stehen die beiden erzeugenden Parabeln nicht im rechten Winkel zueinander, so entsteht eine Translationsfläche über einem schiefwinkligen Rechteck.

Durch Translation kann eine große Zahl von Flächen erzeugt werden, da für diesen Zweck *jede* Kurve auf *jeder anderen* entlanggeführt werden kann. Nicht alle Translationsflächen indessen sind zur Lastaufnahme geeignet.

12.5 Regelflächen

Wie in Abschnitt 12.4 entwickelt, liegen in der Fläche des hyperbolischen Paraboloids zwei Lagen von Geraden. Alle Flächen, die dadurch entstehen, daß Gerade an ihren beiden Enden über einzelne Kurven geführt werden, sind ***Regelflächen***. Sind die seitlichen Kurven Geraden mit entgegengesetzter Neigung, so entsteht als Regelfläche das hyperbolische Paraboloid (vgl. Abb. 12.16). Der Zylinder ist eine Regelfläche, die durch das Gleiten einer Waagerechten auf zwei *identischen* senkrechten Kurven entsteht (vgl. Abb. 12.13a).

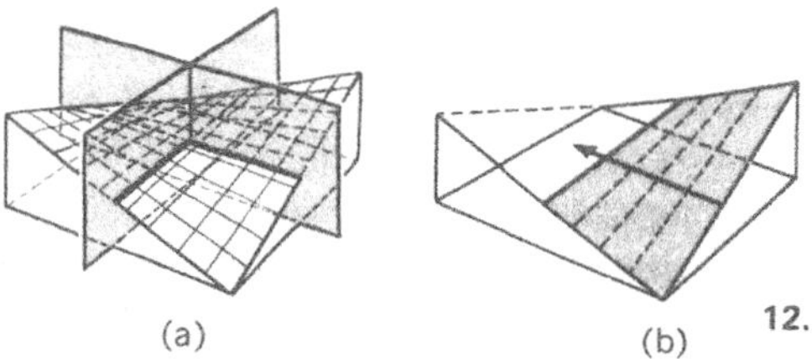

12.16 Gerade Erzeugende eines hyperbolischen Paraboloids

Eine andere Art von Regelflächen entsteht, wenn eine Gerade über zwei voneinander *verschiedene* Kurven geführt wird, die in *parallelen* Ebenen liegen. Hierbei entstehen Konoidflächen. Konoiddächer über Rechteckflächen erlauben seitlichen Lichteintritt, gewöhnlich von der Nordseite (Abb. 12.17).

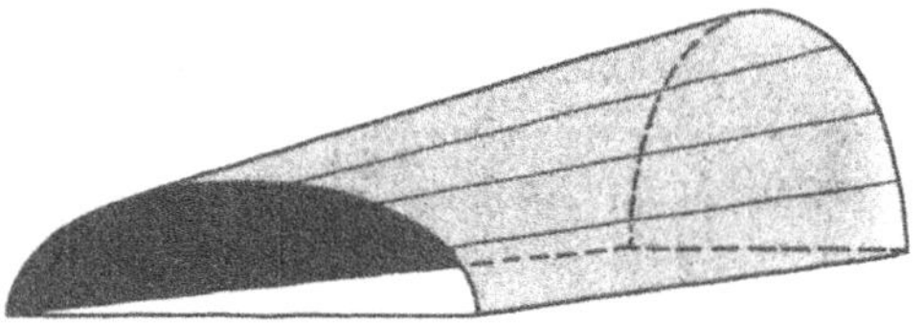

12.17 Konoidfläche

Konoide sind Konoidflächen, die durch das Gleiten einer Geraden auf einer ***Geraden*** einerseits, einer ***Kurve*** andererseits entstehen (vgl. Abb. 12.18). Das Konoid kann kreisförmig, parabolisch, oder elliptisch sein, je nachdem, ob die Kurve an dem einen Ende ein Kreisbogen, eine Parabel oder eine Ellipse ist. Das Konoid ist eine Sattelfläche; die Krümmungslinie vom Scheitel der Kurve zur gegenüberliegenden Ecke verläuft aufwärts, die diagonale Krümmungslinie dagegen abwärts (Abb.

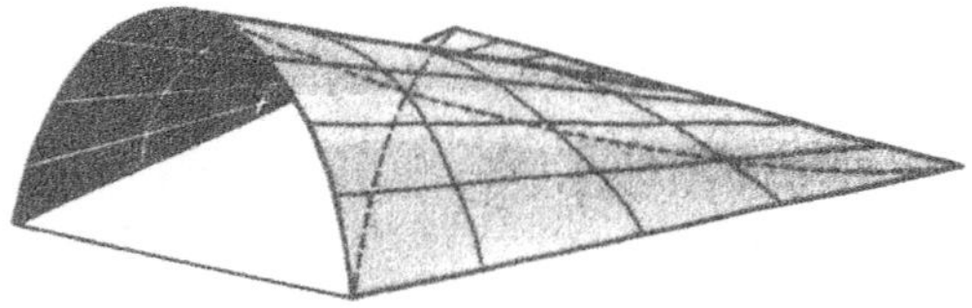

12.18 Konoid

12.18). Konoide können als Kragschalen mit Einspannung der gekrümmten Seite ausgebildet werden. In diesem Fall ist die Diagonallinie überwiegend aufwärts gekrümmt (Abb. 12.19).

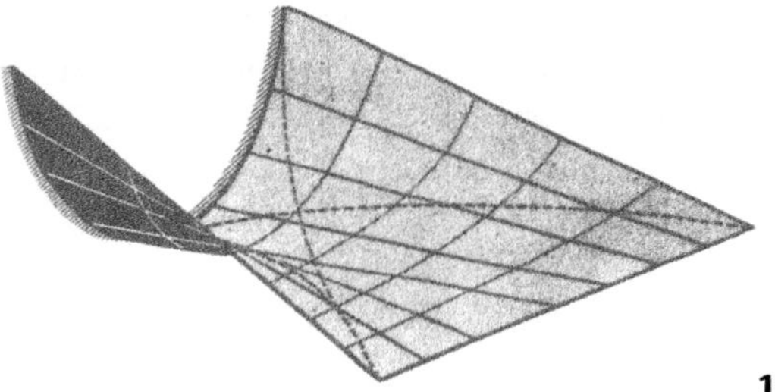

12.19 Konoid als Kragschale

Ein Konus ist eine Regelfläche, bei der die erzeugende Gerade auf der einen Seite um einen Punkt rotiert, auf der anderen auf einer Kurve gleitet. ***Kegelmäntel*** sind konische Flächen; sie können zur Überdachung trapezförmiger Flächen, oder als Kragdächer, wie die Konoide, verwendet werden (Abb. 12.20).

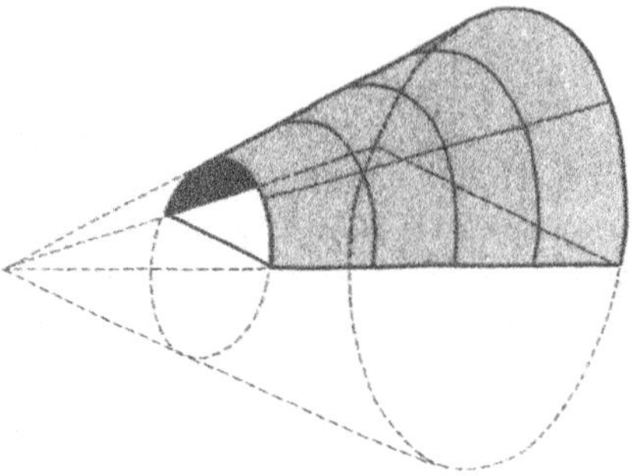

12.20 Kegelmantel

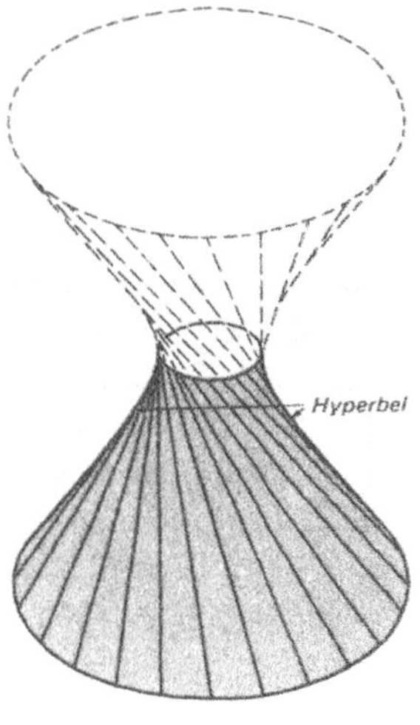

Wird eine schräge Gerade entlang zweier horizontaler Kreise geführt, die auf einer gemeinsamen Achse stehen, so ergibt sich das ***einschalige Hyperboloid***; dessen senkrechte Schnitte sind die Äste einer Hyperbel (Abb. 12.21). Flächen dieser Art sind einfach zu bauen, sie werden häufig bei Kühltürmen für Zement- und andere Industriewerke verwendet.

12.6 Komplexe Flächen

Die bisher behandelten elementaren, mathematisch definierten Flächen können in beliebiger Weise zu komplexeren Flächen zusammengesetzt werden. Zwei Zylinderschalen können rechtwinklig zusammengeschnitten werden, um eine quadratische oder rechteckige Fläche zu überdachen; es entsteht dabei ein Gratgewölbe (Abb. 12.22). Parallele Zylindermäntel mit abwechselnd auf- und abwärts verlaufender Krümmung bilden ein gewelltes Dach ähnlich einer Faltwerksplatte (Abb. 12.23).

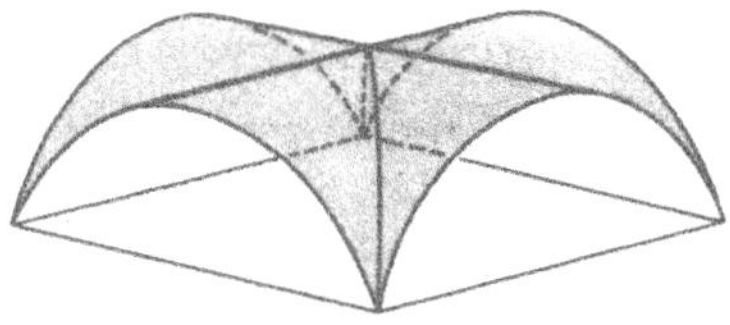

12.22 Durchdringung von zwei Zylinderschalen

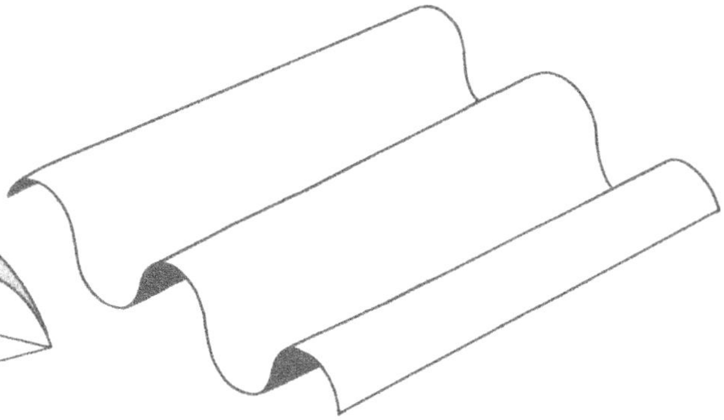

12.23 Zylindrisch gewellte Fläche

Muschelartige Dächer entstehen, wenn man Kegelmantelstücke mit abwechselnd auf- und abwärts verlaufenden Krümmungen kombiniert (Abb. 12.24). Es kann überhaupt jede Grundform muschelförmig gewellt werden, um spielerische und gelegentlich auch leistungsfähigere Schalenformen zu erhalten. Ein Ellipsoid kann durch Wellung gegenläufige Krümmungen am Auflagerrand erhalten (Abb. 12.25). Parabolische Zylinder können gewellt und damit in eine Fläche mit Krümmungen nach zwei statt einer Richtung und mit größerer Steifigkeit verwandelt werden (Abb. 12.26). Kuppeln lassen sich mit dem gleichen Ziel wellen (Abb. 12.27). Von Christiansen wurde die bisher größte Betonschale der Welt entworfen, die Überdachung des King-County-Stadions in Seattle, Washington. Die Kuppel besitzt gewellt Ränder und spannt über 201 m.

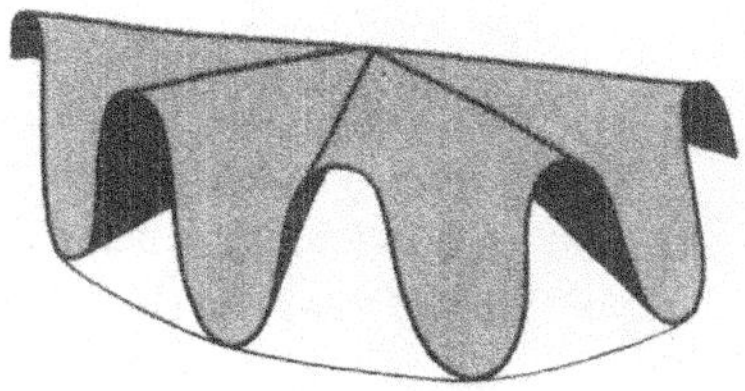

12.24 Fläche aus Kegelmänteln

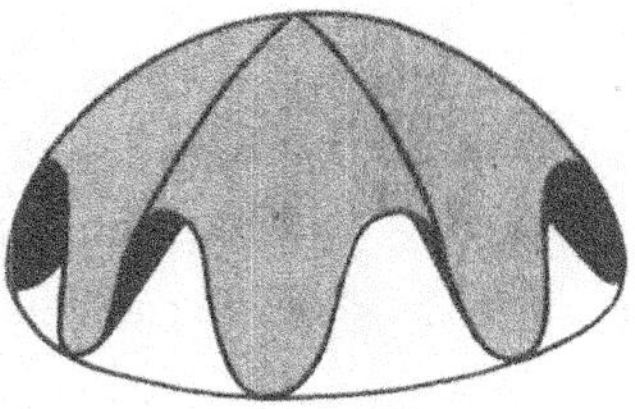

12.27 Kuppel mit gewelltem Rand

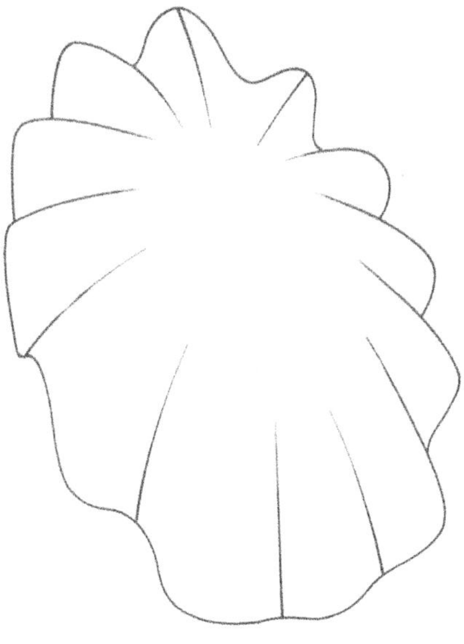

12.25 Schale mit elliptischem Grundriß und gewelltem Rand

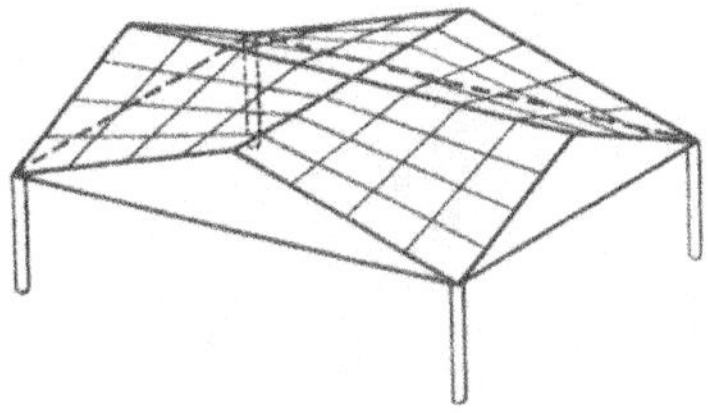

12.28 Kombination von hyperbolischen Paraboloiden

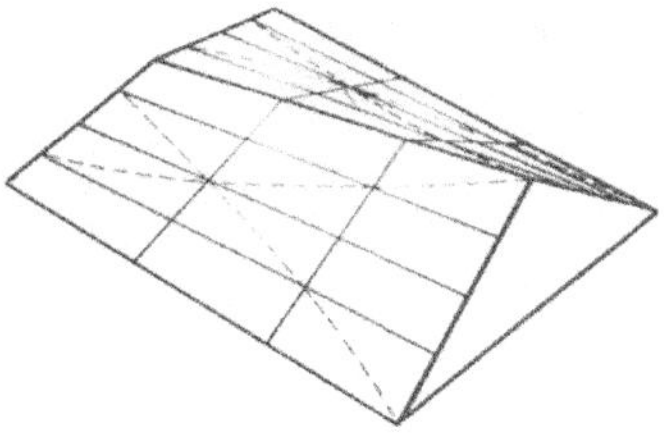

12.29 Hyperbolische Paraboloide als Konoid

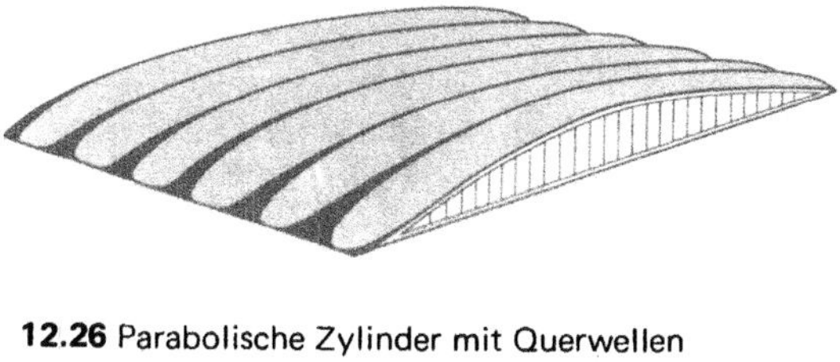

12.26 Parabolische Zylinder mit Querwellen

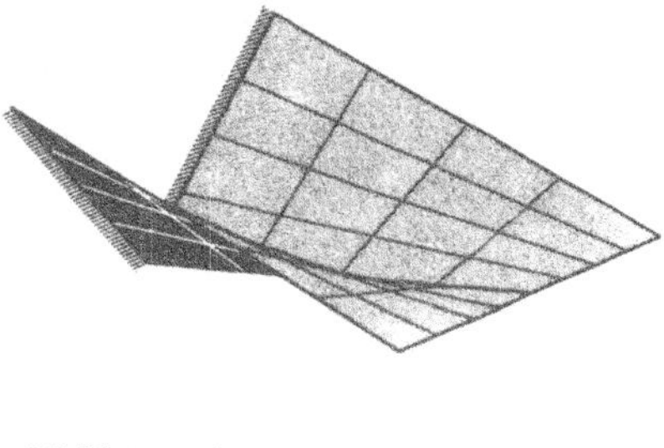

12.30 Krag-Konoid aus hyperbolischen Paraboloiden

Hyperbolische Paraboloide besitzen eine Fülle von Kombinationsmöglichkeiten. Vier identische Paraboloide formen ein eckgestütztes Dach über einer Rechteckfläche, eine der häufigsten Kombinationen dieser Fläche (Abb. 12.28). Aus zwei hyperbolischen Paraboloiden kann ein Nordlicht-Konoid (Abb. 12.29), oder eine Kragschale (Abb. 12.30) gebildet werden. Vier Paraboloide auf einer Mittelstütze ergeben ein Schirmdach (Abb. 12.31). Stehen die Ebenen der beiden erzeugenden Parabeln nicht im rechten Winkel zueinander, so entsteht ein ***schiefwinkliges*** hyperbolisches Paraboloid, das zur Überdachung nicht-rechtwinkliger Flächen eingesetzt werden kann (Abb. 12.32).

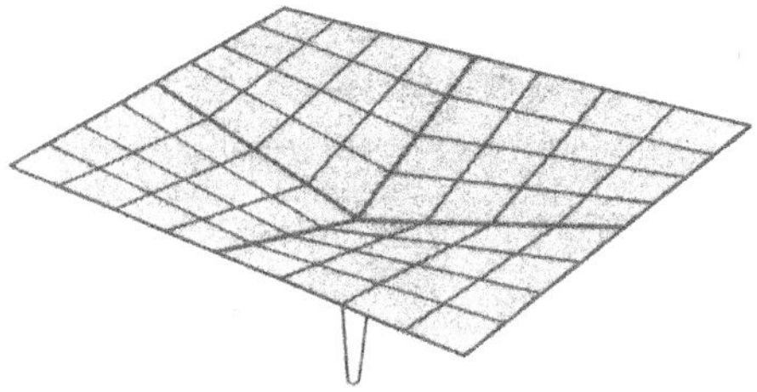

12.31 Schirmdach aus hyperbolischen Paraboloiden

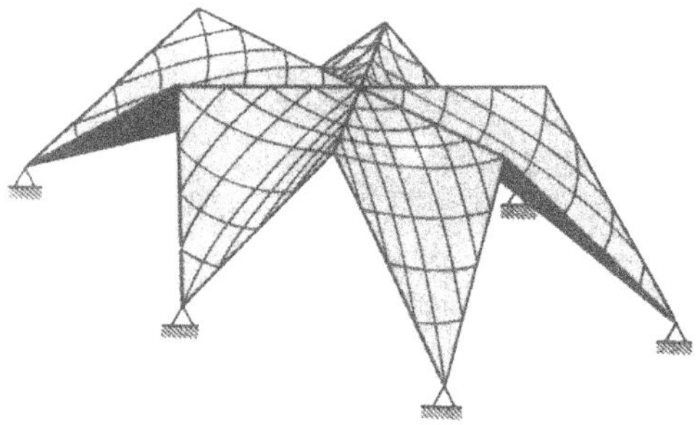

12.32 Kombination aus schiefwinkligen hyperbolischen Paraboloiden

Es gibt keinen Grund, die Wahl der Schalenform auf geometrisch leicht definierbare zu beschränken, vielmehr können frei erfundene Formen statisch durchaus ›gesund‹ sein. Alle Phantasie des Entwerfers ist jedoch unnütz, wenn er nicht mit dem Tragverhalten der geometrischen Grundform vertraut ist. Schalen sind außerordentlich wirksame ***Trag***werke, und ihre Form sollte zuerst von statischen Gesichtspunkten bestimmt sein. Das Tragverhalten der meistgebrauchten Schalenformen sollte zunächst, entsprechend den Grundlinien nach Kapitel 11, in bezug auf die ***Membranwirkung*** untersucht werden. Eine weitere Betrachtung der Spannungen sowie zusätzlicher praktischer Maßnahmen findet sich weiter unten.

12.7 Membranwirkung in Kreiskuppeln

Die Tragwirkung einer Kreis- oder Rotationskuppel mit umlaufender Auflagerstützung und senkrechter, achs*symmetrischer* Belastung, wie etwa durch Eigengewicht, folgt ihrer geometrischen Charakteristik. Bei diesen ***achssymmetrischen*** Schalen stellen die Meridiane und die Parallelen rechtwinklig dazu zugleich Hauptkrümmungslinien ***und*** Hauptspannungslinien dar (vgl. Abschnitt 11.2). Die Spannungen in diesen Richtungen sind deshalb einfacher Zug oder einfacher Druck, gleichmäßig verteilt über die ganze, geringe Querschnittsdicke.

In Abb. 12.33 sind die Spannungen dargestellt, die in einer Parallele entstehen. Es sind ***Druck***spannungen in der Richtung der Meridiane; sie sind konstant entlang der Parallele, weil sowohl Kuppel als auch Belastung achssymmetrisch sind. Jeder Meridian verhält sich, als wäre er ein Seilbogen für die zugeordnete Last, er weist also keine Biegespannung auf.

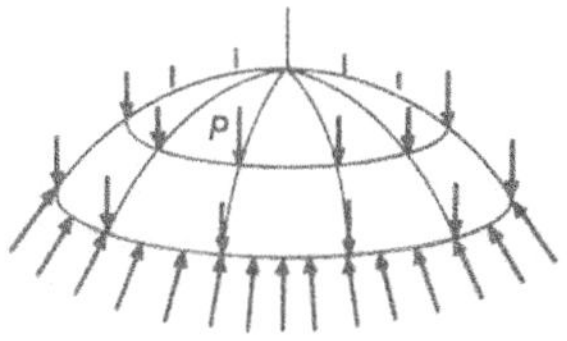

12.33 Spannungen in Meridianrichtung in einer Kugelkuppel

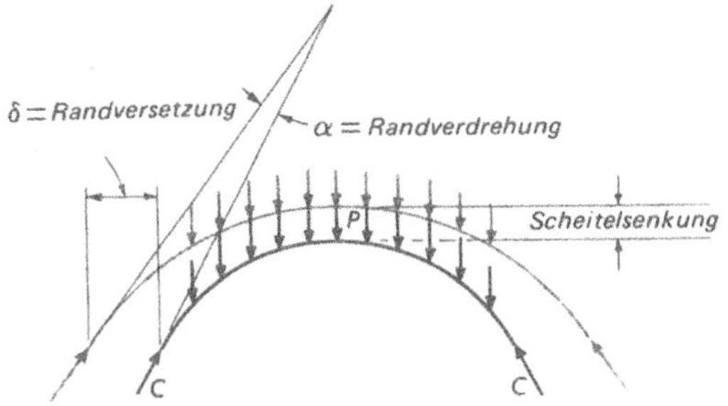

12.34 Verformung einer Kugelkalotte

In Abschnitt 6.4 ist ausgeführt worden, daß Bögen ***nur für jeweils eine*** Laststellung Seilbögen sind. Kuppelmeridiane aber sind Seilbögen für ***jede*** symmetrische Belastung. Dieser wesentliche Unterschied im Tragverhalten beruht darauf, daß Kuppelmeridiane ***von den Parallelen unterstützt*** werden, die ihr seitliches Verformen durch die Ringspannung verhindern. Freistehende Bögen dagegen besitzen keine Seitenstützung. Als Folge des Seilbogenverhaltens bei ***jeder Art symmetrischer*** Belastung weisen Kuppeln keine Formänderung auf als Anpassung an eine Laständerung, sie sind also bei solcher Belastung stabil. Es ist nun im folgenden zu zeigen, daß Kuppeln nicht nur unter symmetrischer, sondern auch unter unsymmetrischer Last stabil sind.

Der Beitrag der Parallelen zum Seilbogenverhalten der Kuppelmeridiane zeigt sich in deren Verformung unter Last. Bei einer ***flachen*** Kuppel verformen sich die Meridiane unter Last nach ***innen*** in Richtung auf die Kuppelachse (Abb. 12.34). Hierbei erfolgt in der zweidimensionalen Kuppelfläche eine ***Verkürzung*** der Parallelen, deren Radius sich verringert. Die Parallelen erhalten Druckspannung, und ihr Wider-

stand dagegen schränkt erheblich die Möglichkeit der Meridiane ein, sich nach innen zu verformen. Die flache achssymmetrische Kuppel kann deshalb als Reihe von Seilbögen angesehen werden, die durch die Parallelen elastisch gestützt werden. Diese Kuppel entwickelt sowohl in den Meridianen als auch in den Parallelen Druckspannungen. Sie könnte deshalb, wenigstens theoretisch, aus allein druckfesten Baustoffen, wie Naturstein oder Ziegeln, erbaut werden.
Bei einer hohen Kuppel möchten bei Belastung die Flächenpunkte im oberen Bereich der Kuppel nach innen, im unteren Bereich aber nach außen, ***weg*** von der Achse wandern (Abb. 12.35). Im oberen Bereich verkürzen sich die Parallelen, im unteren Bereich dagegen verlängern sie sich und entwickeln dabei Zugspannungen, wodurch die Bewegungsmöglichkeit der Meridiane ebenfalls eingeschränkt wird. Je nach Art der Belastung erleidet jeweils eine Parallele keine Längenveränderung, während alle darüber Druck, und alle darunter Zug entwickeln. Bei einer Kugelkuppel unter Eigengewicht weist die Parallele unter 52° zur Achse keine Längenänderung auf (vgl. Abb. 12.35). Bei Belastung durch gleichförmig auf der waagerechten Projektion der Kuppel verteilten Schnee liegt die spannungslose Parallele unter 45° zur Achse.

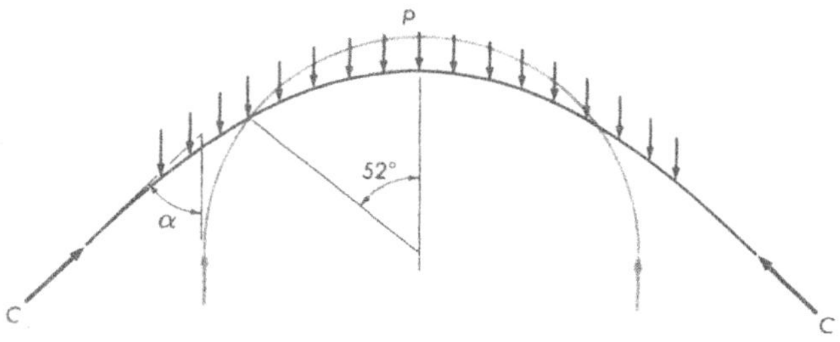

12.35 Verformung einer Kugelkuppel unter Eigengewicht

Da die Spannungen in einer Kuppel reine Druck- und Zugspannungen sind und die entsprechenden Stauchungen und Dehnungen sehr gering sind (vgl. Abschnitt 5.1 und 5.2), ist die Steifigkeit von Kreiskuppeln außerordentlich hoch. Der Scheitel einer Halbkugel-Betonkuppel, die einen Durchmesser von 30 m und eine Dicke von 7,6 cm besitzt, senkt sich bei Belastung durch Eigengewicht und schwere Schneelast nur um 2 mm. Das Verhältnis von Spannweite zu Verformung ist 12 000. Mit diesem Wert gar nicht vergleichen lassen sich die Verhältniswerte von 800 bis 300, die bei Biegegliedern als annehmbar gelten. Die Versetzung des Kuppelrandes nach außen ist noch geringer als die Scheitelsenkung, sie beträgt nur 0,75 mm; die Verdrehung des Kuppelrandes, die Änderung in der meridionalen Tangente am Kuppelrand, beträgt nur $\frac{1}{100}$ Grad (vgl. Abb. 12.34). Ein ähnliches Verhalten zeigen Rotationsschalen mit anderen Meridianquerschnitten.

Es ist diese Steifigkeit, die es erlaubt, Kuppeldicken sehr gering zu halten; als Verhältnis von Spannweite zu Dicke sind Werte von 300 und mehr üblich. Eine Stahlbetonkuppel von 30 m Spannweite und einer Dicke von 7,5 mm hat ein Verhältnis von Spannweite zu Dicke von 400. Stahlkuppeln im Reaktorbau haben Verhältniswerte in der Größe von 1000. Im Vergleich dazu beträgt das Verhältnis von Spannweite zu Dicke bei der Eierschale nur 30, bei Biegegliedern liegt es in der Größe von 20. Die Dicke von Schalen richtet sich hauptsächlich nach der Beulfestigkeit.

In Abschnitt 11.2 ist gezeigt worden, daß Membranen ihre Form verändern können, wenn die Laststellung sich ändert, um keine Druckspannungen entstehen zu lassen. Eine Schalenkuppel kann aber auch Druckkräfte entwickeln, und selbst wenn die direkten Druck- und Zugkräfte in Meridianen und Parallelen nicht in der Lage sind, die gesamte Belastung aufzunehmen, steht immer noch ein dritter Mechanismus bereit, die ungedeckte Belastungsdifferenz aufzunehmen, der Schub-Mechanismus nach Abschnitt 11.1. Werden die zulässigen Spannungen insgesamt nicht überschritten, so können Druck und Zug einerseits, Schub in der Schalenfläche andererseits immer die Gesamtbelastung einer Kuppel ohne Verformung ins Gleichgewicht bringen. Schließt man den Schubmechanismus ein, so ist die Kuppel eine Seilbogenkuppel für ***alle*** sich anlegenden Lasten, also ein ***stabiles Tragwerk*** für praktisch alle Fälle. Eine Kuppel nimmt zum Beispiel seitliche Belastung durch Winddruck und -sog durch alle drei Arten von Membranspannungen auf (Abb. 12.36). Die dabei entstehenden Schubspannungen sind nicht hoch: Ein Orkan der Stärke 12 mit 160 km/h erzeugt in einer Betonkuppel von 30 m Durchmesser und 7,5 cm Dicke Membran-Schubspannungen von nur 10 N/cm^2 (1 kp/cm^2), wobei die zulässige Schubspannung mindestens das 5-fache beträgt.

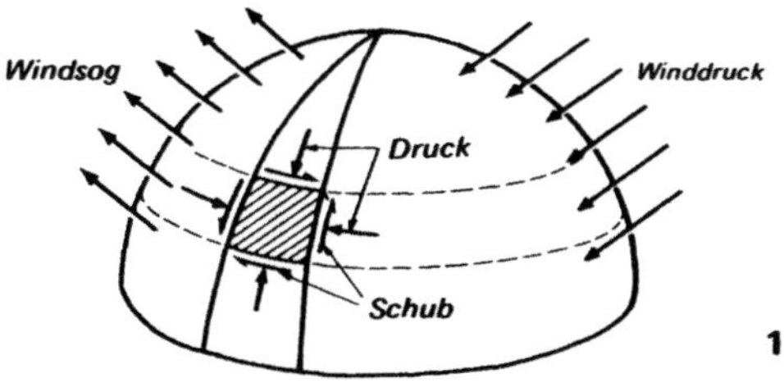

12.36 Schubmechanismus in der Kuppelfläche

12.8 Biegespannungen in Kuppeln

Eine Kuppel trägt ihre Lasten hauptsächlich über ***Membranspannungen,*** also Druck, Zug und Schub, weil sie durch die Entwicklung von Schubkräften zu einer Seilbogenkuppel für ***alle*** Laststellungen wird. Andererseits könnten Biegespannungen, wenn sie an irgendeiner Stelle entstehen sollten, sehr schnell die zulässigen Spannungen überschreiten, weil die Kuppelschale sehr dünn ist. Es muß deshalb geprüft werden, ob Biegespannungen auftreten können.

Bei der Untersuchung der Tragfähigkeit dünner Kuppeln ist stillschweigend angenommen worden, daß Kuppeln die Möglichkeit besitzen, die geringen Verformungen vorzunehmen, die sich aus ihrem Membranspannungszustand ergeben. Die im vorangegangenen Abschnitt behandelte Kuppel entwickelt bei Belastung Membranspannungen, und die entsprechenden Stauchungen führen zu einer geringfügigen Senkung des Scheitels. Da diese Verformung nicht behindert ist, entsteht im obersten Bereich der Kuppel ein reiner Membranspannungszustand. Am Rand der Schalenkuppel aber entsteht eine völlig andere Situation.

Eine Halbkugelkuppel will sich am Äquator öffnen; der Rand versetzt sich, wenn auch nur um einen sehr geringen Betrag, nach außen (Abb. 12.37a). Außerdem müßten die Auflagerkräfte für die Kuppel in der Richtung der Meridiane wirken, weil die Meridiane die Seilbögen der Lasten darstellen. Jede andere Richtung der Auflagerkräfte müßte in der Kuppel Biegung erzeugen. Für einen reinen Membranzustand der Kuppelschale müßte der Rand sich also nach außen bewegen und verdrehen können, damit die Stützkräfte in der Meridianrichtung wirken. Dies aber ist ***in der Praxis nicht möglich.*** Ein beweglicher Schalenrand bedeutet Schwierigkeiten und Nachteile; auch ist es schwierig, den Stützkräften die tangentiale Anpassung an die sich verformenden Meridiane zu ermöglichen, wenn der Schalenrand sich bei Belastung gleichzeitig versetzt (vgl. Abb. 12.34). Es ist statt dessen üblich, den äquatorialen Rand der Schale als steifen Rand, der sich weder versetzt noch verdreht, auszubilden und damit am Auflager einen radialen Schub nach innen und Biegung in die Schale einführt. Die Schale, die sich unter dem lastbestimmten Membranspannungszustand am Äquator öffnen und verdrehen möchte, erfährt damit eine plötzliche, mit Biegespannungen entlang dem Rand verbundene Krümmungsänderung (vgl. Abb. 12.37a).

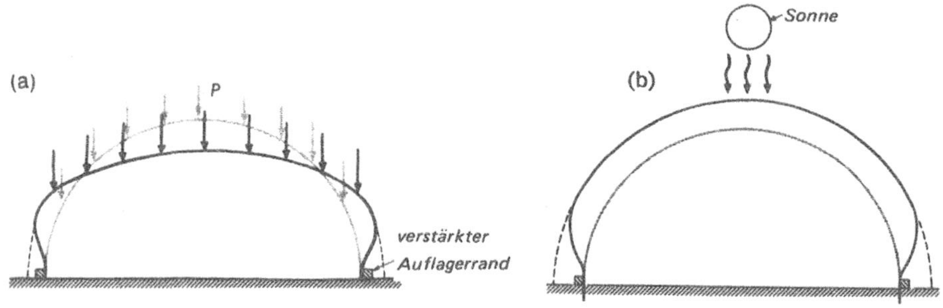

12.37 Biegeverformung bei verstärktem Auflagerrand

Die durch diese Verbiegung eingeführten ***Randstörungen*** erstrecken sich nicht sehr weit in die Schale hinein, sie bleiben vielmehr auf einen schmalen Bereich der

Randzone beschränkt. Die ›Ausbügelung‹ der Randstörungen, ein weiteres positives Kennzeichen von Schalen, ergibt sich daraus, daß die Verformung der Meridiane, die angesichts der geringen Biegesteife der dünnen Schale erheblich wäre, durch die Parallelen behindert wird. Größere Biegeverformungen der Meridiane würden zu größeren Radiusänderungen der Parallelen und entsprechenden Zug- oder Druckspannungen führen. Die Parallelen aber sind zug- und drucksteif und erlauben keine derartigen größeren Veränderungen; sie erlauben lediglich ein kleines Ausschlagen hin und her, also eine geringe Biegung, die schon in geringer Entfernung vom Schalenrand ausklingt (Abb. 12.38). Dieser Abbau der Biegespannungen ist mit dem Phänomen zu vergleichen, das an Durchlaufbalken auftritt (vgl. Abschnitt 7.3), wo wegen der Durchlaufwirkung Biegespannungen außerhalb des belasteten Feldes schnell abklingen. In der Schale stellen die Meridiane die Durchlaufbalken dar, die auf den Parallelen aufliegen; deshalb läuft die Biegung an der Grenze der Randzone mit denselben wellenartigen Verformungen aus wie beim Durchlaufbalken (vgl. Abb. 7.35a).

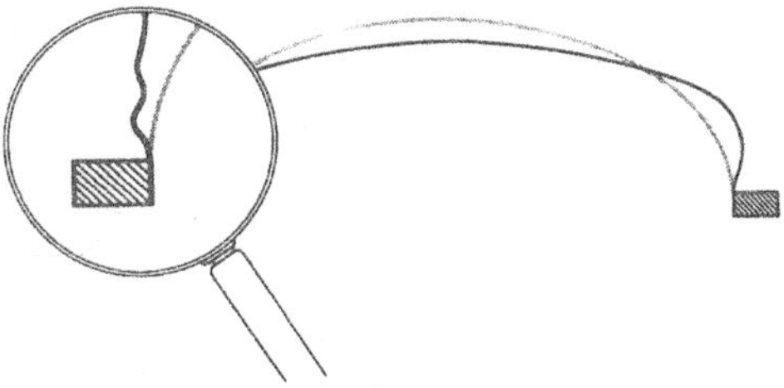

12.38 Biegestörungen am Kuppelrand

Die Breite der von Biegestörungen betroffenen Randzone ist proportional zu der Quadratwurzel des Verhältnisses von Dicke zu Radius der Kuppel. Um diese Breite zu verringern, sollte die Schale dünn gemacht werden. Beträgt die Schalendicke $\frac{1}{400}$ des Schalenradius der Schale, so besitzt die gestörte Randzone eine Breite von $\frac{1}{10}$ des Schalenradius (vgl. Abb. 12.38). Auf diese Weise befindet sich der größte Teil der Schale im ungestörten Membranspannungszustand.

Biegespannungen, die noch einflußreicher sind als die aus Belastung, können aus thermischen Bedingungen entstehen. Wenn Sonneneinstrahlung die Schale erwärmt, verändert sich die Form der Kuppel, indem ihr Radius gleichmäßig zunimmt (vgl. Abb. 12.37b). Wenn eine Randverstärkung das Versetzen des Schalenrandes verhindert, erhält die Schale wieder einen plötzlichen Krümmungswechsel und entwickelt hohe Biegespannungen der dargestellten Art. Da aber die Randversetzungen aus Temperaturwechsel gewöhnlich größer sind als die aus Belastung, sind auch die Biegespannungen aus Temperaturdehnung gewöhnlich größer als die aus Belastung. Steigt die Temperatur einer Kuppel über 30 m Spannweite gegenüber ihrem Auflager um 17 K, so würde sich der Rand um 2,5 mm nach außen versetzen. Dieses

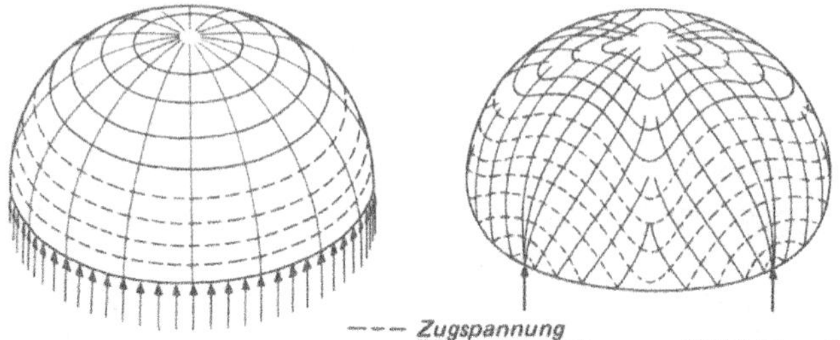

12.39 Hauptspannungslinien einer Kuppel unter Eigengewicht

Versetzungsmaß ist dreimal größer als dasjenige, das aus Eigengewicht und schwerer Schneelast entsteht. Daraus folgt, daß bei verhinderter Randbewegung die thermischen Biegespannungen am Rand dreimal größer sind als die aus Belastung.
Wenn die Auflagerreaktionen entlang dem Schalenrand nicht tangential zu den Meridianen eingeführt werden, treten in der Nähe des Randes Biegespannungen auf. Ist eine Kuppel nicht mehr durchgehend, sondern auf Stützen in gleichmäßigen Abständen aufgelagert, so ändert sich nicht nur das Muster des Spannungsverlaufes (Abb. 12.39), sondern die Stützen rufen auch waagerechte Reaktionskräfte am Kuppelrand hervor, und Biegespannungen treten auf. Biegung entsteht ebenfalls, wenn durch senkrechte oder schräge Schnitte Teile der Kuppel herausgeschnitten sind, und diese nur noch auf einigen Punkten aufgelagert ist; denn diese Auflagerbedingungen unterscheiden sich erheblich von den Idealbedingungen für Membranwirkung. Ferner erzeugt jede Last, die einen plötzlichen Krümmungswechsel in der dünnen Schale hervorruft, Biegespannungen. Einzellasten können deshalb nicht über Membranspannungen aufgenommen werden (Abb. 12.40). Die Dicke der Schale richtet sich häufig eher nach den Randstörungen als nach den aus der Belastung resultierenden Membranspannungen.

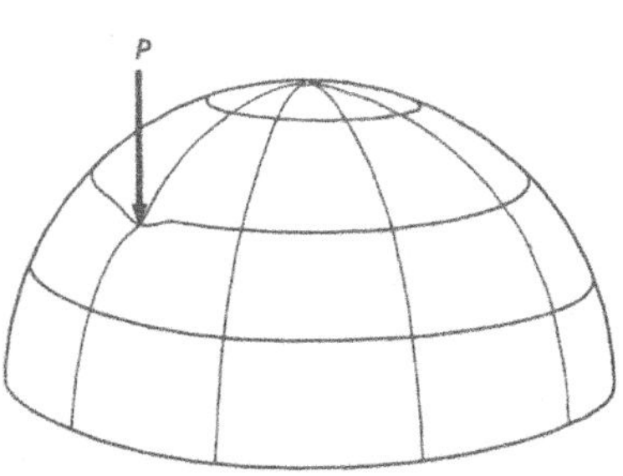

Es gibt noch zwei andere Gründe, die es nötig machen können, die Schale stärker auszuführen als den Membranspannungen nach erforderlich. Der eine Grund betrifft Stahlbetonschalen und ist rein praktisch: Die Schale muß so dick sein, daß die

Bewehrung auf der Innen- und Außenseite der Schale ausreichende Überdeckung besitzt. Der genaue Einbau der Bewehrung in der Schalendicke ist eine feine und aufwendige Arbeit. In Ländern mit hohem Lohnniveau ist es oft billiger, die Schalendicke zu erhöhen als die Bewehrung sorgfältig einzubauen. Schalen mit geringerer Dicke als 5–7 cm sind in den USA kaum wirtschaftlich, obwohl im Wettbewerb schon 18 mm dicke Schalen gebaut worden sind. In anderen Ländern sind schon Schalen von 12 mm Dicke gebaut worden.

Schalen müssen häufig dicker ausgeführt werden, um ein Beulen zu verhindern. Alle dünnen Tragelemente können unter Druck beulen, und Schalen machen darin keine Ausnahme. Die Beullast für eine Schalenkuppel ist proportional um Elastizitätsmodul und dem ***Quadrat*** aus dem Verhältnis von Dicke zu Radius der Kuppel. Dieses Verhältnis ist oft 1 : 300 bis 1 : 400, wobei dann die Beullast entsprechend gering ist. Für eine 7,5 cm dicke Schalenkuppel über 30 m Spannweite beträgt die Beullast etwa 7,3 kN/m^2 (730 kp/m^2); bei einem Sicherheitsfaktor von 2,5 darf die Belastung 2,9 kN/m^2 (290 kp/m^2) nicht überschreiten. Diese Belastung aber entspricht schon dem bloßen Eigengewicht der Schale und einem geringen Zuschlag für Dacheindeckung und eine kleine Schneebelastung. Diese Schale könnte also in den Tropen stehen, nicht aber im Norden der USA.

Die Beulsteifigkeit einer Kuppel kann erheblich heraufgesetzt werden ohne durchgehende Erhöhung der Dicke, nur durch Ausbildung von Rippen in Meridianen und Parallelen. Dieses Verfahren ist besonders bei Stahlbaukuppeln geeignet, bei denen wegen der Druck- und Zugfestigkeit des Materials die Membranspannungen nur eine sehr geringe Dicke erforderlich machen. Betonkuppeln dagegen sind wegen der Schalungskosten selten mit Rippen ausgesteift, außer bei großen Spannweiten. Um eine Beulsteifigkeit zu erreichen, ist der bisher größte Schalenbau, die C.N.I.T.-Kuppel in Paris, die eine Spannweite von 230 m erreicht, doppelschalig, mit verbindenden senkrechten Blenden ausgeführt.

Eine Schale verhält sich ›ordnungsgemäß‹, wenn sie möglichst an allen Stellen Membranspannungen entwickelt; in diesem Fall nimmt sie ihre Belastung über ***Schalenwirkung*** auf. Für diese Schalenwirkung muß eine Kuppel, wie dargestellt, drei Bedingungen erfüllen:

a) Die Kuppel muß dünn sein, damit sie keine größeren Biegespannungen entwikkelt;
b) sie muß eine Form besitzen, die ihr Festigkeit und Steifigkeit verleiht;
c) sie muß ordnungsgemäß aufgelagert sein, damit nur eine geringe Biegung in einem begrenzten Bereich auftritt.

Diese drei Bedingungen sind für die Schalenwirkung bei jeder Form oder Belastung wichtig. Werden sie, etwa aus Konstruktionsschwierigkeiten oder aus ästhetischen oder sonstigen architektonischen Gründen nicht eingehalten, so ist das Biegeverhalten zu berücksichtigen, und die Effektivität des Systems ›Schale‹ ist vermindert.

12.9 Membranwirkung in Zylindern

Zylindrische oder *Tonnen*schalen werden für die Überdachung rechteckiger Flächen eingesetzt. Sie werden im allgemeinen auf Endrahmen aufgelagert, die in ihrer eigenen Ebene steif, rechtwinklig dazu aber flexibel sind (Abb. 12.41). Das Tragverhalten der Zylinderschalen kann als eine Kombination von Balkenwirkung in Längsrichtung und einer bestimmten Seilbogenwirkung in Querrichtung aufgefaßt werden.

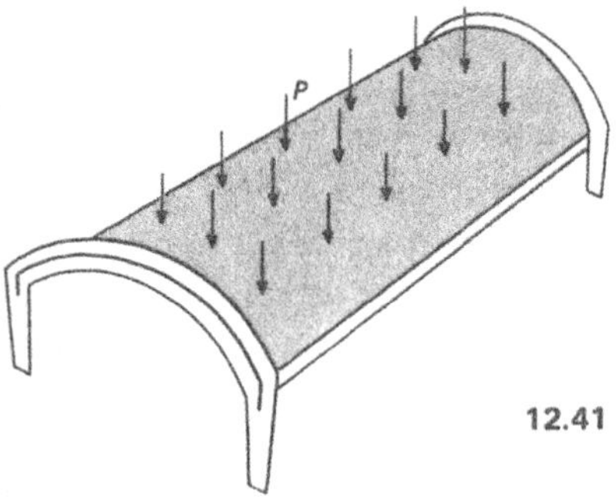

12.41 Tonnenschale mit Endrahmen

In Längsrichtung sind die Membranspannungen in einer Langtonne, d. h. einer Tonne, bei der die Länge mindestens dreimal so groß ist wie die Breite, ähnlich der in einem Balken. Die dünne Schale erhält ihre Festigkeit aus der gebogenen Form, und man kann sich die Tonne als einen Balken mit gekrümmtem Querschnitt vorstellen. Die Membran-Längsspannungen sind linear verteilt über die Höhe der Tonne; die oberen Fasern erhalten Druck, die unteren Zug (Abb. 12.42).

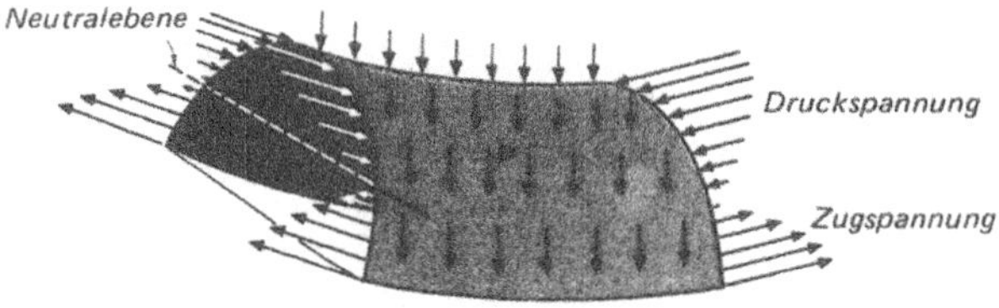

12.42 Balkenspannungen in langen Tonnenschalen

Die Belastung wird über Balkenwirkung zu den Rahmen geleitet. Diese sind in der Horizontalen nachgiebig und können deshalb nicht in Längsrichtung reagieren. Damit enden die Längsspannungen am Schalenende genauso wie bei einem gelenkig aufgelagerten Balken. Die Belastung wird in die End- oder ***Aussteifungs***rahmen über Schub eingeleitet. In den beiden Endquerschnitten der Zylinderschale entstehen tangentiale Schubkräfte, deren vertikale Komponenten so groß sind wie die Belastung (Abb. 12.43). Allerdings unterscheidet sich das Tragverhalten der Tonnenschale etwas von dem eines Balkens, indem ein Balkenquerschnitt fest und unverformbar ist, der dünne Schalenquerschnitt sich aber unter Last verformt: Wenn man ein dünnes gekrümmtes Blatt aus Papier oder Kunststoff in die Kerben von zwei Aussteifungen einführt und es belastet, so bewegen sich die freien Längskanten des Zylinders nach ***innen***. Dies zeigt das Fehlen des für Gewölbebögen typischen Schubs nach außen und die Verformbarkeit des Querschnitts an.

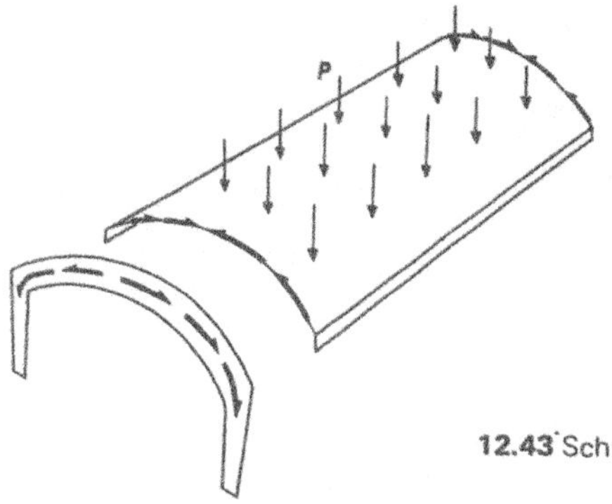

12.43 Schubverhalten am Auflager

Wird die Tonne kürzer, macht sich der Einfluß der Verformbarkeit des Querschnitts noch stärker bemerkbar, und die Längsspannungen weichen von der gradlinigen Verteilung wie beim Balken ab. Es tritt schließlich der Punkt ein, an dem die Spannungen die gekrümmte Verteilung wie in Abb. 12.44a erreichen, wenn die Fasern oben und unten auf Zug, in der Mitte der Schale aber auf Druck beansprucht werden. Der Schalenquerschnitt kann an der Verformung durch Zwischenaussteifungen oder über Durchlaufwirkung gehindert werden. In diesem Fall wird die Spannungsverteilung wieder linear, entspricht wieder dem Tragverhalten des Balkens (Abb. 12.44b).

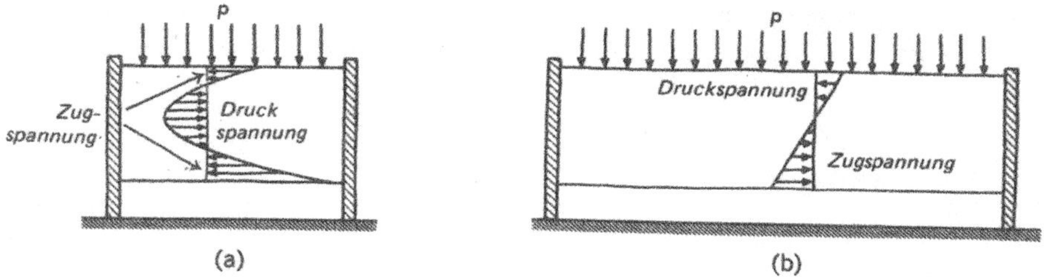

12.44 Längsspannungen in kurzen und langen Tonnen

12.10 Biegespannungen in Zylindern

Mit Kürzerwerden der Tonne beginnen Bogenwirkung und schließlich Plattenwirkung in Längsrichtung zu überwiegen. Um sich die Bogenwirkung kurzer Tonnen anschaulich zu machen, stelle man sich vor, diese seien auf Längsbalken aufgelagert, die aber aus den unteren Rändern der Schale bestehen (Abb. 12.45). In dem querliegenden Bogen darüber entstehen Druckspannungen, die unten am Schalenrand auslaufen.

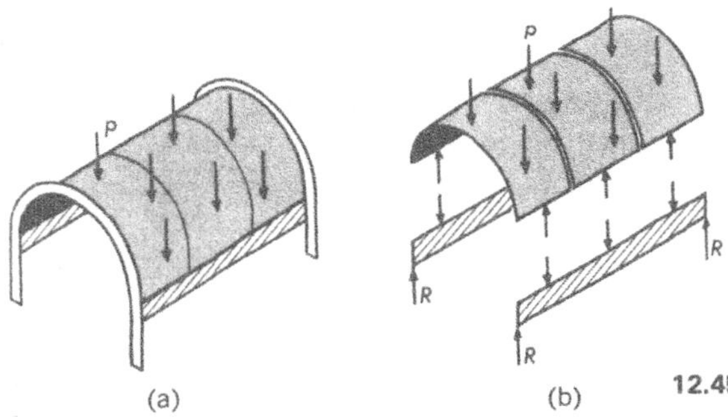

12.45 Tragverhalten einer kurzen Tonne

Diese Druckspannungen des Bogens führen in den Bereichen der Aussteifungen zu Biegung. Die Druckspannung des Bogens bewirkt eine Verkürzung der Schale in Querrichtung, und damit eine Verschiebung des Querschnitte nach innen (Abb. 12.46). Diese Verschiebung ist in Schalenmitte kaum behindert, wohl aber an den Enden, durch die Aussteifungsrahmen, die in ihrer eigenen Ebene steif sind. Als Überbrückung zwischen freier und verhinderter Verformung entsteht an den Aussteifungen Biegung (vgl. Abb. 12.46). Diese Störung aus Biegung ist direkt zu vergleichen mit der, die am Auflagerrand der Kreiskuppel auftritt, wenn deren Versetzung nach außen von einem steifen Randring verhindert wird. Die Biegestörung entsteht nur am Rand, im Bereich der Aussteifung, und verläuft sich rasch. Die Breite des biegungsgestörten Randes ist wieder proportional zur Quadratwurzel aus dem Verhältnis von Dicke zu Radius; die Biegeverformungen schlagen nach innen

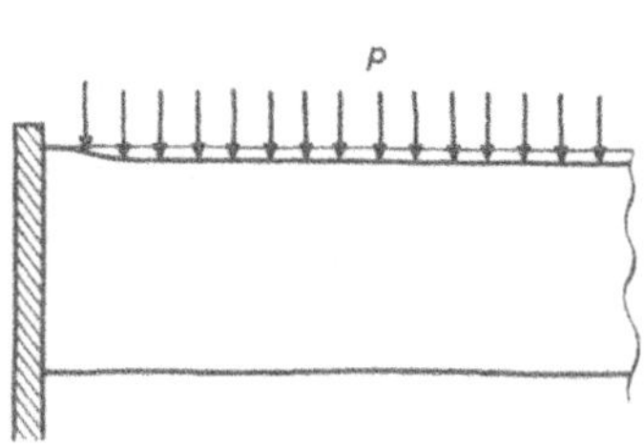

12.46 Biegung im Auflagerbereich

und außen und klingen bald ab. Die Biegespannungen an den ausgesteiften Schalenenden werden häufig über eine örtliche Verstärkung der Schalendicke aufgefangen. Bei jeder dünnen Tonnenschale ist die Breite des gestörten Streifens im Aussteifungsbereich ***im Verhältnis zum Schalenradius*** gering. Bei Schalen, deren Länge erheblich größer als ihr Radius ist, weist nur ein Bruchteil der ***Länge*** Biegespannungen auf (Abb. 12.47a). Ist die Länge der Tonnenschale aber ***geringer*** als ihr Radius, dann ist die Breite des gestörten Streifens, selbst wenn sie klein gegenüber dem Radius ist, groß gegenüber der Tonnenlänge (Abb. 12.47b). In kurzen Schalen kann also die Biegestörung einen großen Teil der Schalenfläche einnehmen. Dies aber ist schon intuitiv zu erfassen: In kurzen Tonnen wird die Last durch die Biege-Tragwirkung von Schalenstreifen in Längsrichtung direkt in die Aussteifungsrahmen eingetragen; denn die Dicke der Schale kann im Verhältnis zum Radius gering, im Verhältnis zu der kurzen Spannweite aber größer sein. Die kurze Tonne ist ein zweidimensional wirkendes Tragwerk, sie verhält sich mit dem direkten Lastabtrag in die Aussteifungsrahmen ähnlich wie eine Platte, und entwickelt dabei unvermeidbar Biegespannungen über den größten Teil ihrer Fläche.

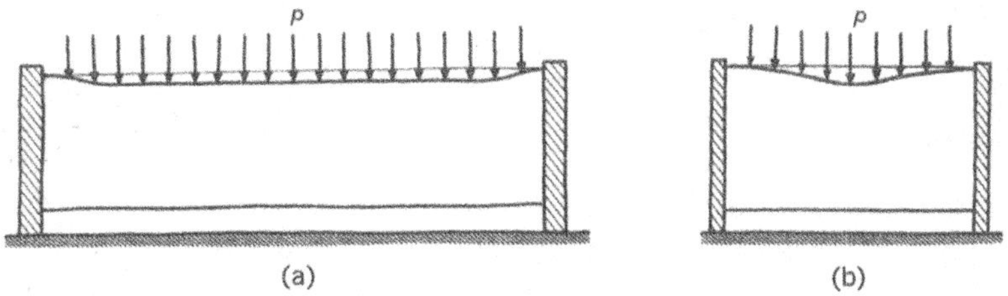

12.47 Biegung bei langen und kurzen Tonnen

Thermische Formveränderungen und Schwinden des Betons können an den Aussteifungsrahmen Biegestörungen hervorrufen, die erheblich größer sind als die lasterzeugten. Dies macht häufig eine Verstärkung der Schalendicke an den Aussteifungsrändern erforderlich.

An Tonnenschalen erweist sich, wie wichtig eine richtige Auflagerung der Schale ist, wenn sie möglichst nur Membranspannungen entwickeln soll. Eine lange Tonne, die an den Enden auf Aussteifungsrahmen aufliegt, überträgt ihre Lasten in der Längsrichtung über Zug- und Druckspannungen, also Balkenwirkung (vgl. Abb. 12.42), sowie über querlaufenden Schub. Wird dieselbe Tonnenschale aber entlang ihrer Langseiten aufgelagert, so entwickelt sie hauptsächlich Bogenwirkung, indem jeder Streifen in Querrichtung als Bogen aufgefaßt werden kann, der an den Enden aufgelagert ist und den nötigen Schub entwickelt (Abb. 12.48). Wenn die Zylinderform des Querschnitts einen Seilbogen für die Lasten darstellt, entwickelt sich in jedem Schalenstreifen nur Druckspannung und keine Spannung in Längsrichtung. Auch dies ist ein Membranspannungszustand, aber er ist vollkommen verschieden von dem der auf Endrahmen aufgelagerten Tonne, die im wesentlichen Längsspannungen entwickelt. Entspricht aber der Tonnenquerschnitt nicht dem Seilbogen der Lasten, so entstehen in den Bogenstreifen Biegespannungen (vgl. Abschnitt 6.4). Diese Biegespannungen sind nicht mit Randstörungen zu vergleichen, aber sie erstrecken sich über die ganze Schale. Eine endrahmengestützte Tonnenschale kann dünn sein, eine als ***Wölbbogen*** wirkende längsseitengestützte Tonne aber muß dick sein, um die Biegespannungen der Bogenstreifen aufzunehmen.

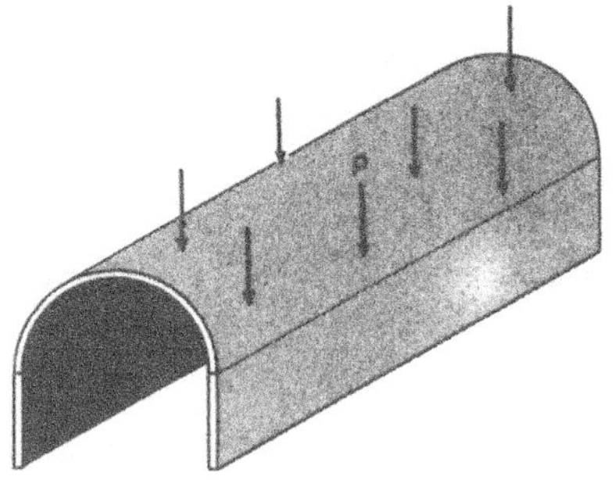

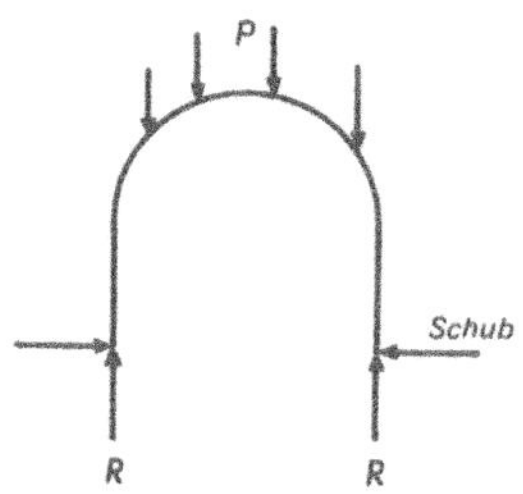

12.48 Gewölbewirkung

Die endrahmengestützte Tonnenschale entwickelt aber gewisse Randstörungen auch an ihren Langseiten. Diese sind zwar schwächer, haben aber die Tendenz, sich ***weiter*** in die Schale hinein zu erstrecken als die Randstörungen am Auflager. Der Grund dafür ist unschwer zu erkennen. Biegt man eine flache dünne Platte an dem einen Rand, so muß man an dem gegenüberliegenden Rand die gleiche Biegewirkung aufbringen, um sie im Gleichgewicht zu halten. Dabei verbiegt sich die ganze Platte und überträgt die Biegewirkung unverändert von Rand zu Rand (Abb. 12.49). Wird die dünne Platte aber zu einer zylindrischen Fläche gebogen und setzt man die Biegung an einer der beiden gekrümmten Seiten an, so wird sie ***nicht*** auf die gegenüberliegende Seite übertragen, sondern klingt bald ab (Abb. 12.50a). Die Krümmung einer Platte baut eine ***rechtwinklig zu ihr*** verlaufende Biegung ab. Randstörungen endgelagerter Tonnenschalen verlaufen sich wegen der Krümmung rechtwinklig

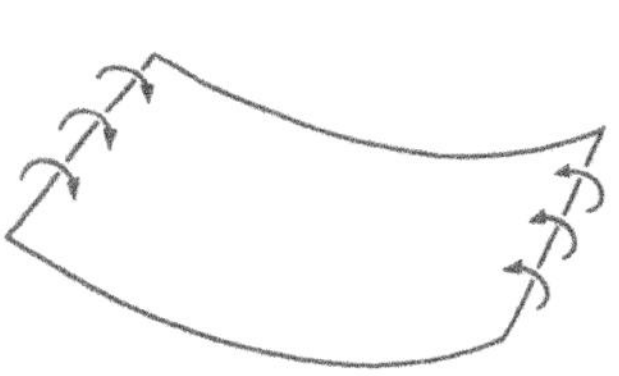

12.49 Übertragung der Biegung bei einer ebenen Platte

dazu ***schnell***. Eine Krümmung ***in der Richtung*** der Biegestörung aber führt zu einem weniger schnellen Abbau, so daß die Störung des Längsrandes langsamer abklingt, trotzdem reicht sie gewöhnlich nicht bis zur anderen Seite hinüber (12.50b). Die Störungsbreite ist bei den meisten Schalen an den Längskanten etwa doppelt so breit wie an den gekrümmten Querseiten.

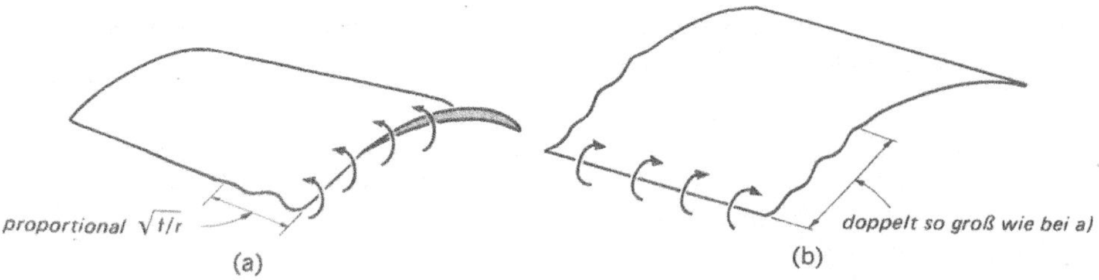

12.50 Randbiegung bei einer gekrümmten Platte

Tonnenschalen sind nicht so steif wie Kuppeln, weil ihre einsinnige Krümmung sie eher wie Balken sich verhalten läßt. Ist eine größere Steifigkeit erforderlich, so werden die Längskanten gewöhnlich in Balkenart ausgebildet. Damit wird im Zugbereich des Querschnitts die Fläche vergrößert, so daß ein größerer Bereich der Schale unter Druckspannung steht und der Zug weitgehend von dem flanschartigen Randbalken aufgenommen wird. Der Randbalken nimmt auch den Längsschub auf, der in den Schalenecken entsteht und den Zug erhöht (Abb. 12.51).

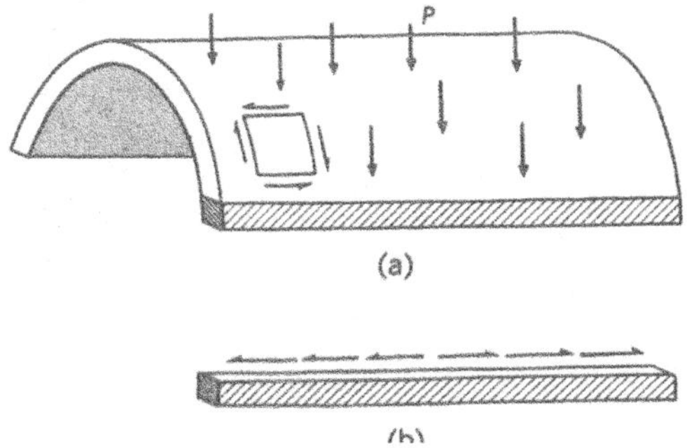

12.51 Schubkraft an waagerechten Randgliedern

So wie der Druckflansch eines I-Trägers beulgefährdet ist, so könnte auch bei langen Tonnenschalen der Druck in Längsrichtung zu Beulung führen. Der Beulwiderstand langer Tonnenschalen ist jedoch größer als der von Kuppeln, weil Druckspannungen nur in einem Teil der Schale und nur in Längsrichtung auftreten.

Trotz der höheren Beulfestigkeit langer Tonnenschalen kann Beulgefährdung eine höhere Schalendicke erforderlich machen als aus dem Membranspannungszustand benötigt.
Wenn aber die für die Beulsicherheit nötige Schalendicke und, entsprechend, der Biegewiderstand der Schale so groß werden, daß die Membranwirkung schwindet, ist es günstiger, die Schale mit Querrippen zu versehen (Abb. 12.52). Aussteifungen werden häufig bei Stahlschalen vorgenommen; bei Betonschalen sind sie wegen der Schalungskosten seltener.

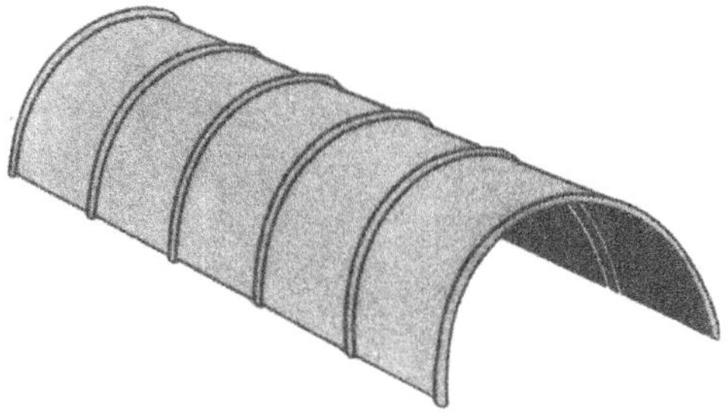

12.52 Rippentonne

12.11 Spannungen in synklastischen Translationsschalen

Translationsschalen mit positiver Krümmung in beiden Richtungen können mit verschiedenen Kurven erzeugt werden; Kreis- und Parabelbögen sind am häufigsten. Translationsschalen stützen sich über Schubspannungen auf die Auflager an ihren gekrümmten Rändern ab, so wie Tonnenschalen auf ihre steifen Endauflager (Abb. 12.53). Die Auflagerbögen sind in ihrer eigenen Ebene steif, aber nachgiebig rechtwinklig dazu, so daß senkrecht zu den Bögen am Schalenrand weder Druck noch Zug auftritt. Das Tragverhalten einer Translationsschale kann man sich als das einer Tonne in zwei Richtungen vorstellen, da die Translationsschalen in zwei Richtungen gekrümmt sind; zugleich wirkt ihr Mittelteil aber wie eine flache Kuppel und entwickelt Druckspannungen in Richtung der beiden Erzeugenden. In der Nähe der Auflagerbögen entstehen auf eine bestimmte Breite Randstörungen, obwohl diese wegen der rechtwinklig verlaufenden Schalenkrümmung bald abklingen, ist es häufig nötig, die Schale im Randbereich zu verstärken.
Ein besonderer Typ von Translationsschale, den Salvadori entwickelte, ist in Europa häufiger gebaut worden. Diese elliptischen Paraboloidschalen bestehen aus Hohlziegeln und Beton, mit einem sehr geringen Bewehrungssatz von 3 kp/m^2. Die Schale wird auf einem nicht sehr breiten Lehrgerüststreifen hergestellt, der die Form des einen erzeugenden Bogens besitzt und auf Bögen in Form der anderen Erzeugenden verschoben wird (Abb. 12.54). Die Schale wird scheibenweise gebaut,

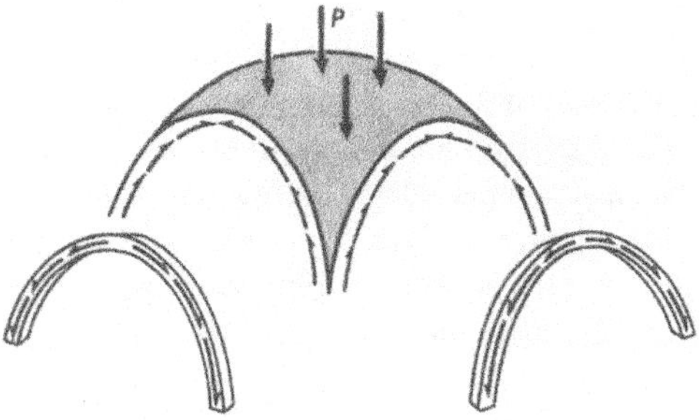

12.53 Schub an den Rändern von Translationsschalen

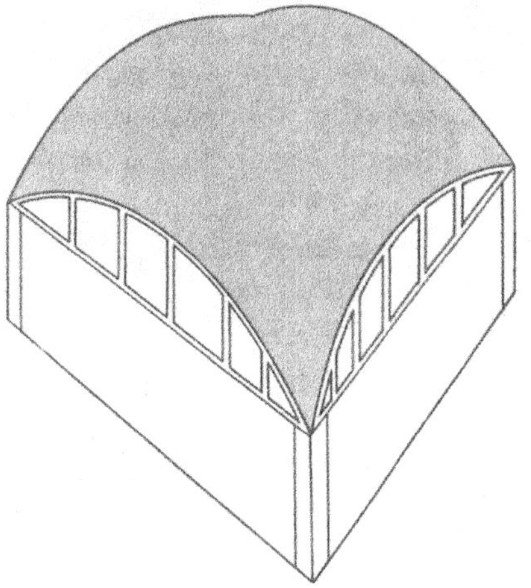

12.54 Elliptisches Paraboloid (für besonderes Herstellungsverfahren)

wobei die Abschnitte als einzelne Bögen wirken und Zugbänder benötigen, bis sie nach Fertigstellung mit Beton vergossen und monolithisch gemacht werden. Diese Schalen gehören zu den wenigen, an denen Versuche mit ganzer und Teilbelastung durchgeführt wurden. Dabei hat sich ergeben, daß die Grundannahmen über die Schalenwirkung mit der Wirklichkeit übereinstimmten. Die Biegestörung an den Rändern dringt nur geringfügig in die Schale ein. Die Schale übt an ihren Seiten keinen Schub nach außen aus, und wird allein über Schubspannungen aufgelagert. Die Steifigkeit der Schale hat sich als sehr hoch herausgestellt: bei gleichförmiger Belastung mit 1,5 kN/m^2 (150 kp/m^2) über die ganze Schalenfläche von 18 m auf 27 m entstand eine Scheitelsenkung von weniger als 3 mm; das Verhältnis von Spannweite zu Durchbiegung ist hiermit 9000.

12.12 Die Tragwirkung von Sattelschalen

Am Verhalten der häufigsten Sattelschale, des hyperbolischen Paraboloids, wird die Abhängigkeit der Tragwirkung von den Auflagerbedingungen deutlich. Diese Schalenfläche wird, wie in Abschnitt 12.4 dargelegt, entweder durch eine senkrechte Parabel mit abwärts verlaufender Krümmung erzeugt, die auf einer senkrechten Parabel mit aufwärts verlaufender Krümmung gleitet, oder durch Geraden, die auf zwei im Raum entgegengesetzt geneigten Geraden gleiten (vgl. Abb. 12.15 und 12.16).
Ist die Schale an den Enden auf zwei parabelförmigen Aussteifungsbögen aufgelagert, so leitet sie ihre Belastung über Schub in die Auflager ein (Abb. 12.55). Ihre Tragwirkung ähnelt der der endgestützten Tonnenschale, aber die Aufwärtskrümmung in Längsrichtung verleiht ihr zusätzliche Festigkeit, insbesondere ***gegen Beulen***. Ist die Schale im Begriff zu beulen, so möchte die Parabel mit der Abwärtskrümmung flacher werden. Dieser Verformung leistet die aufwärtsgekrümmte Parabel Widerstand, und die Spannung zwischen beiden Parabeln stabilisiert ihren Druckbereich.

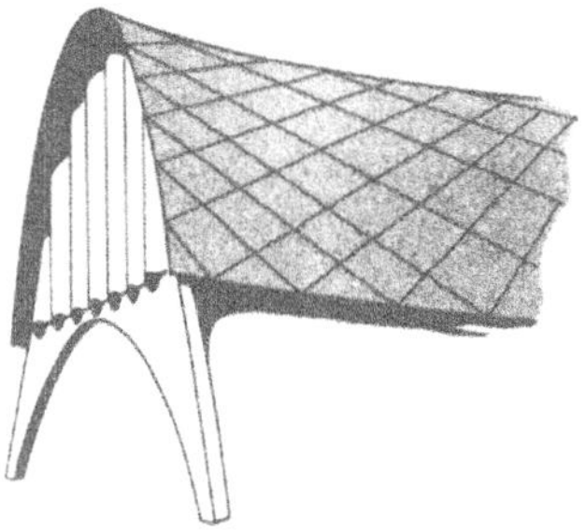

12.55 Hyperbolisches Paraboloid auf steifen Endrahmen

Wird die Parabelschale bis zum Boden hinuntergeführt, so entstehen an diesem Schnitt zwei gekrümmte Randlinien, die Äste einer Hyperbel, so daß die von der Schale überspannte Fläche zwei gekrümmte und zwei gerade Seiten hat (vgl. Abb. 12.15). Endet die Schale dagegen über Terrain, so kann sie frei an vier Ecken aufgelagert werden; die Endaussteifungen aber müssen in diesem Fall die senkrechten und waagerechten Kräfte aus der Schale als gelenkig aufgelagerte Bögen aufnehmen. Biegestörungen ähnlich wie die an den gekrümmten Tonnenrändern treten auch an den Überschneidungen des Paraboloids mit den Aussteifungen auf. Sie besitzen die gleiche Größe und Einflußbreite wie bei den Zylinderschalen.
Es ist unschwer zu zeigen, daß die Richtungen der Hauptspannungen auch dann mit denen der Hauptkrümmungen zusammenfallen, wenn das hyperbolische Paraboloid über seine erzeugenden Geraden aufgelagert wird. Die Hauptkrümmungen aber sind

die Parabeln (vgl. Abb. 12.6). Da die erzeugenden Geraden keine Krümmung aufweisen, kann die Schale in ihrer Richtung keine Seilzug- oder Bogendruckspannung entwickeln, sondern nur Schub. Zug entlang der aufwärts gekrümmten Parabel und Druck entlang der abwärts gekrümmten bewirken deshalb reinen Schub in Richtung der Geraden (Abb. 12.56). Entlang der Geraden werden deshalb die Lasten allein durch Schub auf die Auflager übertragen, wobei sie sich an den stützenden Rändern akkumulieren (Abb. 12.57). Diese als Auflager wirkenden Randglieder sind gewöhnlich ›Balken‹, die hauptsächlich von den über ihre Länge aufgenommenen Schubspannungen belastet werden; von ihrem über Biegung aufgenommenen Eigengewicht abgesehen, verhalten sie sich deshalb eher wie druckbeanspruchte Glieder.

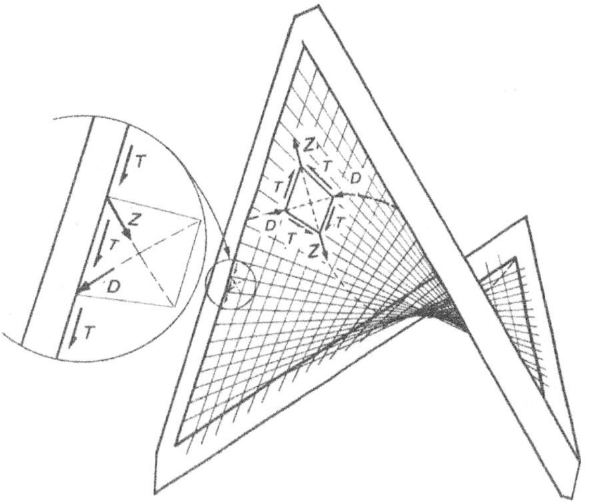

12.56 Hyperbolisches Paraboloid mit steifen Rändern als Erzeugende

Ist das hyperbolische Paraboloid flach, so sind nicht nur die *Haupt*spannungen aus Zug und Druck ***identisch*** wobei sie gleich große Schubspannungen erzeugen (vgl. Abb. 12.56), sondern alle drei Membranspannungen besitzen den gleichen Wert ***über die gesamte Schale.*** Da Membranspannungen auch gleichmäßig über die Dicke der Schale verteilt sind, kann man sagen, daß die Effektivität des hyperbolischen Paraboloids hundert Prozent beträgt. Der Baustoff der Schale ist ***an jedem Punkt eines jeden Querschnitts*** der Schale in gleicher Höhe beansprucht. Die Membranspannungen in dem Paraboloid sind proportional zu der gleichmäßig verteilten Gesamtlast, und umgekehrt proportional zu Schalensteigung und -dicke. Die Schalensteigung sollte mindestens $\frac{1}{10}$ bis $\frac{1}{6}$ der Spannweite betragen, damit höhere Druckspannungen vermieden werden, die zum Beulen führen könnten.

Es läßt sich zeigen, daß die Membranspannungen der beschriebenen Art in hyperbolischen Paraboloiden ***nur dann*** auftreten, wenn die aussteifenden Randglieder der

Geraden in der senkrechten Ebene sehr steif, in der waagerechten aber sehr nachgiebig sind. In der Praxis ist dies selten der Fall. Werden zum Beispiel die Randaussteifungen als Kragarme von den beiden untenliegenden Eckpunkten aus angelegt (vgl. Abb. 12.56), so ist der Schalenrand nicht so steif gestützt, wie dies theoretisch nötig wäre. Ein Teil des Gewichts der Aussteifungen wird dann über die Schale aufgenommen, und die beiden Hälften des Paraboloids wirken wie zwei Kragbalken mit einem variablen, gekrümmten Querschnitt aus der abwärts gekrümmten Parabel.

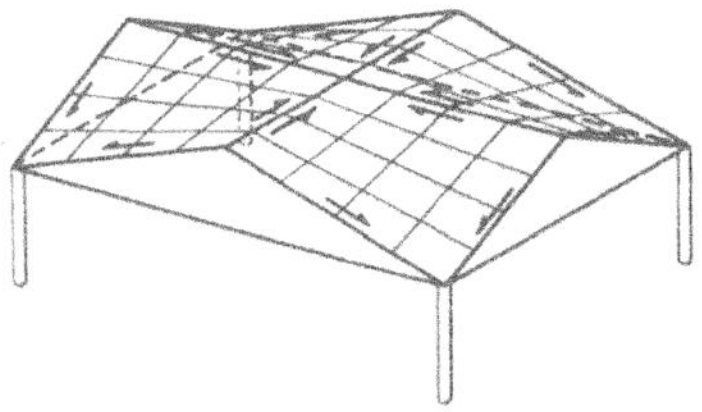

12.57 Schubkräfte an den Rändern der hyperbolischen Paraboloidflächen eines eckgestützten Daches

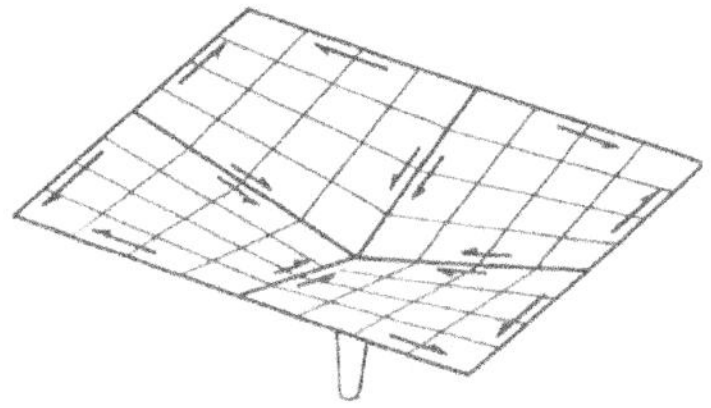

12.58 Schubkräfte an den Rändern der hyperbolischen Paraboloidflächen eines Schirmdaches

Randstörungen treten immer an der Verbindung zwischen Schale und Aussteifung auf. Ihre Einflußbreite liegt zwischen der am gekrümmten Querrand und der am geraden freien Längsrand von Tonnenschalen gegebenen Störungsbreite.
Dächer werden gewöhnlich als Kombination mehrerer Teile von hyperbolischen Paraboloiden ausgeführt. Ein sehr verbreiteter Dachtyp benutzt vier Segmente, dabei werden die äußeren Ecken auf Stützen gelagert (vgl. Abb. 12.57). In diesem Fall werden die geneigten äußeren Randglieder sowie die waagerechten inneren durch die sich akkumulierenden Schubspannungen auf Druck beansprucht. Der Schub der äußeren Aussteifungsglieder wird dabei über Zugglieder aufgenommen, während sich die waagerechten inneren durch gleich große und entgegengesetzt wirkende Druckkräfte aus den Schalensegmenten im Gleichgewicht halten. Das Dach ähnelt einem Satteldach, und die Auflagerkräfte an den Ecken wirken nach Anspannen der Zugglieder ausschließlich senkrecht.
Die gleiche Kombination von vier Schalensegmenten kann als Schirm auf einer Mittelsäule ausgebildet werden (Abb. 12.58). In diesem Fall sind die Aussteifungs-Randglieder der Außenseiten waagerecht und durch die Schubspannungen auf Zug beansprucht, wodurch die benachbarten Randglieder ins Gleichgewicht gebracht sind. Das Dach ist innen stabilisiert, und seine Randglieder sind zugleich seine Zugglieder. Bei beiden Dachkombinationen wird das Gewicht der horizontalen Randglieder, des inneren Kreuzes beim Satteldach und des äußeren Randes bei dem

Schirmdach, zum Teil über die Schale selbst abgeleitet; in der Schale selbst entsteht deshalb auch eine gewisse Biegespannung. Das eckgesützte Dach kann in seinem flachen Mittenbereich, wo die dünne Schale nur eine kaum bemerkbare Krümmung aufweist, ausbeulen.
Um Flächen verschiedener Form zu überdecken, können noch verschiedene andere Kombinationen von hyperbolischen Paraboloiden verwendet werden. Jede dieser Möglichkeiten muß sorgfältig darauf untersucht werden, ob sie im inneren im Gleichgewicht ist. Ein typisches Beispiel für eine nicht im Gleichgewicht stehende Kombination von zwei Segmenten für ein Nordlicht-Dach zeigt Abb. 12.59. Der Schub der geneigten Randglieder über dem Fenster wird von einem Zugband aufgenommen, aber die Schubkräfte, die sich in den Randgliedern des geneigten Firstes sammeln, stehen nicht im Gleichgewicht; sie treffen vielmehr als mittige Einzellast auf den waagerechten Randbalken und beanspruchen ihn auf Biegung. In der waagerechten Projektion kann das Verhalten der Schale in diesem Fall als Biegeverhalten aufgefaßt werden, wobei in den schrägen Randgliedern über dem Fenster Druck und in den waagerechten Randgliedern unten Zug entsteht, hervorgerufen durch eine (waagerechte) Einzellast in Feldmitte. Die Zugkräfte des Randes stellen wie beim Balken das Gleichgewicht her.

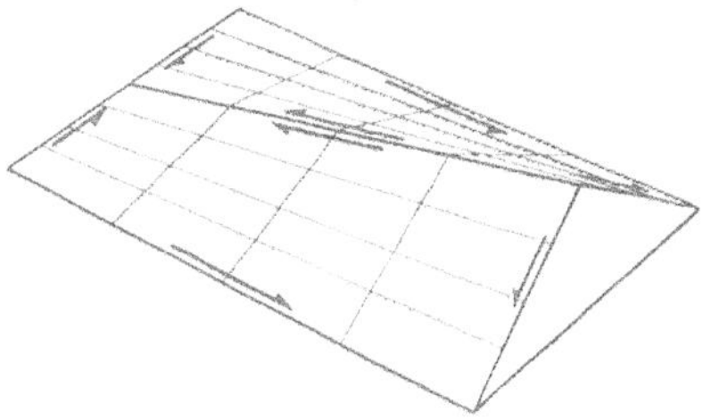

12.59 Schubkräfte an den Rändern der hyperbolischen Paraboloidflächen eines Konoids

Hyperbolische Paraboloide sind auch schon bei sehr steilen Dächern oder als nahezu senkrechte Elemente verwendet worden. In solchen Fällen verhalten sie sich ganz anders als in flachen Dächern, wie sie bisher behandelt worden sind; sie sind dann eher dünnen Platten vergleichbar, die in ihrer eigenen Ebene belastet werden. Sie können dann angenähert wie hohe Balken behandelt werden (vgl. Abschnitt 7.1).
Die unterschiedlichen Arten, in denen bei hyperbolischen Paraboloiden Lasten abgetragen werden, zeigen einmal mehr, wie sehr das Schalenverhalten von den Auflagerbedingungen abhängig ist.

12.13 Gekrümmte räumliche Stabwerke

Ebene räumliche Stabwerke (vgl. Abschnitt 10.9) verhalten sich wie eine Struktur, bei der das Material einer Platte und also auch deren Spannungen in einzelnen Stäben konzentriert ist. Der Mechanismus ihrer Lastabtragung läßt sich über den Vergleich mit der Platte verstehen. Und genauso ist das Tragverhalten ***gekrümmter räumlicher Stabwerke*** über die Analogie mit den Schalen zu erfassen.

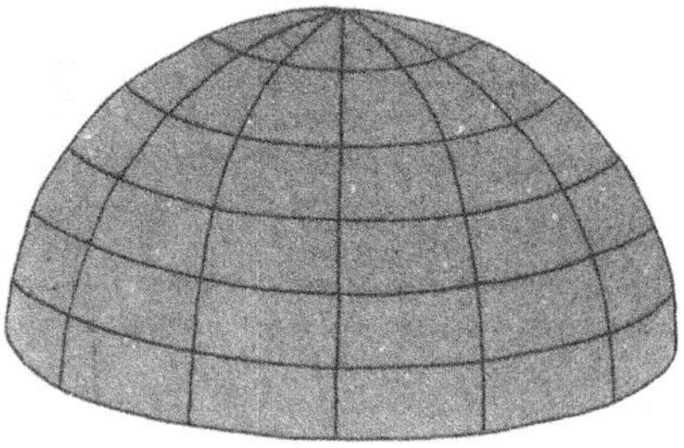

12.60 Rippenkuppel

Ist zum Beispiel das Material einer Halbkugel-Kuppel in die beiden Arten von Kurven, Meridiane und Parallelen, konzentriert (Abb. 12.60), so nehmen die Meridianstäbe vom Scheitel bis zum Auflagerrand der Kuppel die Membranspannungen des Drucks auf; die Stäbe in den Parallelen aber nehmen je nach dem Öffnungswinkel (vgl. Abschnitt 12.7) Zug- oder Druckkräfte auf. Die kontinuierlich dünne Schale ist somit in ein eigenes Tragwerk der selben Form verwandelt worden. Um mit Stäben etwa gleicher Querschnittsfläche auszukommen, werden die Meridianstäbe nach unten hin oft gesplittet. Das System einiger der größten Kuppeln in den Vereinigten Staaten, etwa des im Durchmesser 196 m großen Astrodome in Houston, Texas, oder des 207 m großen Lousiana Superdome in New Orleans, Louisiana, folgt diesem Schema (Abb. 12.61).

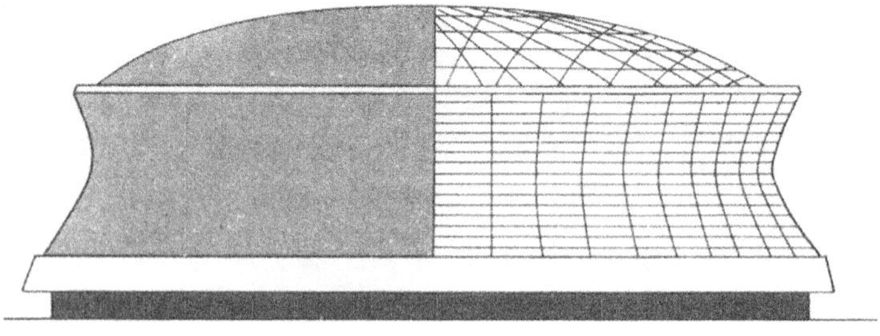

12.61 Louisiana Superdome

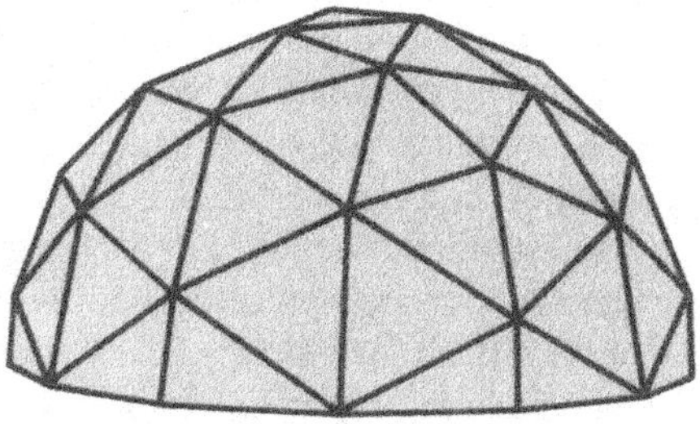

12.62 Geodätische Kuppel

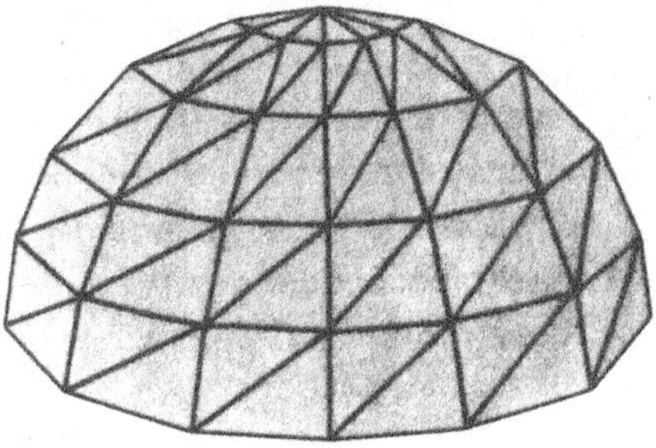

12.63 Schwedler-Kuppel

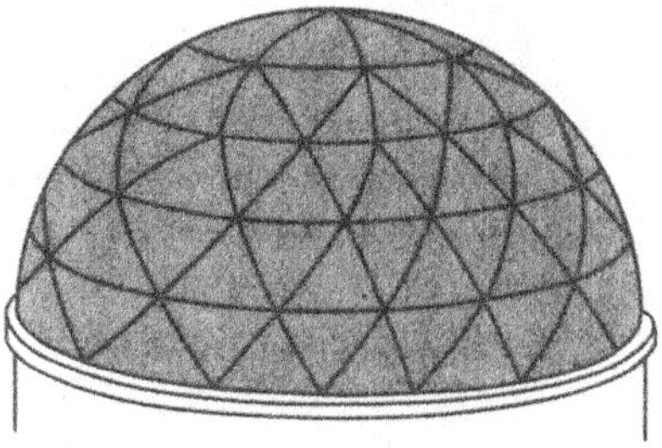

12.64 Zeiss-Dywidag-Kuppel

Der Nachteil des Meridian-Parallelen-Schemas liegt darin, daß die Stäbe verschiedene Länge besitzen. Darum sind andere Systeme erfunden worden, die diese Schwierigkeit vermeiden und die Stabverbindungen vereinfachen. Da aber die Oberfläche einer Kugel nicht vollkommen regulär mit Polygonen nachgebildet werden kann, lassen sich die Stäbe eines Kugelkuppel-Stabwerkes nicht alle identisch ausführen. Bei der von Buckminster Fuller entwickelten ***geodätischen Kuppel*** werden Drei- und Fünfecke verwendet, um eine Kuppelteilung in Stäbe gleicher Länge zu erreichen (Abb. 12.62). Ein Netz ungleicher Dreiecke mit gelenkig angeschlossenen Stäben wird bei der klassischen ***Schwedlerkuppel*** (Abb. 12.63) und bei der ***Zeiss-Dywidag-Kuppel*** (Abb. 12.64) verwendet.

Stabwerkkuppeln mit Spannweiten von 100 bis 130 m sind in Europa mit Stäben aus Stahlrohr im Dreiecksraster, mit standardisierten Verbindungen gebaut worden. Diese Tragwerke kommen mit 20–25 kp Stahl pro m^2 gegenüber 35–50 kp/m^2 bei Kuppeln aus Walzprofilen aus; sie sind jedoch empfindlich gegen örtliches Beulen. Stabwerktonnen können mit Stabführung parallel und senkrecht zur Tonnenachse (Abb. 12.65) mit Auflagerung auf Endrahmen gebaut werden: Die Stabkräfte sind in guter Annäherung die der anteiligen Schalenflächen, man erhält sie, indem man die Tonne als Balken behandelt (vgl. Abschnitt 12.9). Wenn die Tonne am Boden beginnt und sich deshalb wie eine Reihe paralleler Bögen verhält, ergibt sich bei Schrägstellung der Bögen das sogenannte ***Lamellendach*** (Abb. 12.66), das in Holz, Beton oder Stahl über mehr als hundert Meter gespannt werden kann (vgl. Abschnitt 8.5). Zeman hat Lamellendächer über fast hundert Meter gebaut, indem er vorgefertigte Stahlrohrabschnitte mit standardisierten Bolzenverbindungen aufstellte. Auch dieses Dachwerk wiegt nur 25 kp/m^2. Satteldächer in Form hyperbolischer Paraboloide aus Stahlrohrprofilen, die in den erzeugenden Geraden dieser Flächen liegen, sind von Candela beim Olympischen Stadion in Mexiko City dazu verwendet worden, die Flächen zwischen den Stahlbetonbögen auszufüllen (Abb. 12.67).

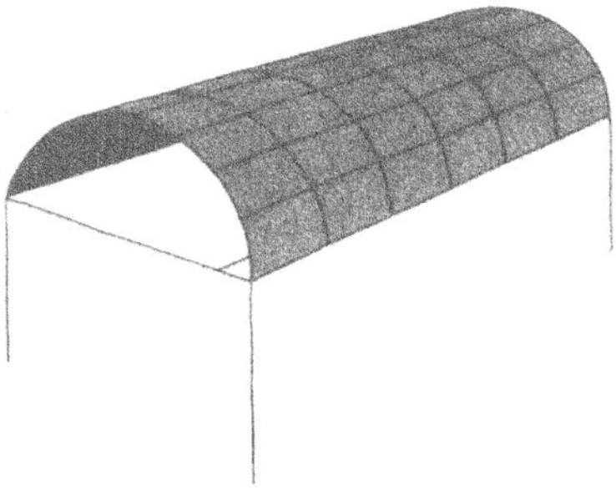

12.65 Rippentonne

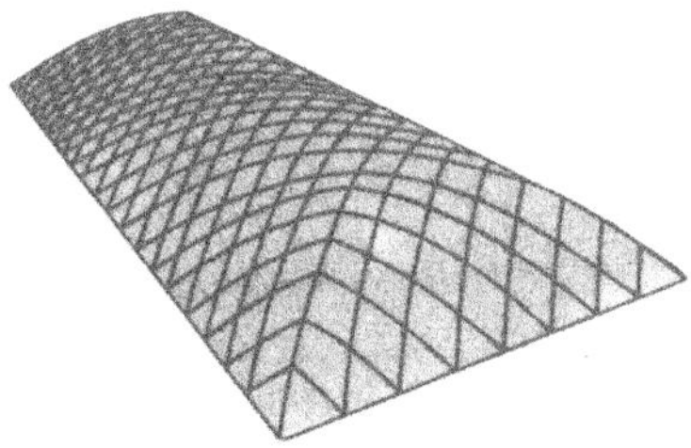

12.66 Lamellendach

Die Biegestörungen an den Schalenrändern (vgl. Abschnitt 12.8) entsprechen der Biegebeanspruchung der Stäbe in der Nähe der Auflager. Alle anderen Stäbe sind nur mit axialen Zug- oder Druckkräften entsprechend den Schalen-Membranspannungen belastet und nutzen deshalb das Material voll aus. Aber wie bei Schalen wird auch hier der Stabquerschnitt nach unten durch die Beulgefahr begrenzt.
In Ländern mit hohen Material- und niedrigen Lohnkosten sind dünne Schalen in örtlicher oder Vorfertigung und auch in Spannbeton gewöhnlich wirtschaftlicher als räumliche Stabwerke aus Stahl. Umgekehrt verhält es sich meist in Ländern mit

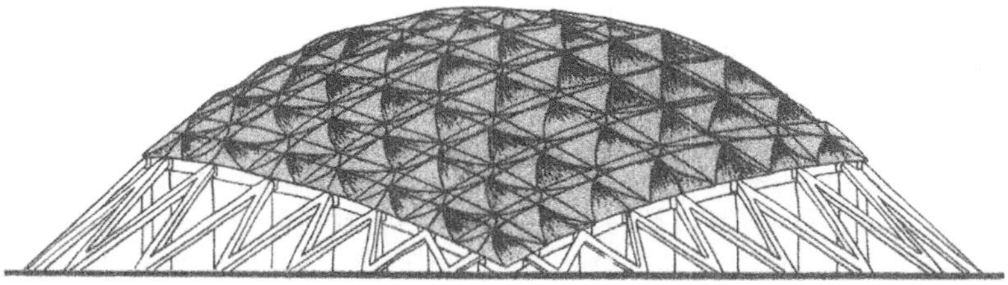

12.67 Überdachung mit hyperbolischen Paraboloiden aus Stahlrohr

hohen Lohn- und niedrigen Materialkosten. Dieselben Überlegungen in bezug auf Material- und Lohnkosten erklären, warum in Europa eher Stahlrohrkuppeln gebaut werden. Fachwerkkuppeln aus Walzprofilen können in ganzen Abschnitten vorher fertiggestellt und über einen einzigen zentralen Stützpunkt montiert werden. Leichte Kuppeln aus Stahlrohr aber machen eine kompliziertere Einrüstung und einen größeren Arbeitsanteil erforderlich. Da außerdem in den Vereinigten Staaten Stahlrohr bei gleichem Gewicht teurer ist als Walzprofile, sind Kuppeln aus Stahlrohr im allgemeinen nicht konkurrenzfähig.

12.14 Spannungen in anderen Schalenformen

Interessante Schalenformen entstehen, wenn man einfache Flächen nach statischen oder ästhetischen Erfordernissen mit zusätzlichen Kurven versieht.
Ein Ellipsoid auf einer waagerechten Schnittfläche ist eine glatte Fläche über elliptischer Grundfläche. Um ihr Erscheinungsbild zu verbessern und zugleich ihren Rand steifer zu machen, kann sie am Rand mit örtlichen Krümmungen gewellt werden, die zur Schalenmitte hin auslaufen (vgl. Abb. 12.25). Diese Kurven am Rand ändern das Schalenverhalten erheblich. Die glatte Ellipsoid-Fläche entwickelt ähnliche Spannungen wie eine Rotationsschale: Druck entlang der Meridiane, Druck oder Zug in den elliptischen Parallelen. Die Einführung örtlicher Krümmungen hebt die Steifigkeit aus dem Membranverhalten auf; die Schale möchte sich bei Belastung öffnen, weil die wellenförmigen Parallelen nicht die Ringspannung entwickeln können, die für die Aussteifung der Rotationsschalen so wichtig sind. Die Tragwirkung dieser Schale ist vielmehr mit der von mehreren konzentrischen Halbbögen zu vergleichen, mit Gelenken in Fußpunkt und Scheitel, an dem die Schale wegen ihrer geringen Krümmung kaum Biegespannung aufnimmt (vgl. Abschnitt 8.5). Es sind auch Kreiskuppeln mit großem Durchmesser gebaut worden, deren Ränder gewellt wurden, um die Beulsteifigkeit zu erhöhen (vgl. Abb. 12.27). Die Wellung der Parallelen setzt ihre Fähigkeit zur Aussteifung wesentlich herab. Schalen dieser Art

verhalten sich wie im Kuppelscheitel zusammentreffende, gelenkig gelagerte Bögen. Die Membranspannungen in Konoidschalen sind ebenfalls von den Auflagerbedingungen abhängig. Wird das Konoid an den geraden Rändern senkrecht gestützt und sind diese Ränder über Zugbänder miteinander verbunden, so wirkt jeder Schalenstreifen quer als Bogen; alle Laststellungen, für die dieser Bogen keinen Seilbogen darstellt, müssen zu beträchtlichen Biegespannungen führen. Ist das Konoid dagegen an den Querrändern gestützt, so verhält es sich wie eine Zylinderschale mit unterschiedlicher Krümmung der Ränder, dabei entstehen Biegespannungen nur im Bereich der gebogenen Auflagerränder. Erhält diese Schale eine Wellung ihrer freien Längsränder, so wird die Tragwirkung in Längsrichtung aufgehoben, weil das Konoid sich öffnen möchte. Um ihm seine Steifigkeit zurückzugeben, müßten die Wellen der Ränder eine Aussteifung in regulären Abständen erhalten.
Nordlicht-Dächer für Industriehallen sind als Schalen wirtschaftlich. Ihr Tragverhalten ähnelt dem eines Balkens mit dünnem, gekrümmten Querschnitt, dessen neutrale Ebene nicht waagerecht, sondern zum oberen Schalenrand hin angehoben ist (Abb. 12.68). Der Schalenteil oberhalb der Neutralachse wird auf Druck, der darunter auf Zug beansprucht. Ist der den oberen Schalenrand stützende Träger in der

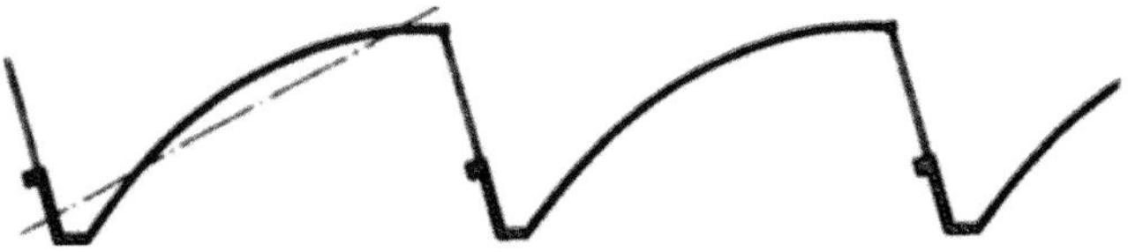

12.68 Querschnitt durch Nordlicht-Tonnenschale

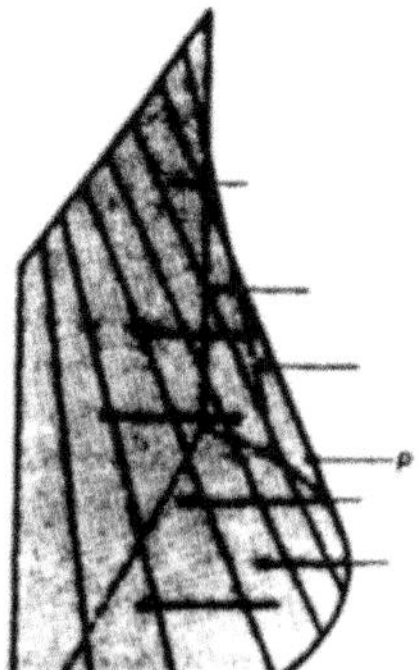

12.69 Konoid-Staumauer

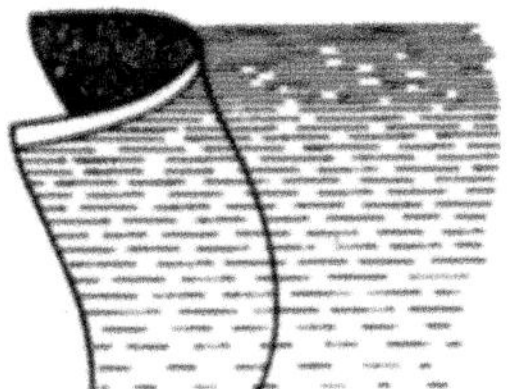

12.70 Schalen-Staumauer

Fensterebene groß, so kann die neutrale Achse durch ihn verlaufen; die Schale wird dann weitgehend auf Druck beansprucht.
Einige der größten Schalen der Welt sind gebaut worden, um waagerechte, nicht senkrechte Belastung aufzunehmen. Stützmauern gegen Erddruck können als senkrechte Zylinder oder als Konoide ausgeführt werden (Abb. 12.69). Zylindrische Behälter für Wasser, Öl, oder andere Flüssigkeiten stehen unter Innendruck und werden als Schalen aus Stahl oder Beton ausgeführt. Staudämme mit Höhen bis zu 300 m sind aus in beiden Richtungen gekrümmten Schalen von nur Meterdicke gebaut worden (Abb. 12.70). Das Verhältnis von Krümmungsradius und Dicke liegt hier bei etwa 400 und mehr, so daß diese Schalen als dünn anzusehen sind, auch wenn sie am unteren Ende über einen Meter dick sind.
Es ist nahezu unmöglich, alle die im Bauen benutzten Schalenformen aufzuführen; noch schwieriger aber ist es, alle möglichen Formkombinationen zusammenzustellen. Die ästhetischen, architektonischen und statischen Möglichkeiten dieser Art von Bauteil sind praktisch unbegrenzt; allein die Kosten stellen ein gelegentliches Hindernis dar.

12.15 Die Herstellung von Schalen

Schalen würden wegen ihrer außerordentlichen Effektivität viel häufiger verwendet, wäre ihre Herstellung nicht mit einer Reihe praktischer Probleme verbunden, von denen einige hier erwähnt werden sollen.
Das Erfordernis, gekrümmte Schalungsflächen für Stahlbetonschalen herzustellen, hat deren Verwendung in Ländern mit hohen Arbeitskosten zeitweise unwirtschaftlich gemacht. Das Schalungsproblem kann auf verschiedene Weise verringert werden. Dächer mit identischen Schalenelementen können auf versetzbarer Form hergestellt werden, die nach Tagen oder sogar nur Stunden verschoben und neu belegt wird. Die Vorfertigung von Schalenelementen und deren Montage auf einem Hilfsgerüst hat sich als formensparende Methode eingeführt. Die Verbindung vorgefertigter Schalenelemente muß sorgfältig vorgenommen werden; häufig werden die seitlich vorstehenden Bewehrungen miteinander verschweißt und die Fugen nachträglich vergossen. Einige der außergewöhnlichen Schalentragwerke von Nervi sind in dieser Art hergestellt worden.
Mit einer Betonkanone (Shotcrete, Gunite, Torket) kann der Beton in Lagen und mit wenig Schalungsaufwand aufgesprüht werden. Manchmal wird die Bewehrung von den Randaussteifungen aus abgehängt. In anderen Fällen wird sie von einem einfachen Gerüst gehalten, wobei Isolierplatten die Schalungsschicht bilden, gegen die der Beton aufgesprüht wird. Schließlich sind auch pneumatische Kissen zum

Auflegen der Schalenbewehrung und als Sprühflächen eingesetzt worden. Bei der Herstellung von Bini-Schalen wurden Bewehrung und Beton durch Aufblasen einer pneumatischen Form gehoben (vgl. Abschnitt 11.3).

Die Vorfertigung von Schalen in Elementen wird oft in Verbindung mit nachträglicher Vorspannung eingesetzt. In früheren Abschnitten ist ausgeführt worden, daß bestimmte Schalenarten über große Bereiche ihrer Fläche Zugspannungen entwickeln. Diese Zugspannungen können eliminiert werden, wenn man innerhalb der Schalendicke Stahlkabel oder -saiten einlegt, die nach Erhärten des Betons gespannt werden. Diese vorgespannte Bewehrung setzt die Schale insgesamt unter Druckspannung, womit auch die Belastung keine Zugspannungen mehr auftreten (vgl. Abschnitt 3.3). Die dünnen Zylinderschalen von Behältern erhalten gewöhnlich eine nachträgliche Vorspannung durch eine spiralförmige Umwicklung; dadurch erhält der Beton eine unter allen Umständen garantierte Dichtigkeit. Nordlichtschalen über große Spannweiten können ebenfalls mit gekrümmten Spanngliedern nachträglich vorgespannt werden, um die Zugspannungen im Schalenbereich unterhalb der Neutralebene aufzuheben (vgl. Abb. 12.68).

Das Problem der Dichtung gekrümmter Dachflächen ist erfolgreich durch die Entwicklung von Kunststoff-Farben gelöst worden, die aufgesprüht oder in Lagen aufgerollt werden. Diese Farben sind gewöhnlich durchscheinend, können aber zur Steigerung der ästhetischen Wirkung mit Farbstoffen versetzt werden.

Gekrümmte Flächen sind akustisch ungünstig, besonders wenn sie groß, glatt und schallhart sind. In solchen Fällen muß eine Schallschluckschicht auf der Innenseite der Schale angebracht oder aufgesprüht werden oder die Bodenfläche des überdachten Raumes muß besonders ausgestaltet werden. Die akustischen Eigenschaften solcher Räume und deren Oberflächengestaltung sind heute mit Berechnungen oder Modellversuchen bereits im voraus genau zu erfassen. Akustische Probleme können somit schon vor dem Bau der Schale gelöst werden, was wirtschaftlicher ist als eine nachträgliche Lösung.

Thermische Probleme werden durch die Anordnung von Wärmedämmung umgangen. Auf der Schalenunterseite eingelegt dient sie gewöhnlich als Schalung zum Aufsprühen des Betons. Kondensation auf der Schaleninnenseite wird durch ausreichende Luftzirkulation unterhalb der Schale verhindert.

Der Architekt sollte bei Schalendächern auch die menschliche Reaktion einbeziehen. Einer großen, glatten Fläche mit gleichbleibender Krümmung, etwa einer Kugelfläche, fehlt der maßstäbliche Bezug; Menschen fühlen sich deshalb erst angesprochen, wenn besondere visuelle Elemente eingeführt werden. Schon eine ziemlich kleine Kugelkuppel kann groß und lastend wirken, aber, wenn dies nicht durch besondere Maßnahmen verhindert wird, zugleich das Gefühl des Eingeschlossenseins hervorrufen. Die Wiederholung von Elementen mit kleineren Krümmungen dagegen, wie etwa bei Zylindern, kann von dem menschlichen Auge leichter erfaßt werden und erzeugt das Gefühl des Schutzes ohne Einengung. Konoide geben ein solches

Schutzgefühl und erlauben zugleich von einer Seite dem Außenraum das visuelle Eindringen in den überdachten Raum. Hyperbolische Paraboloide, die auf ihren tiefliegenden Punkten aufgelagert sind, scheinen in Richtung der hochliegenden Punkte in den Himmel hinein zu laufen; quer dazu vermitteln sie eingewisses Schutzgefühl. Die Entscheidung des Architekten über die Form der Schale hängt insgesamt von einer großen Zahl verschiedener Faktoren ab: wirtschaftlichen, herstellungstechnischen, statischen, ästhetischen und sogar psychologischen.

13 Zusammenfassung

13.1 Intuition und Wissen

In den vorangegangenen Kapiteln ist versucht worden, Tragwerkskonzepte auf der Grundlage einer allgemeinen Erfahrung mit Kräften, Baustoffen und Verformungen *qualitativ* vorzustellen. Schon bei flüchtiger Durchsicht der vorangegangenen Seiten kann man Einsicht in das Tragverhalten der im Bauen am häufigsten verwendeten Elemente erlangen. Bei eingehenderer Lektüre werden darüber hinaus die selten bedachten Details klar. Trotzdem führt der rein intuitive Zugang zu den verschiedenen Tragwerksarten natürlich nicht zu einem ***quantitativen*** Wissen auf dem so komplexen Feld der Tragwerke. Hierfür ist vielmehr eine mathematische Behandlung wie bei allen Naturwissenschaften erforderlich.
Intuition ist im wesentlichen ein synthetischer Prozeß, bei dem sich ein plötzliches und direktes Verständnis von Ideen einstellt, die vorher mehr oder weniger bewußt bedacht worden sind. Intuition kann unter zwei Bedingungen ein guter Weg zu Kenntnis und Beherrschung sein, dann nämlich, wenn sie sich auf eine breite Erfahrung stützt, und wenn sie sorgfältig umgesetzt wird. Bloße Intuition, ohne weitere Prüfung, führt meist in die Irre.

Intuition kann durch Anschauung erheblich gewinnen. Eines der besten Mittel für solche Anschauung ist die Versuchswerkstatt, in der die verschiedenen Tragprinzipien, die in diesem Buch behandelt worden sind, ausprobiert werden können. Da jede Tragwirkung Verformung bedeutet, und da Verformungen das sichtbare Ergebnis dieser Tragwirkungen sind, lassen sich die Tragwerkskonzepte an Modellen für ein intuitives Erfassen geradezu ideal vorstellen. Der Leser ist deshalb häufiger aufgefordert worden, sich anhand einfacher Modelle die Tragwirkungen so klar zu machen, wie das mit einer Zeichnung niemals möglich ist.
Auf der anderen Seite muß noch einmal betont werden, daß Intuition ohne Versuch und Anschauung gefährlich ist, weil sie zu ungeprüften Annahmen führt. Der Leser sollte mißtrauisch gegenüber dem sein, was nach seiner Meinung so und so sein müßte; insbesondere darf er sich aus der Geometrie nicht zu Fehlschlüssen verleiten lassen. Man kann sich zum Beispiel anfangs schwer vorstellen, daß die freien geraden Langseiten einer an den Queraussteifungen aufgelagerten Tonnenschale sich bei Belastung nach innen biegen, wo man doch aus der Wölbwirkung ***weiß*** daß Bögen nach außen schieben.

13.2 Qualitatives und quantitatives Wissen

Qualitatives Wissen sollte bereits vor der quantitativen Bearbeitung vorhanden sein, weil das fachliche Interesse ohne einiges Vorausverständnis kaum geweckt werden kann. Die vorangegangenen Kapitel haben dem Leser möglicherweise soviel Verständnis vermittelt, wie für den Beginn eines genaueren Stadiumsudiums notwendig ist.

Die Untersuchung von Tragwerken erfolgt am besten in der Sprache, die für die quantitative Beschreibung aller meßbaren Fakten geeignet ist, der Mathematik. Hierbei ist nicht an die komplexe Mathematik der hohen Wissenschaft selbst gedacht, sondern an Arithmetik, Algebra und an die einfache höhere Mathematik. Nicht genug kann in diesem Zusammenhang die Bedeutung numerischer Verfahren betont werden sowie die Tatsache, daß der kleine Elektronenrechner sie einfach, schnell und sicher für alle gemacht hat. Ohne diese mathematischen Werkzeuge ist kein wirkliches Wissen über Tragwerke zu erlangen. Mathematik erklärt kein physikalisches Verhalten; sie beschreibt es. Dabei sind mathematische Beschreibungen derart wirkungsvoll, daß schon eine einfache Formel Ideen, die als Worte ganze Seiten füllen würden, klar und einfach darlegt.

Die Verwertbarkeit technischen Wissens über Mathematik hat zu beeindruckenden Resultaten geführt. Tragwerke, die einst nur von architektonischen Genies erdacht und erbaut werden konnten, wie etwa die Brunelleschi-Kuppel des Doms in Florenz, sind heute Routinearbeiten mittelmäßiger Ingenieure. Diese Demokratisierung des Fachwissens, die moderne Tragwerke in die Hand von Durchschnittsarchitekten bringt, schließt zugleich die Gefahr des Mißbrauchs durch Praktiker ohne solide Grundlagen ein.

Architekten und Ingenieure sind sich beide darüber im klaren, daß moderne Tragwerkskonzepte nur dann angemessen verwirklicht werden können, wenn der Architekt ein grundlegendes Verständnis für Tragwerke besitzt. Das heißt natürlich nicht, daß alle Architekten erst Mathematiker werden müßten; es bedeutet lediglich, daß diejenigen praktischen Planer, die sich in Strukturformen ausdrücken wollen, zunächst das Handwerk statischer Berechnung erlernen sollten. Sie werden dann erstaunt sein festzustellen, daß ihre entwickelte Intuition oft ohne großen mathematischen Aufwand zu ›korrekten‹ Lösungen in bezug auf das Tragwerk führt.

13.3 Team Work

Obwohl der Architekt bei Entwurf und Ausführung die Leitung innehat und hoffentlich auch behält, kann er die Aufgabe nicht alleine bewältigen. In unserer technischen Zeit ist der Hochbau ein gemeinschaftliches Unternehmen: Der Architekt muß von einer großen Gruppe von Fachleuten beraten und unterstützt werden; und unter diesen spielt der Bauingenieur eine entscheidende Rolle.

Der Bauerfolg hängt so weitgehend von der Zusammenarbeit zwischen Architekt und Ingenieur ab, daß der Architekt dessen Konstruktionskenntnissen vertrauen können ***muß***, um die Bauaufgabe mit dem Ingenieur fachkundig zu klären.
In der Praxis, wenn Architekt und Statiker zusammensitzen, treten zwei dem Arbeitserfolg abträgliche Extremfälle ein. Einmal kann der Architekt den Ingenieur wie einen Untergebenen behandeln und ihm unkorrekte Konzeptionen aufzwingen, die der Ingenieur aber in mißverstandenem Pflichtgefühl akzeptiert. In unserer Zeit neuer Baustoffe und Systeme kann leider nahezu alles auch gebaut werden.
Umgekehrt steht der Architekt unter dem Eindruck des hohen mathematischen Wissens des Ingenieurs und nimmt, eingeschüchtert, drastische Änderungen an seinem Entwurf, seinem Traum hin, weil ihm Argumente zur Konstruktion fehlen.
Als Abhilfe im ersten Fall kann der Architekt, wie das vorliegende Buch nahelegt, ein ausreichendes technisches Verständnis für Tragwerke entwickeln, das ihn vor falschen Lösungen schon im Ansatz bewahrt. Schwieriger dagegen ist der zweite Fall, vor dem nur gewarnt werden kann.
Wie Nervi im Vorwort zu diesem Buch sehr klar feststellt, muß das Tragwerk für jeden Bau erst aufs neue ***erfunden*** werden. Auch wenn das Bauproblem in Geometrie, Belastung, und Baustoffen definiert und bekannt ist, gleicht doch keine Lösung der anderen. Zwei nahezu identische Gebäude können grundverschiedene, jedes für sich aber korrekte Tragwerke besitzen, wie dies an den Hochhäusern unserer Städte oft zu beobachten ist. Die Wahl des Tragsystems ist also sowohl Wissenschaft als auch Kunst und läßt sich nicht auf rein mathematischem Wege treffen.
Wenn das Grundsystem feststeht, wird eine Berechnung sicher genaueren Aufschluß darüber geben, ob Sicherheit, Funktionalität und Wirtschaftlichkeit in annehmbaren Grenzen liegen. Wahr ist auch, daß der Ingenieur durch Untersuchung von Varianten des gewählten Systems heute durch EDV-Einsatz, möglicherweise wirtschaftliche Verbesserungen einführt. Schließlich trifft es auch zu, daß der Computer mit begrenzten Eingaben bereits gewisse Grundtypen von Tragwerken aufstellen kann. Und doch sollte der Architekt niemals vergessen, daß mathematische Operationen Erfindungen nicht ersetzen können. Die Anfangswahl eines Tragsystems ist gerade jener aus der Vorstellung heraus erfolgende schöpferische Akt, an dem er teilhaben kann und muß. Nur so erhält der Bau jene ›Richtigkeit‹, die gute von schlechter Architektur unterscheidet.
Der Bauingenieur aber sollte sich vor jenem Architekten hüten, der ihn in sein Atelier ruft, ihm ein fertiges Gebäude vorsetzt, und ihn auffordert, »das beste Tragwerk dafür zu entwerfen«; ebenso sollte der Architekt sich vor einem Ingenieur in acht nehmen, der nur mit ›Rezeptbuch‹-Lösungen arbeitet. Nur wenn der eine ausreichend mit dem beruflichen Rüstzeug des anderen vertraut ist, kann in kreativer Zusammenarbeit eine sei es auch bescheidene gute Lösung entstehen.
Schließlich noch eine Warnung für den statisch ambitionierten Architekten. Die Grenzen unseres Wissens erweitern sich nur langsam. Die elementaren Kräfte der

Natur, denen das Bauwerk ausgesetzt ist, haben sich in den letzten Jahrtausenden nicht geändert: Erdanziehung, die Wirkung von Erdbeben und Stürmen und der Temperaturwechsel sind seit jeher gleich. Die Konstruktionserfolge unserer Zeit verdanken wir eher den neuen Baustoffen und Konstruktionstechniken als neuen Tragsystemen. Damit erweisen sich die Erfindungen auch der besten Architekten und Ingenieure unserer Zeit meist nur als Variationen sehr alter Themen.

Die rasche Weiterentwicklung der Tragkonstruktionen erfolgt unter dem Druck wachsenden gesellschaftlichen Bedarfs. Architekt und Ingenieur müssen sich mit allen ihren Mitteln um ein gegenseitiges Verständnis bemühen, um zu fruchtbarer Zusammenarbeit zu gelangen. Beide werden damit der Architektur und der Menschheit einen Dienst erweisen.

Sachwortverzeichnis

GPSR Compliance

The European Union's (EU) General Product Safety Regulation (GPSR) is a set of rules that requires consumer products to be safe and our obligations to ensure this.

If you have any concerns about our products, you can contact us on ProductSafety@springernature.com

In case Publisher is established outside the EU, the EU authorized representative is:

Springer Nature Customer Service Center GmbH
Europaplatz 3
69115 Heidelberg, Germany

Batch number: 08566355

Printed by Printforce, the Netherlands